● 生态文明建设丛书 ●

祁连山国家公园（青海片区）生态文化研究

李才文　姜　英　文妙霞 | 主编

中国林业出版社
China Forestry Publishing House

图书在版编目（CIP）数据

祁连山国家公园（青海片区）生态文化研究/李才
文，姜英，文妙霞主编 . — 北京：中国林业出版社，
2021.12

（生态文明建设丛书）

ISBN 978-7-5219-1463-4

Ⅰ.①祁… Ⅱ.①李… ②姜… ③文… Ⅲ.①祁连山
– 国家公园 – 文化生态学 – 研究 – 青海 Ⅳ.
① S759.992.44

中国版本图书馆 CIP 数据核字（2021）第 276290 号

中国林业出版社·自然保护分社（国家公园分社）

策划、责任编辑　许　玮

电　　话　（010）83143576

出版发行　中国林业出版社（100009　北京市西城区德内大街刘海胡同 7 号）
　　　　　http://www.forestry.gov.cn/lycb.html
印　　刷　河北京平诚乾印刷有限公司
版　　次　2022 年 3 月第 1 版
印　　次　2022 年 3 月第 1 次
开　　本　710mm×1000mm　1/16
印　　张　18.75
字　　数　320 千字
定　　价　50.00 元

《祁连山国家公园（青海片区）生态文化研究》

主编：

李才文　姜　英　文妙霞

撰稿人：

李才文	姜　英	文妙霞	饶日光	赵义兵
吴信社	侯晓巍	闫　睿	龚文婷	姜子夏
卜　静	李黛文	范　琳		

参编人员：

周贵平	何铁祥	杨志汝	郭生建	路雅斌
刘倩叶	刘晓双	高建利	胡云云	贾　茜
牟怀义	王弋戈	白凌霄	崔　涵	王　欧
贺建梅	邢忠利	武洴卫	张　恒	李小婷
彭春梅	张馨元	郭晨曦		

序 言

李才文、姜英、文妙霞同志将其主编的《祁连山国家公园（青海片区）生态文化研究》书稿辗转送与我，希望为之作序。无论是学识还是影响力，还远没有到为别人的大作作序的水平，因此犹豫再三。认真读完之后，却因产生了强烈的共鸣而不能自已。算不上序，谈点读后感吧。

"我们一定要更加自觉地珍爱自然，更加积极地保护生态，努力走向社会主义生态文明新时代"，这是党的十八大报告向全体中国人民的庄严承诺，是中国作为负责任大国向着正在面临全球性生态危机的世界人民做出的庄严宣告。2015 年 4 月和 9 月，中共中央、国务院先后印发《关于加快推进生态文明建设的意见》《生态文明体制改革总体方案》，对生态文明建设做出顶层设计，"努力走向社会主义生态文明新时代"，首次提出"坚持把培育生态文化作为重要支撑"。党的十九大报告进一步明确，"生态文明建设功在当代、利在千秋。我们要牢固树立社会主义生态文明观，推动形成人与自然和谐发展现代化建设新格局，为保护生态环境作出我们这代人的努力"，并做出了加快生态文明体制改革、建设美丽中国的重大部署。

生态文明作为人类文明的一种高级形态，是生态文化发展的成果，也是可持续发展的重要目标。习近平总书记指出，生态文明建设是政治，关乎人民主体地位的体现、共产党执政基础的巩固和中华民族伟大复兴的中国梦的实现。生态文化是生态文明的基础，是人类在社会历史发展进程中所创造的反映人与自然关系的物质财富和精神财富，是从人类统治自然、征服自然转向人与自然共生共存、和谐发展的文化，它与人类相生相伴，是一种崇尚自然、敬畏自然、亲近自然、保护自然的先进文化，是在更高层次上对人类生产生活方式的理性回归，体现了人与自然和谐共处、共生共荣的生态价值观。习近平总书记非常重视生态文化建设，早在浙江工作期间就要求"加强生态文化建设，使生态文化成为全社会的共同的文化理念。"

祁连山国家公园（青海片区）位于青海省东北部，是我国西部的重要生态安全屏障，是黄河流域重要水源产流地，是区域生物多样性保护优先区域。

公园在青海的分布为东西走向的狭长形，不同的地理环境、风土人情形成了祁连山国家公园（青海片区）多样化融合发展的特色。公园及周边区域是多民族聚居区，以汉、藏、回、蒙古等民族为主体，居住在区域内的各民族同胞，把自己看作是自然的一部分，十分注重对自然的守护，他们"万物一体，众生平等，顺从自然，按自然习性行事"的保护理念与现今的"人与自然和谐共处、保护生态平衡和可持续发展"不谋而合，有着良好的生态观念的积淀。同时，在他们长期的生产生活中，形成了深远的生态智慧和生态保护实践，表现在他们的原始宗教、图腾崇拜、自然崇拜、野生动物文化元素与精神象征等方面，这些智慧和实践更是融入了他们的游牧等生产方式以及建筑、饮食、服饰、手工艺、丧葬等生活方式之中，并以宗教、信仰、民俗、节庆以及文学、谚语、音乐、舞蹈等形式长期传承，至今依然具有重要的意义。

我对祁连山国家公园并不十分熟悉，但国家公园建设中的生态文化一直是我关注的重要内容。2017年，我作为首席科学家承担了国家重点研发计划项目"国家重要生态保护地生态功能协同提升与综合管控技术研究与示范"，目的是探索自然保护地内生态保护与经济发展的协同路径，为中国特色国家公园和自然保护地体系建设提供科技支撑。也正是因为之前长期从事农业文化遗产保护的研究与实践和这个重点项目，使我对包括农耕文化在内的传统文化的生态内涵和在自然保护中的作用产生了兴趣，并在近几年的全国政协委员提案中给予了较多关注。调研中发现，中国国家公园里有着数量庞大的当地居民，他们在长期生产生活中形成了包括风俗习惯、宗教信仰、社会治理、生产实践等带有显著地域特色的民族文化、民俗文化、农耕文化，表现出明显的文化多样性特征。这些文化多样性大多具有生态环境保护、资源持续利用的生态文化内涵，因此也是国家公园和自然保护地建设中不可忽视的重要方面。

正是因为上述原因，《祁连山国家公园（青海片区）生态文化研究》一书使我产生了强烈的共鸣。该书以祁连山国家公园（青海片区）及周边区域各民族生态文化为研究对象，从祁连山地区悠久的历史、多彩的民族文化和丰富的自然资源中孕育的独具特色的地名生态文化、生产领域的生态文化、生活领域的生态文化、文学艺术中的生态文化、手工艺中的生态文化、思想领域的生态文化研究入手，挖掘天人合一、天人一体、仁爱万物、生态保护的生态文化现象，分析国家公园建设与生态文化一体化建设的意义。研究表明，祁连山国家公园青海片区汉族、藏族、蒙古族、回族等各族同胞，受人与自然和谐共生思想影响较深，有着较强的生态文化自信，具有敬畏天地、崇尚自然、爱护环境的生态情结。他们在生产、生活领域中表现出了尊重自然、顺应自然的生态伦理观。他们是大自然的守护者，在林草覆盖增长、生物多样性保护、居住环境优化、生态文化宣传教育中充当着重要的践行者，对祁连山的生态平衡和生物多样性保护发挥了巨大的作用。

目前，我国正在大力提倡生态文明建设，生态文化的研究与实践意义在于提升国家文化软实力，促进生态文明建设，促进社会生活方式的转变，提高人们精神物质文化生活水平。通过挖掘、传承与弘扬生态文化，对建设国家公园意义深远。通过生态文化研究，探索祁连山国家公园青海片区生态文化建设的实践经验，构建具有理论创新意义和现实指导意义的国家公园建设示范样板，力图在弘扬生态文化的语境下，研究如何充分挖掘出更多贴近基层、贴近基础、贴近人民群众的文化形式和文化作品，满足国家公园及周边区域各族群众文化精神需求，引导广大人民群众自觉爱护生态环境，在国家公园建设中实现生态文化自觉、自信与自强，最终达到民众在生态文化引领下自觉、自发保护和爱护生态环境的目的。

显然，开展国家公园生态文化研究，在理论和实践层面都具有极其重要的意义，能够进一步丰富生态文化和文化多样性理论，推动生态文化弘扬与国家公园建设的有机结合，使之更好地为国家公园建设服务，并成为国家公园建设的主流文化。希望本书尽快付梓面世，以便在祁连山国家公园建设中发挥作用，同时也能引出更多既能有益于国家公园建设和生物多样性保护，又能丰富生态文化理论发展和文化多样性保护的论著。

全国政协委员、农业和农村委员会委员
中国生态学学会副理事长、科普工作委员会主任
中国农学会农业文化遗产分会主任委员
中国自然资源学会国家公园与自然保护地体系研究分会主任委员

2022 年 3 月 9 日

前 言

习近平总书记指出：山水林田湖草沙冰是一个生命共同体，人的命脉在田，田的命脉在水，水的命脉在山，山的命脉在土，土的命脉在树，道出了生态文化关于人与自然生态生命生存关系的思想精髓。坚持把培育生态文化作为重要支撑，就要将生态文化核心理念融入生态文明制度建设。健全自然资源和生态环境监管制度，是深化生态文明体制改革的首要任务；保护森林、草原、湿地、荒漠等生态系统，维护山水林田湖草生命共同体的生态安全，是建设生态文明的基础保障。弘扬生态文化，大力推进生态文明建设，既是和谐人与自然关系的历史过程，也是实现人的全面发展和中华民族永续发展的重大使命。

中国正处于"新型工业化、新型城镇化、信息化、农业现代化和绿色化"五化协同推进的发展阶段，而资源约束趋紧、环境污染严重、生态系统退化仍是发展面临的瓶颈。生态环境意识薄弱，折射出生态文化建设的滞后和推进生态文化建设的迫切性和重要性。基于对中华民族生存与发展的深刻思考和长远谋划，党的十八大确立"五位一体"总体布局。党的十八届三中全会提出深化生态文明体制改革，加快建立生态文明制度。2015 年 4 月和 9 月，中共中央、国务院先后印发《关于加快推进生态文明建设的意见》《生态文明体制改革总体方案》，对生态文明建设作出顶层设计，"努力走向社会主义生态文明新时代"。党的十八届五中全会通过的《中共中央关于制定国民经济和社会发展第十三个五年规划的建议》，确立了创新、协调、绿色、开放、共享的发展理念，这是我国走向生态文明新时代的行动纲领和克服生态危机、推进经济社会转型发展的文化选择和深刻变革，具有划时代的里程碑意义。

根据《中共中央 国务院关于加快推进生态文明建设的意见》（中发〔2015〕12 号）、《中共中央 国务院关于印发〈生态文明体制改革总体方案〉的通知》（中发〔2015〕25 号）和《中共中央关于制定国民经济和社会发展第十三个五年规划的建议》，国家林业和草原局坚持把培育生态文化作为重要支撑，大力推进生态文明建设，制定并印发了《中国生态文化发展纲要

（2016—2020 年）》（以下简称《纲要》），并要求各省以《纲要》为指导，编制省级生态文化发展规划。2015 年 1 月 13 日青海省第十二届人民代表大会常务委员会第十六次会议通过《关于修改〈青海省生态文明建设促进条例〉的决定》（以下简称《决定》），《决定》第五十七条要求："全社会应当弘扬人与自然和谐的生态文化。以培育和践行社会主义核心价值观为根本，强化人民群众的资源节约意识、环境保护意识、生态忧患意识，提高生态文明素养，树立正确的生态伦理道德观。"

《中共中央关于制定国民经济和社会发展第十四个五年规划和二〇三五年远景目标的建议》提出："坚持绿水青山就是金山银山理念，坚持尊重自然、顺应自然、保护自然，坚持节约优先、保护优先、自然恢复为主，守住自然生态安全边界。深入实施可持续发展战略，完善生态文明领域统筹协调机制，构建生态文明体系，促进经济社会发展全面绿色转型，建设人与自然和谐共生的现代化。"《青海"十四五"规划和二〇三五年远景目标纲要》提出要"着力建设全国乃至国际生态文明高地""完善生态文明制度体系"。

2017 年 9 月 19 日，中共中央办公厅、国务院办公厅关于印发《建立国家公园体制总体方案》的通知指出："建立国家公园体制是党的十八届三中全会提出的重点改革任务，是我国生态文明制度建设的重要内容，对于推进自然资源科学保护和合理利用，促进人与自然和谐共生，推进美丽中国建设，具有极其重要的意义"。2017 年 9 月 1 日，中共中央办公厅、国务院办公厅关于印发《祁连山国家公园体制试点方案》的通知指出，祁连山国家公园的目标定位是"生态文明体制改革先行区域，水源涵养和生物多样性保护示范区域，生态系统修复样板区"。为贯彻落实国家和省级主管部门相关文件精神，充分挖掘和大力弘扬祁连山国家公园青海片区生态文化，推进生态文明制度建设，国家林业和草原局西北调查规划设计院开展了祁连山国家公园青海片区生态文化研究。

本书从系统分析生态文化概念、内涵和基本特征出发，从挖掘地名中的生态文化，生产领域中的生态文化，生活领域中的生态文化，信仰和宗教中的生态文化，文学、艺术中的生态文化，手工艺中的生态文化，思想领域中的生态文化、自然保护地中的生态文化入手，分析不同生态文化的特征及现实意义，并在研究的基础上，构建新时代生态文化体系，开展生态文化建设，本研究旨在为今后祁连山国家公园（青海片区）开展生态文化建设提供参考。

感谢参加《祁连山国家公园（青海片区）生态文化研究》项目组成员的积极参与和帮助。本文共分15章，各章主要编写者如下：

第一章　概述，主要编写者姜英、卜静；

第二章　研究区概况，主要编写者卜静、吴信社、李黛文；

第三章　区域民族概况，主要编写者龚文婷；

第四章　生态文化的由来与内涵，主要编写者龚文婷、文妙霞、姜英；

第五章　地名中的生态文化，主要编写者文妙霞；

第六章　生产领域中的生态文化，主要编写者李才文、龚文婷、侯晓巍；

第七章　生活领域中的生态文化，主要编写者姜英、卜静；

第八章　信仰和宗教中的生态文化，主要编写者姜英、李才文；

第九章　文学、艺术中的生态文化，主要编写者姜子夏；

第十章　手工艺中的生态文化，主要编写者姜子夏、龚文婷；

第十一章　思想领域中的生态文化，主要编写者闫睿、姜子夏；

第十二章　自然保护地中的生态文化，主要编写者李才文、范琳、赵义兵；

第十三章　生态文化特征及现实意义，主要编写者吴信社、姜英、闫睿；

第十四章　生态文化体系构建，主要编写者赵义兵、饶日光、吴信社、闫睿；

第十五章　生态文化建设，主要编写者姜英、龚文婷、卜静、闫睿、李黛文。

感谢青海省林业和草原局、祁连山国家公园青海省管理局为《祁连山国家公园（青海片区）生态文化研究》提供的支持和帮助。感谢祁连山国家公园所在地林业和文化部门提供的支持和帮助。感谢在本书编著过程中所引用参考文献的作者，由于时间紧张和联系方式缺乏，在引用时未能一一求教。

编　者

2021 年 8 月

目录

第一章

概述

一、研究现状

生态文化是指人类在社会历史发展进程中所创造的反映人与自然关系的物质财富和精神财富的总和。其核心是认识和处理好"天人关系"，即"人与自然的关系"；目标是实现"和谐发展，共生共荣"。

1866 年，恩思特·海克尔首先使用了"生态"这一概念，它被当作"研究生物体和外部环境之间关系的全部科学"；到了 1962 年美国作家蕾切尔·卡逊的《寂静的春天》出版后，生态学被正式运用到对人类社会的研究中；1972 年，瑞典斯德哥尔摩人类环境会议发表了《人类环境宣言》；1987 年，世界环境与发展委员会在《我们共同的未来》报告中第一次阐明可持续发展的概念，得到国际社会广泛认同；1991—2011 年间，《里约环境与发展宣言》《21 世纪议程》《京都议定书》《千年宣言》等相继发布。2007 年，联合国森林论坛通过了《国际森林文书》，形成了森林对实现千年发展目标的国家行动和国际合作框架。2015 年 3 月，关于森林景观恢复的第二届波恩会议宣布，全球已恢复 6190 万公顷退化森林景观，正在迈向 2020 年全球恢复 1.5 亿公顷森林景观的挑战目标。2015 年 8 月 2 日，联合国 193 个成员国通过了《变革我们的世界：2030 年可持续发展议程》，确立了全球可持续发展的基本要素和

1

原则。2015 年 12 月 12 日，《联合国气候变化框架公约》缔约方 196 个国家的谈判代表通过了《巴黎协议》。70 年来，联合国"全球议程"从人权与发展，到环境与发展，再到可持续发展——变革我们的世界，标志着生态文化核心理念逐步被事实认证，生态文明价值观正在引领世界转型发展。

国内学者对生态文化的研究主要包括以下几个方面：一是关于生态文化内涵、特征的探讨。陈璐认为生态文化就是基于对人与自然界关系的正确认识，以人与自然和谐发展为价值取向，以人类的生死存亡及人生意义为终极关怀。南文渊和卢守亭认为生态文化是一个民族在适应、利用和改造环境的过程中所积累和形成的对生态环境的适应性体系，包含宗教信仰、生产方式、生活方式、社会组织和风俗习惯等所构成的整体文化系统。杨杰从哲学和生物学视角下探析异化根源，对理解生态文化的本质不无裨益。二是关于生态文化与文化生态、生态文化与生态文明关系的理解。徐建认为生态文化侧重点在"文化"上；文化生态重心在"生态"上。鄂云龙从方法论的角度，在文明与文化以及生态层面厘清了生态文明与生态文化的关系。三是关于生态文化的内容、类别和体系结构的研究。卢风从理念层面和制度层面概括了生态文化的内容体系。卞文忠将生态文化的基本内容归结为四个方面。四是关于生态文化的建设意义和作用的研究。孙文辉从生产力发展的要求、落实科学发展观的需要以及构建社会主义和谐社会和实施可持续发展战略等几个方面进行了概括。陈璐从这些层面分析了生态文化的理论意义和实践价值。王丽和肖燕飞探讨了生态文化对生态城市建设的作用。五是关于生态文化缺失或发展不足的原因和建设生态文化的路径分析。王丛霞和陈黔珍分析了生态文化兴起的原因。王婷探讨了生态文化建设的途径。六是在特定背景和视野下对生态文化问题进行的探讨。黄治东探讨了科学发展观视域下的生态文化建设问题。杨卫军分析了生态文化与构建社会主义和谐社会的关系及对后者的作用。赵建军研究了低碳经济视域下的生态文化建设。七是将某一民族（族群）的生态文化作为特定研究对象的研究。刘荣昆研究了傣族的生态文化思想及生态文化建设对策。李学术重点分析了云南少数民族生态文化的异化及其原因。王永莉整体分析了西南各少数民族生态文化与环境保护问题。吴丽娟研究了东北少数民族生态文化变迁中的体系危机与维度转换问题。袁爱莉研究了哈尼族服饰生态文化。八是在某一学科理论下研究生态文化的相关问题。靳瑞芳立足于生态伦理学、生态哲学、生态文化学、环境教育学、课程论等学科领域的交叉点上对农村生态文化和环境伦理教育的关系进行了系统分析。卢文涛和向洪在新制度经济学视野下分析了生态文化在"两型社会"建设中的制度效能。杨卫军在环境伦理学视域下分析了生态文化建设的意义。九是将传统思想文化中的生态文化思想观念作为特定对象的研究。张慧对传统生态智慧进行了探析。郭家骥认为中华民族"天人合一"的文化理念和云南各民族人与自然和谐的地方性生态知识,为中华文明和云南各民族文化的长期延续作出了重要贡献。各民族传统生态文化的保护与复兴,将为中华文明和云南各民族在全球化进程中实现可持续发展发挥重要的推动作用。十是关于某一区域或领域的生态文化的研究。苏美蓉等研究了城市生态文化建设的问题,尤其提出了城市生态文化建设的指导思想、建设途径以及评价指标。郭会平等探讨了农村生态文化建设的问题和路径。马华专门研究了企业生态文化建设。丁蕴一等研究了美国生态文化。杨艳斌研究了网络媒体的生态文化理性。匡跃辉等研究了"两型社会"生态文化体系构建问题。十一是关于某些思想家或学术流派的生态文化思想的研究。宋周尧研究了马克思、恩格斯的生态文化思想内容。吕振斌研究了马克思、恩格斯生态思想文化的新发展及其当代价值。蔺运珍探讨了马克思、恩格斯生态文化思想的基本内容。张秀丽和封学军分析了马克思主义生态观和中华古代传统文化中蕴涵的生态思想之间的关系。王诺在对生态主义和环境主义作对比分析的基础上探讨了生态文化研究的逻辑起点。从国内外研究成果分析,针对国家公园生态文化的研究目前尚未见报道。

二、研究意义

生态文化既是一种传统文化和社会现象,又是一种新的文化形态,是一种以"非人类中心主义"哲学为指导思想,追求人与自然和谐共处、协同进化,实现经济社会可持续发展的文化形态,是在传承和弘扬中华传统文化关于天人合一、道法自然的背景下,尤其是在工业文明及城镇化背景下出现生态危机时的一种文化与历史的选择。

党的十八大正式将生态文明建设纳入中国特色社会主义事业总体布局中,形成了"五位一体"总体布局。党的十八届三中全会提出深化生态文明体制改革，加快建立生态文明制度。党的十九大更是从新时代坚持和发展中国特色社会主义的战略高度做出了"加快生态文明体制改革，建设美丽中国"的重大部署。

2013 年，国家提出"建立国家公园体制"，国家相继发布了多个关于自然保护和国家公园体制建设的重要政策指导文件。其中，《生态文明体制改革总体方案》中明确指出，"国家公园实行更加严格保护，除不损害生态系统的原住民生活生产设施改造和自然观光科研教育旅游外，禁止其他开发建设，保护自然生态和自然文化遗产原真性、完整性"；2017 年 9 月，中共中央、国务院印发《建立国家公园体制总体方案》，更是明确阐明国家公园的概念，清晰规定"国家公园是指由国家批准设立并主导管理，边界清晰，以保护具有国家代表性的大面积自然生态系统为主要目的，实现自然资源科学保护和合理利用的特定陆地或海洋区域"；党的十九大更进一步提出"像对待生命一样对待生态环境，统筹山水林田湖草系统治理，实行最严格的生态环境保护制度"，并"构建国土空间开发保护制度，完善主体功能区配套政策，建立以国家公园为主体的自然保护地体系"；2018 年 3 月，中共中央印发了《深化党和国家机构改革方案》，组建"国家林业和草原局"（以下简称国家林草局），加挂"国家公园管理局"牌子，其主要职责是负责管理以国家公园为主体的自然保护地体系，肩负着守护者、管理者、使用的监管者、生态产品的供给者、生态文化传播和对外交流的使者等角色，以构建生态安全屏障、保护野生动植物、维护生物多样性、满足人民认识自然和亲近自然的精神文化需求、确保国家的重要生态资源全民共享、世代传承的职责，以建设美丽中国、维护中华民族永续发展的生态空间为使命。

目前，我国正在大力提倡生态文明建设，生态文化的研究与实践意义在于提升国家文化软实力，促进生态文明建设，促进社会生活方式的转变，提高人们精神物质文化生活水平。通过在国家公园建设中挖掘、传承与弘扬生态文化，尤其是林业、草原、湿地、荒漠生态文化，把生态文明建设放在突出地位对建设国家公园意义深远。本书试图通过生态文化研究，探索祁连山国家公园（青海片区）生态文化建设的实践经验，构建具有理论创新意义和现实指导意义的国家公园建设示范样板，力图在弘扬生态文化的语境下，研究如何充分挖掘森林文化、草原文化、湿地文化、花卉文化、野生动植物文化、生态旅游文化、生产生活生态文化、少数民族生态文化，挖掘出更多贴近基层、贴近基础、贴近人民群众的文化作品，满足国家公园及周边区域各族群众文化精神需求，用生态文化引导广大人民群众自觉爱护生态环境，在国家公园建设中实现生态文化自觉与文化自强，最终达到民众在生态文化引领下自觉、自发保护、爱护生态环境的目的。

本书在马克思主义生态观基础上，以习近平生态文明思想为指导，深入挖掘汉族、藏族、蒙古族、回族、土族等世代居住在祁连山国家公园青海片区的各民族农耕生产方式、游牧生产方式、宗教信仰、文学艺术、法律制度、习俗规范以及与之相适应的生活方式所蕴含的生态文化内涵，进而探究区域多民族融合且可行的生态文化实施途径，为国家公园主管部门和各级政府制定生态制度、政策提供理论依据。开展生态文化研究，在理论和实践层面都具有极其重要的意义。理论上讲能够进一步丰富生态文化理论，尤其是丰富国家公园生态文化理论，推动生态文化研究与国家公园生态建设相结合，使之更好地为国家公园建设服务。从实践上讲，通过研究可以挖掘与国家生态文明建设相向而行的生态文化，并对其进行保护和弘扬，使之成为国家公园建设主流文化。

第二节　研究内容与思路

一、研究内容

主要研究内容包括生态文化由来与内涵；祁连山国家公园（青海片区）及周边区域民族概况，尽可能多地挖掘区域内及周边不同民族的现状、文化及文化交融；挖掘地名中的生态文化，从地名分类及命名方式、生态地名的特点入手；挖掘文学、艺术、生产领域的生态文化，从森林生态文化、草原生态文化、农耕生态文化等几个方面入手；挖掘生活领域的生态文化，从住宅生态文化、饮食生态文化、丧葬生态文化、服饰生态文化等几个方面入手；

挖掘信仰和宗教领域的生态文化，从信仰与宗教、宗教种类、佛教中的生态文化、伊斯兰教中的生态文化等几个方面入手；挖掘手工艺领域的生态文化，从手工艺中的生态文化、自然元素的体现等几个方面入手；挖掘思想领域的生态文化，从习近平生态文明思想、汉族的天人合一、藏传佛教生态文化、蒙古族天佑观生态文化、回族自然生态观和生态伦理等几个方面入手；挖掘自然保护地中的生态文化；研究区域生态文化特征，构建生态文化体系，最终研究如何建设区域生态文化。

二、研究思路和方法

（一）研究思路

在保证易于被大众接受的基础上完善理论体系建构，首先明确写作者作为生态文化普及者的个体，为了将生态文化内化为人们观念上的"生态自觉"意识而进行的普及研究，因此，本书贯穿始终的主线是生态文化是什么样的文化，围绕着为什么要在我国推广生态文化以及实行这一文化必须做好哪些方面的准备这一符合逻辑思维方式的过程展开。

首先，对生态文化的文化内涵以及国内外的生态文化思潮进行系统全面的梳理，以解答生态文化的主要内容和范围，探究是怎样的文化形态这一问题；其次，具体论述当前进行生态文化普及的环境状况和国家政策，解决生态文化在国家公园中出现和推广的原因分析；再次，从马克思关于人与自然关系的环境思想研究中，进行生态文化价值观深层剖析；最后，分别从社会政治、经济和精神角度对生态文化的大众实践做出全面解读，以明确本书研究内容的切实可行性和理论引领作用。

（二）研究方法

研究方法采取文献整理法、实地调查法。一是研读大量关于生态文化的书刊资料，以此作为研究的理论基础。二是通过在图书馆、资料室或网上查找相关资料，搜集国内外相关资料的文献进行述评。三是深入基层，实地考察，通过座谈了解国家公园周边生态文化现状及其对国家公园建设的作用，进而挖掘生态文化对区域生态文明建设的促进作用与实效，调研区域生态文化的现状、分析存在的问题、总结取得的成效和经验。四是通过国家公园及其周边开展的与生态文化相关文化活动，诸如花海、草原、游牧、神山圣水等实例，研究其活动影响、经验，分析其存在问题，并对其愿景进行展望。

三、重点难点

研究重点：祁连山国家公园青海片区人类活动痕迹状况，包括国家公园及周边区域民族、人口、经济等分布及变化情况；不同民族生态文化发展状况及变化；新时代区域生态文化特色；生态文化发展布局。区域范围内资源分布状况，包括森林资源、草原资源、湿地资源、耕地资源、旅游资源分布状况。人类活动、资源分布与生态文化相互关系，包括不同民族迁徙、融合，人与资源和谐共生等。

研究难点：区域内人类活动足迹具有随着时代不断变迁的特点，一个地方在不同时代居住的民族不一致，导致文化存在较大差异，生态文化同样存在较大差异，同时不同民族之间的生态文化也不尽相同。不同时代、不同民族生态文化缺少文字记载，区域内进行过非物质文化遗产方面的调查，但针对生态文化的尚不多见，只能从现有相关文字记载中摘录或进行实地走访座谈。区域内现存且能够挖掘的生态文化还存在有宗教色彩，如何将这些文化与习近平生态文明思想结合，并使之转化为区域内各族群众敬畏自然、保护自然的中华民族的生态文化尚需进行深入研究。

四、主要观点

生态文化是国家公园建设的主要内容，国家公园保护与生态文化中的保护理念一致，保护价值相同。生态文化作为生态文明在特定环境下的实现形式，是国家公园生态文明建设的重要内容，其基本要义为让生活有益生态，用文化凝聚力量，靠制度规范行为，以创新引领发展。文化是文明的灵魂，文化的繁荣必然促进文明的发展，国家公园建设要重视生态文化传播和生态文化教育，全面提升公民的自觉意识和生态价值观，为推进国家公园生态文明建设提供强大的精神动力。

五、创新之处

首次在国家公园及周边区域开展生态文化研究，力争通过研究摸清祁连山国家公园（青海片区）及周边区域生态文化现状，挖掘生态文化在国家公园建设中的作用，并通过开展生态文化活动，让人们从内心深处自觉保护生态环境，实现人与自然和谐相处。将国家公园建设方面的政策及内容运用到生态文化研究中，尝试在生态文化的视角下探析国家公园生态文化，让人们更多地关注国家公园，关注国家公园未来发展趋势。在研究内容上，以祁连山国家公园（青海片区）作为研究对象，在综合分析公园现状的基础上，提出区域生态文化建设是国家公园保护中的重要且有效的手段，对其他区域国家公园生态文化研究和建设具有一定的借鉴意义。

第三节　国家公园试点历程

2017年6月，国家发展改革委报请中央全面深化改革领导小组第三十六次会议审议通过《祁连山（600720）国家公园体制试点方案》；2017年9月，中共中央办公厅、国务院办公厅印发《祁连山国家公园体制试点方案》；2018年2月，原国家林业局会同甘肃、青海两省印发《祁连山国家公园体制试点实施方案》；2018年5月，青海省人民政府办公厅印发《祁连山国家公园体制试点（青海片区）实施方案的通知》；2018年10月，祁连山国家公园管理局正式成立；2019年2月，国家林草局发布《祁连山国家公园体制试点总体规划（征求意见稿）》；2020年8月，国家林草局发布《祁连山国家公园总体规划（试行）》。

2018年10月29日，祁连山国家公园管理局在兰州市正式挂牌成立，同年11月30日祁连山国家公园青海省管理局在青海省林业和草原局挂牌，开展国家公园体制试点工作。青海省人民政府下发《祁连山国家公园体制试点（青海片区）实施方案》，提出试点的33项建设任务，其中包含1个片区规划和综合管理、自然资源保护与利用管理、生态系统保护与修复、科研监测、基础设施建设与社区协调发展、产业发展与特许经营、生态体验和自然教育、生态文化8个专项规划。

截至2021年5月，祁连山国家公园青海省管理局33项试点任务已全部完成。

管理体制方面，组建青海省管理机构，形成青海省管理局—县（市）管理分局的管理机构；建立综合执法机制，持续推进落实青甘联防管控机制，集中开展综合执法检查暨"绿盾"等专项行动，并依托青海省祁连山自然保护区森林公安局组建青海省公安厅直属的青海省祁连山国家公园警察总队和对应四县（市）的警察大队，开展祁连山国家公园青海片区资源环境综合执法工作；制定祁连山国家公园青海省管理局与地方政府职责划分清单，厘清各自职责；完成自然资源统一确权登记试点工作，落实自然生态空间用途管制制度，祁连县开展自然资源资产清查试点；建立生态文明绩效评价考核体系，开展常规审计，强化生态环境损害责任追究。

生态保护方面，开展了青海省祁连山国家公园科考及调研、园区内人口与乡镇村界线调查和自然资源及社会经济摸底调查，形成了《青海省祁连山国家公园科考及调研报告》《人口与乡镇村界线调查报告》《自然资源及社会经济调查报告》等12个调查报告；完成了青海片区界桩、界碑及标识牌标准化及野外建设；实施了管护责任制和河湖长制，编制拆除公园内天然林资源保护工程网围栏实施方案；祁连山生态保护和建设综合治理工程、山水林田湖生态保护修复工程，按进度实施建设任务，以大工程促进大保护。

社区协调方面，率先建立"村两委＋"生态管护新机制，开展党建引领下的生态保护、宣传教育、民生发展新模式，目前已有17个联点村；制定国家公园公益岗位设置办法，建档立卡贫困户全面脱贫，持续开展园区群众技能培训；制定核心保护区域、重点生态节点、重要生态廊道生态移民搬迁安置方案。

科普宣教方面，建立了国家公园官网等各类宣传平台，及时发布各类相关时政信息；建立自然教育体系、自然学校、生态学校，全面开展自然教育活动、印制自然教育教材、开发自然教育课程；组织生态文化研究会、制定了《祁连山国家公园青海片区生态文化研究实施方案》；联系人民日报、中国新闻社（以下简称中新社）、新华通讯社等多家媒体拍摄专题宣传片；成立青海省祁连山自然保护协会、吸纳社会力量和相关专业人士等技术力量，开展祁连山生态摄影评比、自然教育、媒体交流、宣传片制作等工作。

科研监测方面，成功申报国家林草局全国首批50个长期科研基地之一，建立祁连山国家公园信息管控中心，与中国科学院西北高原生物研究所、北京林业大学等10余家科研院所和高校交流合作，签订战略合作协议；建设天地空一体化生态环境监测管控网络，启动实施智能化监测管控工程和监测网络，目前监控范围已达到4000平方千米；与青海师范大学、中国科学院西北高原生物研究所联合成立祁连山国家公园青海研究中心，现有成员单位19个，并建立了学术委员会及专家咨询库；开展生物多样性本底调查并完成《野生植物调查报告》《昆虫调查报告》《大型真菌调查报告》《雪豹专项调查报告》等调查报告。

通过以上重点工作任务的推进，为祁连山国家公园青海片区保护管理的高效和"生态保护高地、生态文化高地、生态科研高地"三大高地的建设奠定了良好基础。

第二章
研究区概况

祁连山是我国西部的重要生态安全屏障，是黄河流域重要水源产流地，是我国生物多样性保护优先区域。

第一节　自然地理

一、地理位置与范围

祁连山国家公园青海片区位于青海省东北部，北与甘肃省的酒泉、张掖、武威地区相接，东与互助县、大通县接壤，南与海晏县、刚察县为邻，西与乌兰县毗连。坐标东经 96° 66′ ~ 102° 64′，北纬 37° 08′ ~ 39° 21′。范围包括祁连县、门源县、德令哈市、天峻县的部分区域，涉及 18 个乡镇级单位（门源县包含县公共草场，按一个乡镇单位计）。总面积 158.39 万公顷。

二、地质地貌

（一）地质

1. 大地构造

祁连山国家公园青海片区地处秦祁昆巨型造山带中段的祁连山造山带北

部。自元古宙以来，祁连山地区经历了大陆裂谷和板块构造两种构造体制。经过奥陶纪的俯冲造山、志留纪－泥盆纪的碰撞造山和泥盆纪以后陆内造山，最终形成复合型祁连造山带。祁连造山带总体呈北西西—南东东向分布，从北向南可依次划分为北祁连造山带和中祁连陆块。青海片区大地构造分属北祁连弧盆系的走廊弧后盆地、走廊南山岛弧和北祁连蛇绿混杂岩带等3个构造单元。

2. 地层和岩性

祁连山国家公园青海片区内地层可分为北祁连山地层区、中祁连山地层区和南祁连山地层区3个地层区，其中，北祁连山地层区、中祁连山地层区为主体地层区。青海片区内地层发育比较齐全，前寒武系地层主要分布于北祁连山地层区和中祁连山地层区，中祁连山地层区从古到新依次有长城系朱龙关群的熬油沟组、桦树沟组和托赖南山群的南白水河组地层，北祁连山地层区仅有南白水河组地层。蓟县系地层南北祁连山地层区均属花儿地组地层；青白口系地层主要分布于中祁连山地层区，属龚岔群地层，共分为4个组。以上各系地层岩性主要为碎屑岩、碳酸盐岩、大理岩和片麻岩等。震旦系和南华系地层祁连山地区缺失。

下古生界地层在青海片区分布不广。寒武系地层主要分布于北祁连山地层区，包括黑茨沟组和香毛山组。黑茨沟组以火山岩、火山碎屑岩为主，由北向南，火山岩增多；香毛山组以板岩、砂质板岩、凝灰质砂岩夹砂岩、灰岩为主，属浅变质海相碎屑岩沉积；局部有大洋和岛弧蛇绿岩分布。奥陶系地层分布于北祁连山和南祁连山两个地层区，南祁连山地层区主要是吾力沟组和盐池湾组地层，北祁连山地层区主要有阴沟群、中堡群、大梁组、扣门子组地层，阴沟群以基性火山岩、硅质岩、灰岩、蛇绿岩、碧玉岩、大理岩、碎屑岩、安山玢岩为主，中堡群以灰岩、细碎屑岩、硅质岩、碱性火山岩为主。扣门子组为中基性至酸性火山岩夹灰岩、硅质岩，含珊瑚、笔石化石。志留系地层主要是肮脏沟组，分布于北祁连山地层区，岩性主要为杂色砂岩、页岩、板岩。

上古生界地层包括泥盆系、石炭系和二叠系。泥盆系地层主要为上泥盆系地层，北祁连山地层区为老君山组，属粗碎屑岩；南祁连山和中祁连山地层区主要为阿木尼克组。石炭系地层主要包括羊虎沟组、党河南山组、臭牛沟组和前黑山组。南祁连山和中祁连山地层区主要为羊虎沟组、党河南山组地层，北祁连山地层区主要为羊虎沟组、臭牛沟组和前黑山组。二叠系地层主要有大黄沟组、红泉组、大泉组、窑沟群下段及八音河群；八音河群分为3组，即忠什公组、草地沟组和勒门沟组，主要分布于南祁连山和中祁连山地层区；大黄沟组、红泉组、大泉组集窑沟群下段主要分布于北祁连山地层区。上古生界地层以陆相和海相交互沉积为主，石炭—二叠系沉积基本为海相沉积。

中生界地层以三叠系地层分布最为广泛，侏罗纪和白垩纪地层零星分布。中祁连山和南祁连山地层区主要是郡子河群和默勒群地层，北祁连山地层区主要为窑沟群上段和西大沟组地层，岩性为陆相和山麓河湖相碎屑沉积岩。侏罗系地层零星分布于中祁连山地层区，主要是下、中侏罗统的窑街组地层，出露多受断层控制，为沼泽相含煤碎屑岩。在北祁连山地层区，白垩系地层有下白垩统的下沟组和中沟组地层，在中祁连山地层区有下白垩统的河口群地层分布，白垩系地层岩性均为陆相碎屑岩。

新生界地层分为第三系地层和第四系地层，第三系地层主要分布于南祁连山和中祁连山地层区，自下而上有白杨河组、疏勒河组和玉门组地层；第四系地层全域广泛分布，均主要为坡积物。新生界地层全为陆相河湖相沉积，以碎屑岩为主，局部有泥灰岩夹层。受各地沉积环境影响，沉积物质成分存在一定差异。

（二）地貌

祁连山国家公园青海片区位于青海省北部的祁连山地，高山、丘陵、沟谷、盆地交错分布，由一系列西北至东南走向的中高山和山间盆地组成，最高山峰——疏勒南山团结峰海拔5808米；最低海拔约2800米。多年冻土的下界高程为3500 ~ 3700米，大多数山地和河流上游发育有冰缘地貌。东部地貌以流水侵蚀为主，西部地貌风蚀作用明显；海拔3500米以上的山坡保留有古冰川的遗迹——冰川、悬谷、刃脊和角峰，海拔4500米以上为现代冰川发育区，现代冰川和古冰川的寒冬风化及强烈剥蚀，形成了区域地貌类型的多样性。

三、气候水文

（一）气候

祁连山国家公园青海片区属高原大陆性气候。全年日照时间长、太阳辐射强、总辐射量大；气候相对湿润，降水时空分布差异显著、季节性差异大；气象灾害多，冰雹、风沙、雪灾等现象频繁发生。

祁连山国家公园青海片区太阳总辐射 5916~15000 兆焦耳 / 平方米，生理辐射 2940~7500 兆焦耳 / 平方米；年日照时数大约在 2500 ~ 3000 小时，日照百分率大约在 55% ~ 70% 之间；南部地区呈上升趋势，气候倾向率为 13.5 时 /10 年，北部地区呈下降趋势，气候倾向率为 −24.6 时 /10 年。

祁连山国家公园青海片区年均气温 −6.10 摄氏度，平均最高气温为 3.98 摄氏度，平均最低气温为 −17.51 摄氏度，极端最高气温 37.6 摄氏度，极端最低气温 −35.8 摄氏度；年平均气温的分布大体上保持由东南向西北气温逐渐降低的形势。

祁连山国家公园青海片区年平均降水量 150 ~ 680 毫米，年均蒸发量 1137.4 ~ 2581.3 毫米。由东南向西北呈逐渐递减的趋势，降水量偏少且高度集中，5 ~ 9 月降水量占年降水量的 87% 左右，年内以 7 月降水量最多，12 月降水量最少。

祁连山国家公园青海片区平均风速为 1.6~2.6 米 / 秒。总体由东南向西北增大，风速年变化几乎全部为春大冬小型，即春季 4、5 月份风速最大，而冬季 12 月、1 月风速最小。

（二）水文

祁连山国家公园青海片区涉及水资源分区包括黄河流域的大通河享堂以上，西北诸河的石羊河区、黑河区（含黑河、托勒河）、疏勒河区（含党河、疏勒河）和青海湖水系（含哈拉湖、布哈河）的部分区域，均属于山丘区河流，河川基流量稳定，年径流深 100 ~ 500 毫米。

祁连山国家公园青海片区多年平均地表水资源量约 25.56 亿立方米，地下水资源量约 11.95 亿立方米，主要是基岩裂隙水和碎屑岩类孔隙水，补给源于降水的垂直补给和冰雪融水补给，以水平径流为主。由于祁连山地区整体属于山丘区，地下水与地表水完全重复，水资源总量等于地表水资源量。

祁连山国家公园青海片区内湿地较集中，分为河流湿地、沼泽湿地和湖泊湿地。其中，沼泽湿地分布面积最大，大量分布于祁连县的野牛沟乡、央隆乡和天峻县的苏里乡、木里镇，其中，最大的湿地为黑河源湿地；河流湿地沿湖泊湿地较少，面积均小于 0.5 平方千米，主要分布于天峻县木里镇，少量位于德令哈市克鲁克镇；河流湿地较少，主要分布在天峻县的苏里乡东部。

四、土壤

祁连山国家公园青海片区受气候和海拔影响分为地带性土壤和非地带性土壤。

地带性土壤呈明显的垂直分布规律，东段土壤类型以海拔高度由低到高依次为灌淤土、灰钙土、淡栗钙土、耕地栗钙土、栗钙土、暗栗钙土、耕作黑钙土、石灰性灰褐土、山地灌丛草甸土、山地草甸土、亚高山灌丛草甸土和石质荒漠土；西段土壤类型以海拔高度由低到高分布为棕钙土、石灰性灰褐土、山地草原草甸土、高山草原土、高山寒漠土等。非地带性土壤为潮土、沼泽土和新积土。

五、植被

祁连山国家公园青海片区自然植被分为 8 个植被型组 13 个植被型 8 个植被亚型 6 个群系组 70 个群系。植被型组主要以森林、灌丛、草原、荒漠、草甸为主。

森林分为针叶林和落叶阔叶林植被型。针叶林分为温性常绿针叶林和寒温性常绿针叶林，代表树种主要为青海云杉、祁连圆柏、油松等；落叶阔叶林分为寒温性落叶阔叶林和温性落叶阔叶林；代表树种主要为糙皮桦、红桦、白桦、山杨等。

灌丛分为高寒灌丛、温性灌丛和河谷灌丛植被型。高寒灌丛分为高寒常绿灌丛和高寒落叶灌丛，植被主要为千里香杜鹃、陇蜀杜鹃、金露梅、山生柳、鲜卑花、鬼箭锦鸡儿、西藏沙棘等；温性灌丛植被主要为匙叶小檗、鲜黄小檗、沙棘等；河谷灌丛植被主要为肋果沙棘、具鳞水柏枝、乌柳等。

草原分为高寒草原和温性草原植被型。高寒草原植被主要为紫花针茅、青藏薹草、冷蒿等，温性植被主要为西北针茅、短花针茅、长芒草、芨芨草、醉马草、冰草等。

荒漠分为高寒荒漠和温性荒漠植被型。高寒荒漠植被主要为垫状驼绒藜、唐古红景天、沙生风毛菊等，温性荒漠植被主要为驼绒藜、珍珠猪毛菜等。

　　垫状植被资源主要有垫状点地梅、四蕊山莓草垫状植被和囊种草垫状植被。

　　高山流石坡稀疏植被资源主要有水母雪兔子、甘肃雪灵芝、唐古红景天。

　　沼泽和水生植被资源主要有 11 个群系，以沼泽植被为主。

　　植被垂直地带性分布特征明显，垂直带谱由东南向西北趋于简化。东段依次为山地草原带（海拔 1800～2800 米），温带灌丛草原带（2000～2200 米），山地森林草原带（2600～3400 米），亚高山灌丛草甸带（3200～3500 米）和高山亚冰雪稀疏植被带（>3500 米）；西段区域依次为山地荒漠带（2300～2700 米），山地草原带（2700～3600 米），高寒草原、草甸带（3600～4000 米），高山寒漠带（4000 米以上）。

　　祁连山国家公园青海片区物种丰富，珍稀动植物种类繁多，分布有维管植物 78 科 350 属 1075 种，其中，蕨类植物有 7 科 10 属 17 种，种子植物有 71 科 340 属 1058 种。共有保护植物 48 科 70 属 89 种，其中国家级珍稀濒危保护植物 3 种（稀有种有星叶草 1 种，濒危种有桃儿七 1 种，渐危种有蒙古黄耆 1 种），国家重点保护野生植物 41 种（羽叶点地梅、山莨菪、内蒙古大麦、短芒披碱草、三蕊草、木贼麻黄、桃儿七、喜马红景天、小丛红景天、狭叶红景天、对叶红景天、唐古红景天、四裂红景天、甘草、青海固沙草、三刺草、中华羊茅、短颖披碱草、白花马蔺、兜蕊兰、毛杓兰、掌裂兰、凹舌掌裂兰、火烧兰、河北盔花兰、卵唇盔花兰、二叶盔花兰、北方盔花兰、裂瓣角盘兰、角盘兰、原沼兰、羊耳蒜、对叶兰、尖唇鸟巢兰、北方鸟巢兰、高山鸟巢兰、二叶兜被兰、广布小红门兰、二叶舌唇兰、蜻蜓舌唇兰、绶草），受威胁植物 38 种，青海省重点保护野生植物（省级）29 种，中国特有植物共有 446 种，列入《濒危野生动植物种国际贸易公约》（附录Ⅰ、附录Ⅱ、附录Ⅲ）的植物有 23 种，除桃儿七，其余全为兰科植物。

六、野生动物

　　祁连山国家公园青海片区内共有野生脊椎动物 28 目 73 科 290 种，其中，兽类 66 种、鸟类 208 种、两栖爬行类 9 种、鱼类 7 种。国家Ⅰ级重点保护野生动物豺、荒漠猫、雪豹、藏野驴、马麝、西藏马鹿、白唇鹿、野牦牛、西藏盘羊、斑尾榛鸡、红喉雉鹑、黑颈鹤、黑鹳、秃鹫、胡兀鹫、草原雕、金雕、白尾海雕、猎隼、黄胸鹀等20种，国家Ⅱ级重点保护野生动物狼、藏狐、赤狐、棕熊、石貂、兔狲、猞猁、豹猫、藏原羚、鹅喉羚、岩羊、暗腹雪鸡、藏雪鸡、大石鸡、血雉、蓝马鸡、大天鹅、鸳鸯、黑颈鸊鷉、蓑羽鹤、灰鹤、鹮嘴鹬、翻石鹬、白琵鹭、鹗、高山兀鹫、靴隼雕、雀鹰、苍鹰、白尾鹞、黑鸢、大鵟、普通鵟、红角鸮、雕鸮、纵纹腹小鸮、长耳鸮、短耳鸮、三趾啄木鸟、黑啄木鸟、红隼、灰背隼、游隼、白眉山雀、蒙古百灵、橙翅噪鹛、红喉歌鸲、贺兰山红尾鸲、白喉石䳭、朱鹀、红交嘴雀等51种，青海省重点保护野生动物27种，中国特有动物有35种，其中，鸟类20种、兽类12种、爬行类1种和两栖类2种。

有各类昆虫11目155科613属939种。整体上来看，公园从东南向西北方向，昆虫种类和数量均出现逐渐下降的趋势，在东南部黄藏寺—芒扎、石羊河源与仙米，森林植被的昆虫种类所占比例较高；在党河源、团结峰向荒漠过渡区，分布有适宜荒漠生存的特有种赫氏陇螽、准杞龟甲等。

第二节　人类活动范围

一、人口

祁连山国家公园青海片区范围内总人口115663人，涉及相关社区（以乡为单位）人口108415人，涉及4个县的县域总人口311471人。其中，祁连山国家公园青海片区常住人口中核心保护区人口1563人，一般控制区人口5685人；相关社区中非涉牧人口83487人，季节性涉牧人口数24928人。

祁连山国家公园青海片区是多民族聚居地区，涵盖30多个民族，以汉族、藏族、回族等民族为主体。常住人口7248人，其中，藏族4926人、汉族 1296 人、回族 777 人、蒙古族 158 人、土族 74 人、撒拉族 14 人和裕固族 3 人。

二、活动范围

祁连山国家公园在青海的分布为东西走向的狭长形，所占面积虽不多，但跨区域较大，不同地区的地理环境、风土人情形成了祁连山国家公园的多样化融合发展。

（一）门源回族自治县

祁连山国家公园青海片区在门源县共涉及北山乡、东川镇、浩门镇、皇城乡、青石嘴镇、泉口镇、苏吉滩乡、西滩乡、仙米乡和珠固乡 10 个乡镇，面积 282587.85 公顷；涉及 84298 人，占祁连山国家公园青海片区总人口的 72.88%。其中，北山乡 5673 人，占门源县片区总人口的 6.73%；东川镇 15750 人，占 19.68%；浩门镇 9645 人，占 11.44%；皇城乡 1717 人，占 2.04%；青石嘴镇 17199 人，占 20.40%；泉口镇 13175 人，占 15.63%；苏吉滩乡 653 人，占 0.77%；西滩乡 10293 人，占 12.21%；仙米乡 5136 人，占 6.09%；珠固乡 5057 人，占 6.00%。

（二）祁连县

祁连山国家公园青海片区在祁连县涉及阿柔乡、八宝镇、峨堡镇、央隆乡、野牛沟乡和扎麻什乡 6 个乡镇，面积 538601.72 公顷；涉及 28401 人，占祁连山国家公园青海片区总人口的 24.55%。其中，阿柔乡 1693 人，占祁连县片区总人口的 5.96%；八宝镇 13389 人，占 47.14%；峨堡镇 3459 人，占 12.18%；央隆乡 2202 人，占 7.75%；野牛沟乡 4394 人，占 15.47%；扎麻什乡 3264 人，占 11.49%。

（三）天峻县

祁连山国家公园青海片区在天峻县涉及龙门乡、木里镇和苏里乡 3 个乡镇，面积 608856.56 公顷；涉及 2388 人，全部为常住人口，占祁连山国家公园青海片区总人口的 2.06%。其中，龙门乡 311 人，占天峻县片区总人口的 13.02%；木里镇 789 人，占 33.04%；苏里乡 1288 人，占 53.94%。

（四）德令哈市

祁连山国家公园青海片区在德令哈市只涉及柯鲁柯镇，面积 153906.33 公顷；涉及 576 人，全部为非常住人口，占祁连山国家公园青海片区总人口的 0.50%。

第三节　社会经济情况

青海省由于特殊的地理环境，自然资源存量丰富，地广人稀，主要以畜牧业为主，目前基础民生设施也在不断发展完善，经济与生态人文和谐发展，相辅相成。

一、社会经济

祁连山国家公园青海片区居民总收入 15.03 亿元，每户可支配收入平均 4.79 万元，人均 1.3 万元；居民可支配收入含养殖收入 7.36 亿元、种植收入 0.69 亿元、虫草收入 0.52 亿元、务工收入 4.34 亿元、养老金和高龄补助 0.23 亿元、村集体分红 0.08 亿元、林业生态补助 0.04 亿元、草原生态补助 0.72 亿元和其他收入 0.85 亿元。

祁连山国家公园青海片区社区人口住房结构以砖混为主，居住面积 374.86 万平方米，人均居住面积 32.41 平方米，略低于全省人均住房面积（35.28 平方米）。

二、产业发展

祁连山国家公园青海片区产业主要以生态畜牧业、畜产品加工业为主，加以生态旅游、特色种养殖业和标志产品的品牌建设等。收入主要来自高原牦牛、藏系羊等畜牧养殖和相关产业链收入。

据统计，区域内 2018 年牲畜存栏量 174.34 万头，出栏量 66.27 万头。形成了"企业＋合作社＋直销店＋电商"的营销模式，牛羊肉精深加工率达到了 20% 左右；区域内开展了黑河源湿地、岗什卡雪峰探险、仙米森林体验，区域周边开展了油菜花文旅、峨堡等特色古镇的开发建设；形成蕨麻、中藏药材、苗木种植等特色作物核心产区，并试种推广火焰参、羊肚菌、油桃、香菇等新作物 23 种；已有农畜产品"三品一标"认证 18 个，国家绿色食品标志认证产品 14 个，注册农牧业商标 9 件，高原农畜产品品牌 10 个（统计截止时间为 2020 年年初）。

三、基础设施

（一）道路交通

祁连山国家公园青海片区内公路网络较为完善，高速铁路、公路、重点区域（乡镇村、管护站）道路、巡护道路可基本满足生活生产需要，但村道和简易道路路况较差。现有以隧洞形式穿越公园的高速铁路 1 条；公路 394 条，其中，高速公路 1 条、国道 4 条、省道 9 条、县道 9 条、乡道 31 条、通村道路 340 条。祁连山国家公园青海片区涉及的管理站点有高速铁路、高速公路、国道、省道连接，通行畅通，或临过省道，或在县乡道路旁边，或有通站道路，均有道路通行；涉及的城镇和村庄均有国道、省道和县乡村道路通行；监测巡护道路均以县乡村道路或简易道路为主，路况一般。

（二）电力通讯

祁连山国家公园青海片区内全面消除无电村和单位供电，通过国家电网、农村电网、光伏电站和户用光伏实现电力供应，通电率达 100%，但存在光伏供电不稳定、衰减和设备维护难等问题；区域内通讯网络覆盖度较低，国家公园的局、处、分局机构已实现全覆盖，管护站通讯覆盖率 40.91%，乡、镇、村驻地大部分基本实现通讯覆盖，但偏远的自然村覆盖度低，存在通讯难题，如德令哈市柯鲁柯镇的陶生诺尔村和克鲁诺尔村的夏季牧场，天峻县苏里乡的三社、四社和五社，龙门镇的龙门乡二社，苏里乡的一社、二社，木里镇的木里镇四社的夏季牧场，由于游牧民族比较分散，有线网络和无线网络均未覆盖。

（三）师资教育

祁连山国家公园青海片区内无中小学分布，教育水平总体偏低，教育资源集中分布在经济较发达的乡镇和县城，教学条件基建和师资力量可满足；

尤其是近年来教育重视度的提高，各县（市）加大资金和人员投入，为中小学配备各种教学设备、仪器、图书及后勤设备，大部分教室配备了电子白板，各中小学均实现了20M以上的光纤宽带网络全覆盖，形成了优质数字教育资源的共建共享、信息技术与教育教学全面深度融合的教育格局。但偏远的自然村仍存在上学远、缺乏费用的问题。

（四）卫生医疗

祁连山国家公园青海片区所涉及乡镇均设有卫生院，均达到"乙级甲等"建设标准。区域内每个村（牧会委）都设有卫生室，配备基本的诊断设备，均达到标准化建设水平。但由于区域地广人稀，仍存在牧区居民距离较远、无法及时救助造成伤亡的情况。

（五）文化

祁连山国家公园青海片区内的乡镇均设有文化图书馆、文化站，部分村（牧）委会还设有文化点，较大程度上满足居民的文化服务。

四、保护管理机构

祁连山国家公园挂牌成立前，祁连山国家公园青海片区范围内涵盖1个省级自然保护区（青海省祁连山自然保护区），1个国家森林公园（仙米国家森林公园）、1个国家湿地公园（祁连黑河源国家湿地公园），其中青海省祁连山自然保护区面积占比最大。各单位均按各自的机构设置进行管理。

2018年10月29日，祁连山国家公园管理局在兰州市正式挂牌成立，同年11月30日，祁连山国家公园青海省管理局在青海省林业和草原局挂牌成立，设立祁连山国家公园青海省管理局办公室，核定行政编制10名。

2019年3月，实行机构改革，成立了祁连山国家公园青海省管理局海西、海北2个管理处，在德令哈市、天峻县、门源县、祁连县四县（市）林业和草原局或自然资源局挂"祁连山国家公园管理分局"牌子，设立40个管护站。成立由青海省公安厅直属的青海省祁连山国家公园警察总队和对应四县（市）的警察大队。

2020年7月，中共青海省委机构编制委员会研究发文，形成省管理局—县管理分局的管理体系，管理分局下设管护中心、管护点。在原海西、海北林业和草原局加挂"祁连山国家公园海西州、海北州工作协调办公室"牌子，四县（市）林业和草原局挂"祁连山国家公园德令哈、天峻、门源、祁连管理分局"牌子，下设9个管护中心、40个管护点。同时，设立祁连山国家公园青海服务保障中心，为祁连山国家公园青海省管理局的公益一类事业单位，下设野生动物救护繁育站、生态科普站和信息监测站3个事业单位。

第三章

区域民族概况

一、汉族

青海古老的原始居民是古代羌人，汉族是自西汉时期开始移入青海，逐渐成为青海的主体民族。自西汉起千百年来，历代中央政府不断从各地招募和迁移一代又一代的汉族群众到海西、海北地区屯田戍边，以达到维护国家安定和保卫领土完整的目的。公元4世纪初，鲜卑慕容部吐谷浑率众西迁阴陇，其子孙在青海建立了吐谷浑地方政权，历时300多年。公元7世纪30～40年代，吐蕃兴起，建立吐蕃王朝近200年。到了元代以后，回族、撒拉族的先民迁入青海。明代，蒙古族移牧青海（13世纪20年代就有蒙古人进入），并以固始汗为首的和硕特部统一了青藏高原，建立了地方政权约百余年。在这样一个特定的地理环境和社会文化背景下，汉族的迁入尽管为当地带来了先进的生产技术和科学文化知识，但他们始终处在非主体的地位，更多地要受到这些民族语言、文化的影响。

明、清时期，内地汉族因战乱避荒，被迫迁移、戍边、屯田以及经商等原因，陆续地从中原、江淮等不同地方，或由政府组织大批迁徙，或随军队而来，或个人举家迁入青海。

据《青海方志》史料记载，明洪武、永乐年间，西宁卫就有"官军户七千二百，口一万二千九十二"。至嘉靖中，官军户数减少，而人数增加；永乐四年（1406年），循化厅"吴屯系江南民，季屯、李屯、脱屯系河州（今临夏）汉民，共九百九十户"。清顺治二年（1645年），贵德王、周、刘三屯和东乡（今尖扎）康、杨、李三屯"共人丁一万一千五百六"。到光绪三十四年（1908年），海西、海北祁连片区的汉民肯定为数不少。

由于年代久远加之历史文献资料的缺乏，汉族何时开始迁居祁连片区已无从考据。从现有的文献资料来看，大量汉族迁入祁连片区是在民国时期，这种迁移活动一直持续到了20世纪50年代初。从汉族移民的来源地看，祁连片区的汉族移民来自湟源、大通、民和、湟中、化隆、互助等青海省东部地区，其他为省外移民，省外移民主要集中在陕西、甘肃、河南、山东等几个省份。

二、藏族

祁连县是藏族较早聚居的地区之一，唐时称"吐蕃"，明以后称"西蕃"，藏族自称"蕃巴""安多哇"，其先民可追溯到唐代，公元698年，率兵屯扎青海的葛尔钦陵家族被赞普剪除，赞普和弓仁率领部下投靠唐朝，安置在门源至凉州的6个地区。清道光二年（1822年），原驻果洛阿尼玛卿雪山一带的阿柔部落移牧于八宝，清光绪二十七年（1901年），原居化隆县阿什努一带的藏族迁至夏塘台定居。民国18年（1929年），原居共和县廿地一带的藏族迁来郭米定居。其语言在卫藏、西康、安多三大方言中属安多方言，通用藏文，兼通汉语言。与其他民族互助共处，以畜牧业为主，少数经营农业。定居祁连片区的藏族部落主要有阿柔、郭米、夏塘台、华热和汪什代海部落。

（一）阿柔部落

阿柔部落是青海藏族中历史悠久的一个部落，属安多藏族3大部分中智部18大族之一，距今有千余年历史。

阿柔部落定居祁连后，不但畜牧业得到恢复，而且对维护河西走廊以南扁都口一带安危起到了重要作用。清光绪十三年（1887年）四月，西宁办事大臣发给其部落的功牌上就记载着"阿力克千户兼百户格布绪古图布坦缉捕清廷罪犯有功，赏给五品顶戴，以此鼓励"。光绪二十四年（1898年），清政府免去阿柔部落的替丁马税，民国17年（1928年），以多巴尖木措为首的加尼赫绕"热什科"（意为几户人家），因无力缴纳课税，携妻儿避至野牛沟一带，被马步芳部逐杀 10 余人，唯剩 12 岁的谢日布和 8 岁的拉赫僧。1949 年中华人民共和国成立时，阿柔部落仅有 8 个小部落，即千户、百户、德芒、百经、多哇、阿多、芒扎、阿克洛，共 700 余户 1500 余人，千户 1 人，百户 4 人。有藏传佛教阿力克大寺及 5 座部落寺院。

阿柔部落定居祁连后，共传 4 代千户，分别是曲乎旦、格布绪、官木曲乎、南木卡才巷。

（二）夏塘部落

清光绪二十七年（1901 年），原居青海东部巴燕阿什努一带的 20 余户藏族，在其头人夏塘洪保带领下迁至祁连扎麻什，送给郭莽寺（广惠寺）夏洛活佛两匹骏马及其他礼物，获得居住权，以原住地"夏塘"作为部落名称和新定居地名称。农牧兼营，俗称"龙娃蕃"。1949 年，夏塘部落发展到近 30 户约 150 余人。

（三）郭米部落

郭米亦称郭密，民国 18 年（1929 年），原居共和县廿地一带的 40 余户藏族，在其头人郭米才巷率领下迁至扎麻什河之北，赠送阿力克千户骏马 1 匹，氆氇褐衫 1 件，遂同意定居放牧和开荒种田。民国 20 年（1931 年），30 余户重返故地，余则由原信仰藏传佛教宁玛派改信格鲁派。1949 年有 10 余户 40 余人，除经营畜牧业外，还从事农业生产，俗称"龙娃蕃"。

（四）华热部落

华热，藏语"英雄部落（族）"的意思。这个称谓由来已久，可以追溯到与唐代中期同时代的吐蕃王朝。松赞干布统一卫藏各部以后，历代赞普不断派遣大批军队挺进青藏高原北部，突破大唐的防线而进入祁连山以北地区。华热藏族的祖先就是这一时期派往祁连山两麓要塞的军旅。华热——意为英雄的军旅，分栋玛和栋囊两个部分，即英雄的红缨军和黑缨军。据传，"红缨军"是来自冈底斯山地区的部族，一贯以骁勇善战闻名。华热藏族自称是"噶玛洛巴"，意为"没有赞普的命令不许迁回的人"。实际上这是一支属于赞普的劲旅，由赞普直接调遣。现今华热藏族中口耳相传，他们是藏王赞普的前沿先锋军的后裔，英雄的部落，缘由在此。

（五）汪什代海部落

史称"环海八族"之一的汪什代海族，下辖 18 个百户或相当于百户的小部落。汪什代海部落原住黄南地区，该部落的形成约有 400 多年的历史。清代嘉庆、道光年间，汪什代海部落陆续从黄河南迁徙到河北，先后在日月山、倒淌河、兴海南部的扎棱拉，海西的茶汉乌苏、盐池等地放牧。清王朝为了维护青海的统治秩序，派钦差大臣那彦成带兵进入青海，将汪什代海等藏族部落驱至黄河以南住牧。道光三年（1823 年），哇洛被清政府委任为汪什代海第一任千户，发给藏、汉两种文字的执照："钦命，内大臣兵部尚书总督中堂那彦成、西宁办事大臣节制镇道文武官员武（隆阿），给贵德厅管辖汪什代克族千户哇洛收执。道光三年二月二十四日"。清咸丰八年（1858年），核定界地。从此，汪什代海部落被划定在天峻地区住牧。一部分仍留住兴海县境内，称上汪什代海。现汪什代海部落主要居住在天峻县境内。

三、蒙古族

蒙古族是青海省 6 个世居民族之一，主要分布在海西蒙古族藏族自治州，黄南藏族自治州中的河南蒙古族自治县，这两个地区的蒙古族的历史与文化各具特色，海西蒙古族藏族自治州由于聚居区域集中，主要以和硕特蒙古部、土尔扈特为主，保留有比较浓郁的蒙古族传统文化。

（一）德都蒙古部落

"德都蒙古"在蒙古语里意思是"阔阔淖尔蒙古"，在汉语中为"青海蒙古"的意思。在文献记载中，能够与"德都蒙古"相联系起来的名称是藏文《新红史》《汉藏史集》等史书中出现的"上部蒙古"。"德都蒙古"其语义包含"上部""高处""源头"等自然环境特征，又包含"至尊""高贵""上等"等人文因素，因此，也被生活在此的蒙古族欣然接受，成为引以为豪的美誉和象征。

在汉语记载中一直习惯用"青海蒙古"或"西海蒙古"，指的是蒙元时期蒙古高原以西的蒙古部落，现今指生活在青藏高原的蒙古族以及祁连山北部居住的甘肃肃北蒙古族。

（二）祁连蒙古部落

海北藏族自治州的蒙古族起源是蒙古人形成后渐渐迁到此处的，他们最早迁至祁连县是在南宋宝庆三年，成吉思汗攻破西夏后，占据西宁州及环湖地区，从此蒙古族在祁连留兵屯牧。

1510 年，居住在内蒙古河套地区的鞑靼蒙古族酋长亦下剌和阿尔秃斯率万余人西迁，占据祁连多隆、默勒一带，明崇祯九年（1636年），居住在今新疆天山一带的西蒙古和硕特部迁徙至青海环湖地区，部分进入祁连地区定居。清雍正元年（1723年），青海蒙古族和硕特部首领罗卜藏丹津反清事件平定后，清廷加强对蒙古族的管理，于雍正三年(1725年)，仿内蒙古"札萨克"制度，将青海境内蒙古族各部统编为左、右两翼共5部29旗，并划定游牧疆界，其中，在祁连境内有6个蒙旗(部分旗地跨今县境之外)。

（三）托茂人

祁连片区内还有一部分人被称为"托茂人"，主要散居在多隆、野牛沟、央隆（原托勒牧场）3个乡。托茂人在服饰、语言等方面和蒙古族相似，但他们信仰的是伊斯兰教。1226年，成吉思汗西征中亚、西亚等地时，由于当地人多信仰伊斯兰教，部分蒙古军受其影响改信了伊斯兰教。成吉思汗占据西宁及环湖地区后，这部分人定居在今海晏县和湟中县上五庄一带。清同治年间，回族起义反清，后被清廷镇压后，有一部分流散人员，流落于海晏地区，受到当地托茂公王爷的保护，并长期留居下来成为托茂公的属民。1958年，国家在海晏县建二二一厂，征用土地20万亩，将此境域内的部分居民迁至祁连，几经调配，最后定居在今多隆、野牛沟和央隆乡。原托茂公的蒙古族信仰藏传佛教，后来一部分信仰伊斯兰教的回族到了此旗，所以就有回族托茂和蒙古族托茂的说法。托茂人与生活在青海地区的蒙古族、藏族一样，世世代代都经营着畜牧业，逐水草而居。在民族杂居地区，托茂人一般都掌握蒙古语、藏语、汉语等多种语言。

（四）门源蒙古部落

门源县的蒙古族是在明正德五年（1510年）进入的。当时，在内蒙古河套一带的蒙古族人民，越过祁连山，大批迁入门源地区。由于历史事件迫使清朝政府采取"扶藏抑蒙"政策，致使大部分蒙古族人离开了门源，北移至甘肃、内蒙古，只有少数人留居了下来。以后，又有一部分蒙古族人从甘肃，内蒙古，青海的大通、海西、海晏等地陆续迁入门源，定居至今。

四、回族

祁连片区的回族主要集中居住在海北藏族自治州门源回族自治县。回族到这里居住开始于蒙元时代，13世纪早期蒙古向西征战回师以后，将跟随征战的"西域亲军"一部分留在了这里，他们部分人驻扎在这里进行守卫，剩下的人休养生息放牧耕作。元朝时阿那达助阵守卫在唐兀，在10万将士里信仰伊斯兰教的人占了一大半，很多人都留在了门源。明朝初期由江右以及皖北迁移到青海地区的一些回族留在了门源。顺治六年（1649年）时，甘肃地区回族起兵战败，其中有四百多名回族将士被蒙古部落领袖收留安排在今门源旱台、克图、仙米地区居住下来。雍正登基之初，将晋、陕、甘等地区的回族人迁至这里驻守边关。清光绪二十一年(1895年)，大通、门源等地回族进入祁连县八宝地区谋生。另外，历史中记载也有很多回族因为商贸或挖掘黄金来到这里的。之后，由于回族人数急剧增加，这里有了很大发展，后经历了几百年发展，回族慢慢形成了很多具有自己特色的风土民情。现今，门源回族人口为7.62万人。

新中国成立以后各民族关系在根本上获得了发展，再加之门源大范围开发，门源每个地方都存在着回族。

五、其他民族

（一）撒拉族

撒拉族自称"撒拉尔"，新中国成立后定名撒拉族。其语言属阿尔泰语系突厥语族，无文字，通用汉文。清末民初，祁连地区已有撒拉族零散居住。民国28年（1939年），随着国民党马步芳部冶长寿骑兵团进驻八宝镇，部分撒拉族民众从化隆县卡力岗村迁来定居县境卡力岗村。现撒拉族主要居住在祁连县境内。

（二）土族

土族基本聚居在门源县和祁连县。民国5年（1916年）从互助迁入河东村董、哈两姓，共5户10余人，以后陆续迁来张、李两姓。民国9年（1920年）从大通逊让乡迁入门源县河西村的哈、王两姓。此后，相继迁来的有陈、贺、王、张等姓。新中国成立后，祁连县土族人口逐年增加。土族多信仰藏传佛教，从事农业生产，兼营畜牧业。

祁连山国家公园青海片区域内的各个民族，在不同时期有过不同的宗教观念和生活习惯，农耕文化与游牧文化彼此相互影响，加之民族构成及其生活习性的复杂性，在漫长的历史进程中，相互交流吸纳、融合，最终形成了独有的生态文化。

第二节　民族文化

在中华民族多元文化一体化的演变中，祁连山多民族聚居的现实状况决定了其拥有丰富的多民族文化，为丰富和发展祁连山文化生活发挥了积极而重要的作用。在众多的少数民族文化中，最突出和最优秀的少数民族文化有蒙古族文化、藏族文化、回族文化等，通过各民族不断地发展壮大和不间断地交流与融合，各民族不仅自身的文化内涵得到长足的发展，同时民族之间的相互感染和融合也使得各民族之间的关系更加紧密，更加有利于各民族之间的团结和进步，更加有利于促进经济、政治、文化、和谐稳定社会的建设。

一、汉族文化

汉族是这块广阔而充满希望土地上的古老而具有悠久历史的世居民族，从公元前二世纪末开始移居青海，经过历史的曲折发展后成批迁入，带来了先进的农业生产工具和劳作技术及先进文化，促进了社会的进步，成为这里最古老、最庞大的主要的居民群体之一。

从地理位置上讲，生活在这里的汉族人与中原地区颇有差别；在文化空间上，又处于中原迁入的汉族与少数民族文化互相碰撞和交融的边界性地段。生活在这里的汉族人，从总体上讲，与中原文化、社会习俗有大体一致的主要方面；同时，也有受地域、环境、气候、交通乃至周围各少数民族习俗影响的独特方面。边界性的特殊地位，使两者相互交融，构建出了自己特色的独特价值。

汉族的服饰上顺应时代的潮流而变化，服饰由自制向商品化发展，种类式样不断更新，与内地的汉族习俗相较之下，更偏向于保守。在内地已经消亡了的习俗、礼仪，在当地的汉族地区还较完整地或半推半就地保留着。但由于受到当地地理环境、气候、物产等影响，因而出现了一些因地制宜的变通习俗和一些特殊的做法：用鳌烧制的炉馍馍、油炸的张嘴、油果儿、翻跟头，喜吃荨麻拌汤；青稞面擞成片，边撕边下锅的破布衫。肉类食物以猪肉为主，平时喜饮奶茶，嗜饮酒。

汉族居民多为固定居所，房屋皆为自家打庄廓、建造，乡邻亲友主动前去帮忙，主家要用长面招待，庄廓合拢后要散糖，摆酒设便宴款待亲邻。建房时，中梁上凿一小洞，装上五色粮食和金银等贵重物品，钉上模子，外面蒙上一块红布，取"粮食满仓，富贵满堂"之意，上梁要选择吉日，拉梁后，主人递上糖果、红枣、面蛋等一盘，由木匠一边口诵"上中梁喜满堂"等吉祥话，一边抛撒，众人争抢；乔迁新居后，亲友携带礼物前去"安房"祝贺。主家则以佳肴招待。

汉族与当地少数民族宗教信仰的交融性。一方面如中原汉族一样，当地的汉族也是泛神论者，信鬼敬神，非常普遍，大至天地山川，小至门户锅灶皆有神祇可供。另一方面，由于青海有些少数民族信仰藏传佛教，影响所及，青海汉族中不少人不仅信仰道教和汉传佛教，也颇信仰藏传佛教，而不将"神不歆非类，民不祀非族"的古训放在心上，也体现出了中庸之道的积淀——能敬则敬，不能敬则避。

二、蒙古族文化

生活在青藏高原上的蒙古族人称自己为"德都蒙古人"，因为生活在这里的蒙古族人生活区域地势海拔高，而且他们离藏传佛教圣地拉萨比较近而得名。德令哈地区的蒙古族人也是德都蒙古族人中重要的组成部分。由于生活在青藏高原上，这里的蒙古族长期以来与周边的藏族在政治、经济、文化等方面都有交流和交融，形成了这里的蒙古族有别于其他地方的蒙古族的独特文化。

蒙古族主要分布在祁连、德令哈、门源，语言上操蒙古族三大方言之一的卫拉特方言。文字主要使用"胡图木"蒙古文字。主要从事畜牧业生产，随牲畜逐水草而牧，主要的牲畜有绵羊、山羊、马、黄牛、牦牛、骆驼等，游牧的德都蒙古族主要以羊肉和乳制品作为日常食物。蒙古族游牧时民居主要以蒙古包为主，蒙古包内冬暖夏凉，既能够方便搭卸，又能够很好地抵御烈日寒风，是在特定的生活环境下形成的特殊民居形式，因此游牧文化是蒙古族最主要的文化特性，也是把草原文化归纳为蒙古族文化的主要原因。在部分农业区里也有少部分蒙古族居民，由于他们从事的是农业生产而非畜牧业，所以他们的主要食物是粮食和蔬菜，而民居则以土木结构的房屋为主，有的还带有庭院，环境相对较好。由于大部分蒙古族群众都是与汉族等民族交错杂居共同生活的，因此部分蒙古族居民的服饰特点较为特殊，它不同于其他地区的蒙古族居民的服饰，又与藏族和汉族等民族的服饰相差较大。比如德令哈蒙古族居民男女在冬季时均穿皮袍"德吾乐"（长皮袍），多用羊皮做衣面，到了夏秋季则穿夹袍"拉吾谢格"，在节日或在别人家做客时则穿盖皮做的"吾齐"长袍，它是以平绒或者绸缎做面料，带有彩色毡毪或者水獭皮镶边的修饰，既适合当地的环境气候，又满足了民族群众对于美的追求。

蒙古族人民能歌善舞，豪爽好客，喜摔跤、赛马等体育运动，信仰佛教，普遍信仰藏传佛教的格鲁派。他们的节日主要是祭敖包、那达慕大会、嘛尼经会、祖鲁节、麦德尔节和祭火节。同时，蒙古族居民的婚礼仪式和丧葬仪式也会举办的相对盛大，现在蒙古族的青年男女婚姻基本上仍然遵循"媒妁之言，父母之命"的传统习俗，也有自由恋爱成亲的，但较过去不同的是最终婚姻的决定权在于自己。青年男女如果到了一定的年龄阶段后，需要先订婚。现在新时代不像以往的旧时期，各地的蒙古族人，订婚的时候不再请喇嘛来诵经占卜，也不需要送牲畜等作为礼物，只需要送金银首饰以及其他的生活用品即可。蒙古族的丧葬仪式较为隆重，人死以后请喇嘛或者活佛选择吉日来念经，然后进行火葬或者野葬。念经时间的长短视个人的家庭经济情况而定，少则 3 天，多不超过 49 天，念经完毕，布施以家庭财产的一半或视情况而论。白月节（也是汉族人的春节）是青海的蒙古族人民最隆重的传统节日。节前男子需要出外去置办年货，妇女则在家里准备过节的食物，家家都是一片忙碌的景象。这时候如果谁家有什么困难，邻近的乡亲们都会去帮忙，绝对不会坐视不管。年三十这天，所有人都必须回家，并且换上新衣服，祭火后，合家欢聚，主要的食物有手抓羊肉。

三、藏族文化

藏族是祁连山最古老、人口也较多的一个少数民族，在四个县市均有分布，藏族人民自称为"博"，且先后有"吐蕃""西蕃"等称呼，现在才正式称为藏族。祁连山藏族群众语言主要使用安多藏语，全民族都信仰佛教，也是作为藏族传统文化最重要的组成部分。藏族居民主要生活在海拔较高的山区和高原地区，大部分居民世代从事的都是畜牧业，因此他们对于畜牧业有着非常丰富的经验，但是随着他们与汉族居民的相互杂居，现在定居下来的藏族群众也越来越多。从事畜牧业生产的藏族民居以帐篷为主，主要有牛毛帐篷和帆布帐篷等类别，这应该与藏族居民逐水草而居的游牧生活方式有紧密的联系。而定居下来的群众住房主要以石木结构的碉房和土木结构的房屋为主，这种建筑的墙体厚实，外形看上去也端庄，可以有效地防风御寒。藏族居民的服饰丰富多彩，历史悠久，它的形成与人们居住的自然环境和气候条件有着密不可分的关系。同时，藏族特殊的生产生活方式对服饰风格的形成演变和发展也有比较多的影响，比如，从事畜牧业的藏族群众服装主要是皮袍，而在定居的农业区藏族群众则主要穿长坎肩。

祁连山地区的藏族群众主要的风俗习惯有饮食习俗、婚姻习俗、丧葬习俗和藏族礼俗等几大类。藏族群众的主食是糌粑，主要饮料是酥油茶、牛奶、酸奶，喜爱青稞酒，藏族居民十分好客，他们招待客人的首选就是酥油茶。主人用酥油茶招待客人时，客人在吃完主食后要喝一碗牦牛酸奶才能离开，这表现了对主人热情招待的尊敬。藏族居民的婚姻制度和婚姻习俗较为复杂。同时，婚礼也是显示主人在当地的身份和地位的一个重要方式。藏族的葬仪分塔葬、火葬、天葬、土葬、水葬五种，并且对不同人实行不同葬仪，等级森严，界限分明。至于具体要采用哪种葬仪则主要取决于喇嘛的占卜结果。藏族的各种礼仪大部分的礼俗与佛教都有着密切的联系，比如，以下几种常见的礼仪：献哈达，拜见尊长、婚丧节庆、音信往来、觐见佛像、送别远行等，都有敬献哈达的传统习惯；磕头，这也是藏族群众日常生活中常见的一种礼节，一般是在朝觐佛像、佛塔和活佛时才进行磕头仪式，当然也有对长者进行磕头仪式的，以表示对长辈的尊敬；鞠躬，遇见长辈或者受他人尊敬的人时要脱帽、弯腰鞠躬，帽子拿在手上放低接近地面；敬酒茶，只要逢年过节，来到藏族居民的家里做客，主人便要向客人敬酒。请客人品尝自酿的青稞酒，是农牧区藏族居民的一项习俗。

四、回族文化

回族居民是世居青海省的少数民族之一，具有悠久的历史，且人口数量较多，在门源、祁连、德令哈均有分布。他们本是来自不同国家、地区的，如阿拉伯、波斯商人和中亚地区伊斯兰化的突厥商人以及本地的伊斯兰教信仰居民，但是经过长时间的分化、组合，现已基本上形成了中国化、本土化，有了相对集中的生活区域和共同的经济文化条件。在经过多种语言的融合与较量，以及与汉族居民的融合相处之后，回族居民形成了以青海方言汉语和汉文为主作为其交际的语言文字，以伊斯兰教文化作为核心并形成了共同的风俗习惯。总体来说回族文化与伊斯兰教文化有着密切的联系，其基本精神均来源于伊斯兰教。回族居民的服饰最大的特点是在头部，回族的男性喜欢头戴无檐帽，帽子从颜色上分主要有白色，也有少数的黑色、棕色、灰色等颜色，白色帽子一般用棉布面料，而其他颜色的帽子一般使用丝线或者毛线编织而成，而回族的女性头饰则是戴盖头和披纱巾。盖头的布料精美，有绿色、青色、白色三种颜色，现在也有很多其他颜色合成的各种花色可以供他们选择。

回族居民传统节日同其他地区的有较多的相似之处，最主要的民俗节日有开斋节和古尔邦节，回族节日大体上都与宗教有关，如古尔邦节的宗教意义就在于提醒穆斯林同胞们以学习圣贤为尊的献身精神和培养教民们对安拉的敬畏精神。另一大型传统节日开斋节，则是为了让人们从心灵深处体验饥饿和干渴的滋味，以此来培育人们同情弱者，救济穷人的同情心，从而树立起善良正直的人生品格。当人们为一个月的斋戒坚守而不辍，完成坚守又见新月的时候，心中总有颇多的感触，怎不思量为之庆贺。在回族的节日里，所有居民都将穿戴一新，早早地来到清真寺，大净沐浴，进行会礼。许多家庭将给清真寺送去带有喜庆意义的油香、麻花、撒子。在斋月的最后一天里，人们登上清真寺的望月楼，观看新月，见月开斋，举行盛大的开斋节仪式。在古尔邦节，有条件的家庭都要请阿訇（中国伊斯兰教教职称谓）到家里来执刀杀鸡宰羊，进行庆贺。

除了以上回族居民独有的传统节日和风俗习惯之外，由于回族居民还与其他民族的居民共同生活、交流和沟通，在以伊斯兰教为主导的宗教信仰之外，还吸收融合了其他民族的文化因素，这些文化因素与伊斯兰教的主流因素相互调整、共存，于是形成了多元的回族文化特征。如周围的汉族、蒙古族、藏族、土族、撒拉族等对回族文化的形成产生了巨大的影响。同时，由于拥有共同的信仰，回族居民对撒拉族的文化具有较强的认同感。在多元文化养分的孕育下，回族人民勤劳、勇敢、聪明、智慧，具有强大的自然适应性和不断开拓进取的精神，既能耕能牧，又能商能工。他们和其他兄弟民族一起，筚路蓝缕，艰苦创业，为发展建设祁连山，维护祖国的统一、民族团结做出了重要的贡献。

第三节　不同民族文化交融现状及民族关系

我国少数民族地区居民大杂居小聚居，以及各民族居民相互杂居的实际情况，形成了这一地区的民族文化呈现出了不同层次的融合、交流甚至语言底层替换等各种状态。除汉族之外，藏族、蒙古族、回族等居民在地域和人口分布上相对于其他少数民族居民占有较大的优势，各少数民族文化除了与汉族文化相互交融之外，各民族之间的文化交融也在长期的共存中的得到了很大的发展。在每一个民族内部我们都能看见较多的其他民族的文化因子，他们在各民族居民长期的共存与交流中得到了适当的生存发展，使得该地区本民族的文化特征在许多方面有别于其他地区同民族的文化特征。这也说明了世界上没有一个民族文化能够脱离其他民族文化而纯粹地生存下去，单一的文化不可能有发展，最终只能是消亡，比如，玛雅文明的消亡，伊斯兰文化的发展。民族文化的融合从理论上讲，应该是有层面的，一个是物质层面的，一个是精神层面的，但主要应该是精神层面的，包括接受其他民族的思维方式，接受新的东西，否定旧的东西，这在开始的时候由于需要改变旧有思维会有相应的抵触心理，但是一旦接受新的思维方式就会焕发出新的精神动力，在维持着本民族不断吸收其他民族优秀先进生产生活方式的同时，促进本民族文化的不断发展。现阶段的各个民族在政治上团结共生、和谐发展，经济上取长补短、互利共赢，文化上相互促进、共同发展，族际通婚方面相互影响较少。随着经济发展和社会进步，民族间的交往范围不断扩张、融合趋势的不断增加，各民族间不同领域的联系将会更为普遍，这些都将是民族文化发展，提高各民族社会发展水平与生存质量的重要途径。这也是历史发展和民族关系发展的必然选择。

一、蒙古族与藏族

蒙古族和藏族是世居少数民族中人口数量最多的两个民族，他们之间的关系历史悠久，源远流长。他们虽然都各自有自己的语言、文字和风俗习惯，以及文化传统，但是长时间的杂糅共居在这个多民族文化冲撞、交汇、适应和共生的地区，文化的冲突、适应和交融成为了这一地区少数民族成员必须面对并逐渐适应解决的问题。尤其是作为蒙古族、藏族的精英人员——青年，和其他民族成员相比较，他们对于文化的交融、适应表现得更为敏感，也更加容易接受。比如，在汉族、藏族、蒙古族杂居的民族地区，蒙古族居民的服饰形成了既不同于藏族居民而又有别于内蒙古蒙古族服饰的特点。蒙古族文化受到藏族文化的影响在政治、经济、文化、服饰装扮、语言表达、风俗习惯等各个方面均有体现，特别是在藏族宗教寺院文化的影响和教育下，许多蒙古族居民会讲本民族语言也会讲汉语和藏语，在个别蒙古族的小学、中学里，孩子们开始学习藏语，试着用藏语进行交流和写作。在定居下来的小块农耕区域，藏族与蒙古族居民已经完全融合在了一起，他们的房屋建筑具有类似的风格，语言的交流也随着相互之间的通婚习俗变得更加顺畅。由于蒙古族和藏族居民大都具有相同或者相似的宗教文化信仰，比如，大都信仰藏传佛教，因此，藏族和蒙古族居民成为所有少数民族群众中融合最为深刻和广泛的民族。

二、蒙古族与回族

回族居民历史可以追溯到唐宋时期。当时从阿拉伯波斯地区前来的穆斯林，在元朝时期形成了回族并在明清时期得到了很大的发展，而蒙古族则主要是从元朝时期，尤其是新疆地区的厄鲁特额部、和硕特部南迁至青海现在区域，成为该地区蒙古族的先民。"大杂居，小聚居"的生存环境造就了回族居民较强的文化适应能力，使得回族居民在不断发展的社会生活中，较为普遍地接受了其他文化的融合，在这样特殊的文化环境之中，回族居民表现出了较为积极的文化适应态度，这使得回族居民很快融入当地居民的生活之中。另一方面早期的回族又以其严格的宗教信仰要求，制约着相应的婚姻制度和家庭伦理制度，加之不断吸纳其他民族的文化因子，使得这个民族人口数量经过近百年的发展得到了迅速的增长并保留着本民族的特征。从元末明初开始，在蒙古族和回族居民杂居的地区，部分蒙古族居民受到伊斯兰教文化和汉族文化的影响，逐水草而居的游牧式生活方式逐渐变为农耕式生产，这种生计类型的逐渐改变使得以原来生计类型为主的文化类型也发生了不同程度的改变，尤其是蒙古族与回族通婚的现象，使得这些蒙古族居民逐渐接触并最终接受伊斯兰文化，并且朝着回族方向发展。由于历史、战争等原因，众多的蒙古族融入了回族文化之中，至今仍有操蒙古语，穿蒙古服，善于游牧，保留有一些蒙古族习俗的信仰伊斯兰教的部落。

三、藏族与回族

藏族和回族群众都是有各自宗教信仰的，并且都是信教非常虔诚的人类群体，藏族居民信仰的藏传佛教，回族居民信仰的伊斯兰教，二者虽然有明显的差异，但是这两种宗教在教义教规上都没有任何直接的冲突，劝人行善、止人作恶，都是两种宗教的愿望和宗旨，这就使得部分与回族杂居的藏族居民能够接受回族文化并融入其中。藏族居民和回族居民是有区别的少数民族群众，但却由于特殊的地域文化而融入在一起，是在民族地区多民族文化整合、调试的产物，因此，我们偶尔能够看到操着藏语方言，生活习俗均同于其他地区藏族却又虔诚地信奉伊斯兰教的特殊藏族居民。比如服饰上，他们身穿藏族服饰，却头戴穆斯林的白帽或盖头，近几十年由于受到汉族文化的影响较多，服饰方面也有向汉族服饰发展的趋势。由于回族居民自身的勤劳和经商智慧，使得在该区域甚至整个青海省地区的城镇回族居民善于经商，主要经营牛羊肉批发销售、皮毛加工以及餐饮食品行业，成为商业贸易市场上最活跃的民族。居住在农村地区的藏族居民则主要从事农业，善长种植蔬菜瓜果等经济作物和饲养牛羊等牲畜。居住在牧区的藏族群众主要从事的是畜牧业的生产。相邻的地区环境为藏族和回族居民的经济合作创造了有利的条件，主要是通过贸易往来的方式进行，由早期的茶马互市、羊毛业经营到多元化的畜产品购销、餐饮食品、屠宰、药材收购等，"每年往返于青海东部农业区和藏区之间从事牛羊育肥这一行业的穆斯林，当在上万人次"。回族居民和藏族居民在交互杂居的情况下主要通过经济合作的方式实现了民族的融合与经济文化的发展。

第四章

生态文化的由来与内涵

第一节　概念

一、文化

（一）定义

文化有广义和狭义之分。广义的文化，指的是人类改造客观世界过程中创造的物质成果和精神成果的总和；狭义的文化，则是指人类改造客观世界过程中创造的精神成果。本研究所说的文化是在狭义上来使用的。

（二）内涵

文化是一个国家、一个民族的灵魂和血脉，是人民的精神家园。文化自信是一个国家、一个民族发展中更基本、更深沉、更持久的力量。党的十八大以来，习近平总书记反复强调坚定文化自信、做出一系列重要论述，充分体现了中国共产党高度的文化自觉，彰显了我们党鲜明的文化立场，进一步凸显了文化在中国特色社会主义事业全局中的重要地位，把我们党对文化作用和文化发展规律的认识提升到了一个新境界。新时代，我们要从全局和战略高度，深刻认识坚定文化自信的重大意义，高举马克思主义的旗帜、中国特色社会主义的旗帜，以文化自信支撑道路自信、理论自信、制度自信。

二、生态

（一）定义

生态（eco-）一词源于古希腊字"oikos"，意思是指"家"或者我们的环境，现在通常是指生物的生活状态，指生物在一定的自然环境下生存和发展的状态，也指生物的生理特性和生活习性。简单地说，生态就是指一切生物的生存状态，以及它们之间和它与环境之间环环相扣的关系。生态的产生最早也是从研究生物个体而开始的。

（二）内涵

就学术方向而言，生态这个词来源于生态学这一门学科，而生态学则是研究生命系统和环境系统相互作用、相互联系的科学，所以生态既包含了生命系统又包含了环境系统，这两者一起组成了生态的概念，生态中的生命系统不单单指代人类这一种生命，从微观上来说器官、组织、细胞、细胞器等，宏观上来说动物、植物、微生物、个体、种群、群落等，都是生态中生命系统的一部分，而生态中的环境系统则有更加详细的分类，可简单地分为体内环境、小环境以及大环境。体内环境指的是生物体内细胞所处的环境，小环境主要指的是直接作用于生物对、个体有直接影响的临界环境，大环境则是指地区环境中的地球环境（包含大气圈，岩石圈，水圈，土壤圈等）和宇宙环境。大环境不仅可以直接影响小环境，还会直接或间接影响生物个体（即体内环境），上述的所有因子则共同组成了生态，缺一不可。

就人文方向而言，生态有耦合关系、整合功能与和谐状态三种内涵：首先，生态是包括人在内的生物与环境、生命个体与整体间的一种相互作用关系，是人类生存、发展、繁衍、进化所依存的各种必要条件和主客体间相互作用的关系；其次，生态是一种学问，是人们认识自然、改造环境的世界观和方法论或自然哲学，是包括人在内的生物与环境之间关系的整合功能的系统科学，是人类塑造环境、模拟自然的一门工程技术，是人类怡神悦目、修身养性、品味自然、感悟天工的一门自然美学；最后，生态是描述人类生存、发展环境的和谐或理想状态的形容词，表示生命和环境关系间的一种整体、协同、循环、自生的良好文脉、肌理、组织和秩序。

三、生态文化

（一）定义

生态文化作为一门新兴交叉学科，其理论研究与实践成果尚处于初始阶段，有待于更广泛的专家学者和广大民众的共同参与，在不断交流与深化中，得以提高和升华。生态文化有广义和狭义之分。

广义生态文化是指人类在社会历史发展进程中所创造的反映人与自然关系的物质财富和精神财富的总和。生态文化属于文化范畴。从字面上看，它既是生态与文化两个词汇（或定义）的组合，又赋予其特定的含义，即生态文化是以人为主体，与自然密切相关的文化。生态文化的研究对象是人与自然相互关系以及由此而形成的所有文化现象。生态文化的研究范围是人类在与自然交往过程中，为适应自然环境，维护生态平衡，改善生态环境，实现自然生态文化价值，满足人类物质文化与精神文化需求的一切活动与成果。

狭义生态文化是指人与自然和谐发展、共存共荣的生态意识、价值取向和社会适应。它既包括反映人与自然相互关系的生态哲学、生态伦理、生态文艺和价值观念等，又包括建立人口资源环境与经济社会可持续发展相适应的思维方式、生产方式、生活方式、行为方式、文化载体和生态制度（包括节约自然资源、保护生态环境相关的法律法规、政策制度与行为约束等）。

（二）生态文化概念的科学释义

生态文化的核心是认识和处理好"天人关系"，即"人与自然的关系"；目标是实现"和谐发展，共生共荣"；生态意识、价值取向和社会适应是生态文化的三个基本要素和必备条件。生态文化定义下的生态意识，所追求的是人与自然"知、情、意"的统一。生态文化定义下的价值取向，反映了人格结构中（即本我、自我和超我）的核心部分，直接支配和决定人的道德标准和行为取向，故而又被称为"灵魂中的灵魂"。生态文化定义下的社会适应，则是人化自然（即人类活动改变了的自然界）过程中的调节器与控制阀。

（三）三种代表性的理论观点

1.将生态文化视为一门独立的学科

这种理论的代表性著作是王玉德、张全明等著的《中华五千年生态文化》一书。首先，作者表明了他们对生态与文化关系的认识。认为存在决定意识，生态决定文化；文化对生态环境有反作用；生态环境总是不断地回报人类文化；文化是生态环境变迁的见证。紧接着，他们阐述了生态文化学与其他学科的区别。"生态文化学是从文化学角度研究生态的学科。它是生态学和文化学的分支学科和边缘学科，也是涉及人类学、社会学、环境学、历史学、地理学、生物学的交叉学科"，特别强调"生态文化学不仅注意生态对文化的作用，而且特别重视文化对生态的反作用"。在此基础上，作者又进一步概括了生态文化研究的内容：①影响生态的文化现象，主要有文化观念、文化功能、文化群落、文化构成、文化网链、文化传播等，特别是国家的法令政策、名人的思想、群众的意识。既要从生态视野看文化，也要从文化视野看生态。②区域生态文化圈的特点和比较，诸如各地区、民族、社区的生态文化，涉及城乡建设、旅游景观、民情风俗、宗教信仰等。③生态文化的发展轨迹，诸如生态文化的过去、现状、未来，涉及历史上的天人观念，以及当今的生态哲学、灾异预测。④生态文化与社会进程的关系，诸如朝代兴衰、政治动荡、人口迁徙、战争等。作者把生态文化作为一门学科来研究是有开创意义的，但"将生态文化学作为门独立的学科目前还不成熟"。

2. 从制度形态、物质形态和精神形态三个层次定义生态文化

这种理论是由余谋昌在其论著《生态文化论》中提出的：①生态文化在它的制度形态的层次，如环境问题进入政治结构，环境保护制度化，环境保护促进社会关系的调整，并要求向新的社会制度过渡。②生态文化在它的物质形态的层次，主要包括社会物质生产的技术形式转变、能源形式转变以及人类生活方式转变，使它的发展获得生态保护的方向。③生态文化在它的精神形态的层次，如环境教育、科学技术发展"生态化"、生态哲学、生态伦理学、生态神学、生态文学艺术等领域的发展。余谋昌先生侧重于生态文化的现实意义，而忽略生态文化观念是人类在生产生活的实践中积累形成的，这种生态文化理论有些空泛，缺乏历史厚重感。

3. 把生态文化看成是一个民族对生活于其中的自然环境的适应体系

在郭家骥的《生态文化与可持续发展》一书中，作者提出了这样的观点："所谓生态文化，实质就是一个民族在适应、利用和改造环境及其被环境所改造的过程中，在文化与自然互动关系的发展过程中所积累和形成的知识和经验，这些知识和经验蕴含和表现在这个民族的宇宙观、生产方式、生活方式、

社会组织、宗教信仰和风俗习惯等之中。因此，生态文化应成为生态人类学的一个核心概念和生态人类学研究的一个主攻方向。"郭家骥从"民族"及"生态人类学"的角度来定义生态文化，这种说法较为科学合理。

综合以上专家所述，笔者认为，生态文化是研究人与自然的关系互动的文化系统，是人们在改造和适应自然的过程中所形成的物质文化和精神文化的总和，其核心思想是人与自然和谐相处，主要表现在与生存环境相关的生产、饮食、居住、服饰、宗教信仰、文学、艺术等方面，一切与自然生态相关的文化及保护自然生态的思想行为都可纳入生态文化的研究范畴。

第二节　生态文化的由来

自从人类出现在地球上，就面临着人与自然之间的关系问题。而且人类历史实践的发展不断赋予这一问题以新的内容。当今人类已进入一个追求"可持续发展"以及生态文明建设的新时代。"有远见的哲人恩格斯早在19世纪70年代就警告人们不要过分陶醉于对自然界的胜利，指出在自然界中决不允许单单标榜片面的'斗争'，强调人们必须认识和正确运用自然规律以保护自然生态环境的必要性。与此同时，产生了当时被称为'人境学'的生态科学。"人们对人与自然之间的关系这一永恒课题在19世纪末有了更为深刻的认识。

生态，闪烁着人类智慧的光芒。生态学起始于人类对自身生存环境的忧虑，对人类未来文明发展的担心，是"20世纪人类文明最重要、最深刻的觉悟之一"。从其发展历程看，生态学在19世纪仅限于自然界，20世纪中叶已扩展到人类社会。1866年，恩思特·海克尔首先使用了"生态"这一概念，它被当作"研究生物体和外部环境之间关系的全部科学"。"生态"即指由空气、土壤、水、植物、动物等因子组成的相互联系、相互依赖、相互制约、相互影响的统一体，在这个统一体中，所有的有机物不仅相互作用，而且受其依存着的环境的影响。到了1962年美国作家蕾切尔·卡逊出版《寂静的春天》后，生态学被正式运用到对人类社会的研究中。生态学从对自然界的研究到对人和人类社会的研究，实现了具有历史意义的飞跃。从此，生态学开始思考并忧虑人类现实生存和未来的命运，又在自然与人类社会两个领域显示出前所未有的活力，生态的价值观和方法论获得了普遍的和多学科的意义。"生态学不仅从生物学中完全脱离出来，而且还演变为生态经济学、生态政治学，甚至可以冠以各种前缀的学科，如文化生态学、城市生态学、人类生态学、艺术生态学等。"生态文化的产生以生态精神文化为先导，引导人们认识生态规律，启迪生态觉悟，树立生态价值观，并逐渐形成共同认可的生态行为文化和共同遵守的制度文化。

第三节　文化、文明、生态文化与生态文明关系

一、文化与文明的关系

（一）从定义上看

《现代汉语词典》将"文化"定义为："人类在社会历史发展过程中所创造的物质财富和精神财富的总和，如文学、艺术、教育科学等。

《辞海》给文化的定义有三：其一，广义指物质财富和精神财富的总和，狭义指社会意识形态以及与之相适应的制度和组织机构；其二，泛指一般知识；其三，指古代封建王朝所施的文治和教化的总称。

《现代汉语词典》将"文明"定义为：其一，同文化；其二，指社会发展到较高阶段或具有较高文化；其三，旧时指有西方现代色彩的风俗、习惯和事物。

《辞海》将"文明"定义为：其一，犹言文化（犹言的释义：好比说，等于说）；其二，指人类社会进步状况，与野蛮相对；其三，指光明有文采。

《社会学词典》将"文明"定义为：其一，社会的进步状态；其二，专指精神文明。

（二）从共同点看

从广义的解释上看，文化与文明是一致的。从辩证法的观点看，文化与文明都是人类的创造，是创造过程与创造成果的辩证统一，即没有创造过程便没有创造成果；没有创造成果，创造过程便无法进行。所以，文化与文明是同一事物的两个方面。

（三）从学术争辩看

关于文明与文化的关系，学术界主要有三种意见：一是文化和文明同义；二是文化包括文明，即文化所包含的概念要比文明更加广泛。不少学者认为，文明是文化的最高形式或高等形式。文明是在文字出现、城市形成和社会分工之后形成的。三是文化和文明是属性不同的两个部分。文明是物质文化，文化是精神文化和社会文化。

以上三种观点中，本书比较认同第二种观点，即广义的文化概念包括文明，文明是较高的文化发展阶段和表现形式。

（四）从两者区别看

文化与文明的区别主要表现在八个方面：

（1）从对应关系上，文化通常与自然相对应，而文明一般与野蛮相对应。

（2）从时间序列上，文化的产生早于文明的产生。可以说，文明是文化发展到一定阶段形成的。在原始时代，只有文化，而没有文明，一般称原始时代的文化为"原始文化"，而不说"原始文明"。因此，学术界往往把文明看作是文化的最高形式或高等形式。

（3）从空间跨度上，文明没有明确的边界，它是跨民族的，跨国界的，而广义的文化泛指全人类的文化，相对性的文化概念是指某一个民族或社群的文化。

（4）从形态特征上，文化偏重于精神和规范，而文明偏重于物质和技术。文明容易比较和衡量，区分高低，如古埃及金字塔，中国长城，秦代兵马俑以及火药、指南针、造纸术、印刷术的发明等。因而，文明在考古学使用中最为普遍。而文化则难以比较，因为各民族的价值观念不同，而价值是相对的。作为物质文化的文明是累积的和扩散的；而作为精神文化的文化（包括规范、价值观念等行为模式和思维模式）是非累积和凝聚的。因此，也有人说：文化是素质的体现，文明是创造力的体现。

（5）从承载对象上，文化的承载者是民族或族群，每个民族或族群都有属于自己的文化。而文明却不同，承载者是一个地域，一个文明地域可能包含若干个民族或多个国家。如西方文明，包括众多信奉基督教的国家。我们可以说"中国文明"，但一般不说"汉族文明"，而说"汉族文化"。这说明"文明"具有国家或地区性，"文化"具有民族性。

（6）从历史跨度上，一种文明的形成与国家的形成密切相关。一般是历史上建立过国家的民族才有可能创造自己的文明；而未建立过国家的民族通常只有文化，未能形成自己的独立文明。尤其在考古学、历史学对"文化"和"文明"这两个概念有严格区别，即文化（culture）属于石器时代范畴的概念，专指石器时代特别是新石器时代包括金石并用时代的原始部落人类遗迹；而文明（civilization）属于青铜时代范畴的概念，专指人类进入青铜时代以后的国家阶段。

（7）从动态变化上，文明的动态性较为明显，随着历史的发展而发展进步，如物质文明，变化最大。而表现在规范、伦理、道德方面的文化则不尽然，变化缓慢。

（8）从词义表达上，"文化"是中性的，使用范围很广；而文明是褒义的，使用范围较窄。

综上所述，文明属于广义的文化范畴之内，文明与文化在词义上有区别，在有些条件下可以替换，在有些条件下不能替换。

二、文化与生态文化的关系

文化包含了生态文化，生态文化是文化的重要组成部分。正因为生态文化是研究人与自然相互关系的文化现象，致力于在精神、物质（器物）、制度、行为四个层面上，构建人与自然共生共荣的关系。而进一步拓展生态文化的研究范围，可延伸到人与人、人与自然、人与社会之间和谐发展的关系，其反映和倡导的人与自然和谐发展的理念渗透并融合到经济、政治、文化社会各个领域和全过程。这是由人同时具有自然属性与社会属性所决定的。尤其在建设生态文明的今天，大力弘扬生态文化，对于传承、丰富和发展具有悠久历史传统的中华文化，凝聚民族精神，实现中华民族的伟大复兴，意义重大而深远。

三、生态文化与生态文明的关系

生态文化与生态文明之间存在天然耦合的关系。两者既有共性与联系，也有差异与区别，相互渗透，相辅相成。即，生态文化是培植生态文明的根基，生态文化的传承与弘扬，推进了生态文明建设的进程；生态文明建设的进程，又丰富了生态文化的时代内涵。党的十八大报告关于"大力推进生态文明建设"的精辟论述，不仅为今后生态文化体系建设指明了方向，而且赋予生态文化以新的定位、任务和使命。

从发展理念而言，生态文化与生态文明具有鲜明的共同点和高度的一致性。这是因为两者都以促进人与自然和谐发展、共存共荣为目标，倡导尊重自然、顺应自然、保护自然、节约资源和保护环境为基本理念。因此，生态文化与生态文明发展理念同样应深刻融入和全面贯穿到经济建设、政治建设、文化建设、社会建设各方面和全过程。两者在科学理念、发展方向、奋斗目标、基本任务、价值取向和实现路径上是共同的、一致的。

从社会形态而言，生态文明作为人类社会发展的一种更高级、更复杂、更进步的社会形态和发展阶段，它与原始社会、农业文明、工业文明相并列，也就是党的十八大报告中所指的"走向社会主义生态文明新时代"。生态文化作为生态文明社会中的最本质的核心要素，是生态文明时代的以社会主义核心价值观为根本方向的主流文化，是民族的血脉和人民的精神家园。它服务于生态文明社会，为建设生态文明提供强大发展动力。

从基本含义而言，生态文化更侧重于精神层面，即从生态哲学、生态美学、生态伦理道德、生态行为和生态文化的制度融合的角度出发，教化民众牢固树立尊重自然、珍惜资源、保护环境的观念，增强生态意识、生态责任和义务等。而生态文明更侧重于经济（物质）层面，即从绿色发展、循环发展、低碳发展，构建资源节约型、环境友好型社会的角度出发，突出优化国土空间开发格局，全面促进资源节约，加大自然生态系统和环境保护力度，加强生态文明制度建设等。

第四节　生态文化的内涵

　　生态文化就某种程度而言是与人类相始终的。生态、生态学虽是近现代才提出的概念，但生态问题自有人类以来就存在着，人类的衣、食、住、行无一不关乎生态。原始人类往往崇拜自然山水及动物，对自然界充满畏惧、感激之情，含有对丰富生活资料来源的感恩、企盼，这实为一种原始的生态意识。即便是在科技文明高度发达的今天，新西兰毛利人仍保留着对树神的崇拜，砍伐树木时要举行仪式请求树神的宽恕；墨西哥尤卡坦半岛的玛雅人也保留着对植物崇拜的原始信仰；我国一些少数民族至今还沿袭着对山、水、土地、树木的自然崇拜。这些习俗和观念对当地生态系统的平衡起到了极为重要的维护作用。从哲学思想上讲，中国古代儒家的"天人合一"观，道家的"人法地，地法天，天法道，道法自然"思想，把人与自然紧密地联系起来，强调人的活动受自然及自然规律的制约。佛教、道教、基督教等宗教也含有丰富的生态文化思想，不论是对彼岸的憧憬，还是对此岸的眷恋，都持有对自然尊重保护的态度。在建筑方面，我国传统的各具特色的民居，如藏族毡房、蒙古包、傣家竹楼、福建土楼、湘西吊脚楼、黄土高原窑洞等，都是人类与自然和谐相处的代表。历史发展表明，人类对生态的认识深远宏富，构成历史悠久而又具有现代意义的生态文化。

　　生态文化，尤其是中国生态文化的本质内涵，它所涉及的不仅是对自然、对天人关系的一种认知、感悟、论道的精神境界，乃至对现实具有指导意义的发展理念，而且涉及促进人与自然和谐共荣的道德规范、行为规范和社会生态适应等。

一、从研究对象而言

　　生态文化是以人为主体，以人与自然之间的相互关系为主线，研究并促进人与自然和谐共存的一门新兴交叉学科。生态文化是同反映人与人关系的社会文化或称人文文化概念相对应的一种新的文化形式和文化观念，是21世纪人类克服生存危机的新的文化选择。

　　就人与自然的关系而言，作为人对自然的一种适应方式，生态文化一方面要使人适应自然。另一方面，又要使自然适应人。人只有适应自然，依据自然规律办事，不断修正自己的思想意识和行为方式，优化土地、森林、江河湖泊等空间开发格局，合理利用自然资源，同时加大自然生态系统和环境保护力度，修复和反哺自然，方能使自然适应人的可持续发展。而人也只有建立起与自然和谐共存的友善关系，才能更广泛、更有效和更持久地适应自然。

二、从本质属性而言

生态文化是一种涉及社会性的人与自然性的环境及其相互关系的文化。它与属于社会科学的传统人文文化不同，是一种与社会科学和自然科学都有关系的一种全新的、交叉的先进文化。从生态文化的本质属性来看，它既是生态生产力的客观反映和人类文明进步的结晶，又是推动社会前进的精神动力和智力支持，并渗透于社会生态的各个领域。同时，生态文化的本质属性是由人的自然和社会的双重属性所决定的。

作为自然的人，人的物质生活和精神生活同自然界相联系，从本原上来看，自然界是人类赖以存在和生长的基础。人是自然的一部分，是自然的产物。人只能置身于大自然之中，与自然界所有生物和非生物资源处于平等的地位，敬畏自然、依存自然。

作为社会的人，人在获取大自然赐予的同时，应当承担一份不可推卸的生态责任和义务，有节制地向大自然索取生产生活资料，平等地同大自然进行对话、交流与沟通，从中得到精神的寄托、物质的满足和认知的升华。人决不能凌驾于大自然之上，不能超越自然所能承受的限度，不能违反自然规律，肆意地挥霍、占有、掠夺、糟蹋自然资源和环境。同时，人作为能动的、主观的、社会的存在物，又反作用于自然，为自己的生存创造更为有利的条件。

三、从价值取向而言

价值取向属于价值哲学的范畴，是指一定主体基于自己的价值观在面对或处理各种矛盾、冲突、关系时所持的基本价值立场、价值态度以及所表现出来的基本价值倾向。价值取向具有实践品格，它的突出作用是决定、支配主体的价值选择。因而，对主体自身、主体间关系以及其他主体均产生重大的影响。

生态文化价值取向在于始终保持人与自然之间的相互关系处于一种全面、

和谐、协调、可持续的发展状态。因此，可以这样理解，生态文化价值取向是指以关爱自然、珍惜资源、改善生态、促进人与自然和谐共存为核心价值观的一种优势观念形态，是"自然的人格化与人格化的自然"实现最佳融合的一种文化选择。生态文化价值取向具有推进绿色评价、唤起生态觉醒、伸张公平正义、调节思想行为等的定向功能。人在大自然面前，绝不是"主宰者"或"统治者"，而是这个大家庭中平等的一员。人对自然的一切"进退取舍"，包括对资源、环境和生态系统的保护和破坏，都取决于人的观念和行为，即生态文化价值取向。

四、从形态载体而言

所谓载体，一般是指承载知识、信息和某种功能的物质形体状态和物质形体状态的总称。生态文化形态载体大体可分为有形载体和无形载体两种形体状态。

（一）有形载体

有形载体大体可分为自然载体、人工载体、产业载体、创意载体、公益载体等。

1. 自然载体

自然载体是指由森林、湿地、沙漠、草原、海洋等自然生态系统为主体构成并与人类活动相联系的自然承载物，如自然遗产、名山大川、热带雨林、湖泊溪流、海洋溶洞、荒野草场以及各级各类公园、自然保护区、自然科学考察与实验基地等。凡是曾经留下人类足迹或文字记载的原生处女地，都可以成为生态文化的自然载体。随着现代科学技术的突飞猛进和生产力水平的快速发展，人类征服自然的能力达到了前所未有的地步、几乎覆盖了地球的每一个角落。

2. 人工载体

人工载体是指城市、集镇、村庄、道路、建筑以及园林、绿地、水面等"人化自然"物。人化自然体现了人的本质的自然对象或自然事物，即人们把自然材料变成了"人类意志驾驭自然的器官"，根据自身需要而改变了的自然界，是一个由于人的活动使越来越多的天然生态系统变为人工生态系统的过程，包括历史文化名城、名街区、名村镇、全国生态文化村以及古遗址、服饰、器物、艺术品、文献手稿等人工物质载体。比如,素有"世界园林之母"之称的中国古典园林,在造园艺术中,一贯崇尚"虽由人作,宛自天开"的艺术境界。它源于自然,高于自然,以"咫尺山林,移步换景"的造园手法,置自然山水于方寸之间、眼帘之中,创造出自然与人工浑然一体、实景与写意巧妙融合的鲜活生命体。在中国茶道中,同样也表现为人在品茶时,能够感恩自然,渴望回归。寄情山水,人格比拟。这种人化自然,正是品茗时所追求的那种"天地与我并生,万物与我唯一"的文化意境。

3. 产业载体

绿色产业是承载生态文化最匹配的载体,而生态文化是绿色产业及产品的灵魂和标志,也是推动绿色产业发展的动力。国际绿色产业联合会(International Green Industry Union,IGIU)对绿色产业给出这样的定义:"如果产业在生产过程中,基于环保考虑,借助科技,以绿色生产机制力求在资源使用上节约以及污染减少(节能减排)的产业,我们即可称其为绿色产业。"生态文化最具生命力的特点之一,就在于它的每个分支几乎都与一个相关产业相链接。比如,树木文化与木材工业,竹文化与竹产业,花文化与花产业,茶文化与茶产业,森林、湿地、沙漠文化与生态旅游产业等等,两者之间和谐融合,比翼双飞。而随着构建资源节约型、环境友好型社会的不断深入,"绿色、低碳、环保、循环",不仅体现了科学发展观的要求,而且也是生态文化所倡导的全新发展理念。由此,培育并催生了诸如生物质材料、生物质能源、可再生清洁能源、生物医药、生物环保等一系列战略型新兴产业的发展。可以说,一切不以牺牲自然资源和生态环境为代价的绿色产业,都可以成为生态文化的载体。2010年以来,中国生态文化协会在全国开展生态文化企业的创建和遴选活动,一批全国生态文化企业已成为相关行业和产业的旗帜和标杆。他们的成功经验必将有力地推动我国经济发展方式根本转变和产业转型升级。

4. 创意载体

生态文化创意(eco-cultural and creative)是指依靠创意人或创意组织的智慧、技能和天赋,借助于高科技、新媒体对生态文化资源进行创造与提升,通过知识产权的开发和运用,产生出高附加值生态型产品或生态文化服务,实现生态文化传播、财富创造以及就业机会的新型文化创意产业。

5.公益载体

生态文化的公益载体特指具备生态文化宣传教育、知识传播与科学普及功能，直接面向社会和广大民众开放的所有公益性场所。包括各级各类自然博物馆、历史文化博物馆、植物园、动物园、城市园林、森林公园、郊野公园、湿地公园、城乡公共休闲绿地、生态文化科普教育基地、生态体验与野外拓展训练基地等活动场所及配套设施。

（二）无形载体

无形载体大体可分为信息载体、非遗载体、知识载体三种。

1.信息载体

生态文化信息载体一般是指运用电子网络、广播电视、报纸杂志、电影动漫等信息传播手段开展生态文化宣传教育和科学知识普及的各种媒体。随着信息化、数字化、智能化时代的到来，信息载体作为生态文化创意发展的新业态，已经进入快速发展时期，成为广大民众接受生态文化信息与知识传播的主流渠道。

2.非遗载体

即非物质文化遗产载体。根据联合国教科文组织通过的《保护非物质文化遗产公约》中的定义，"非物质文化遗产"指被各群体、团体、有时为个人所视为其文化遗产的各种实践、表演、表现形式、知识体系和技能及其有关的工具、实物、工艺品和文化场所。在我国已经或正在申报的非物质文化遗产中，有许多表现形式和内容属于生态文化的范畴。我国生态文化的非遗载体，反映了不同时代、不同地域、不同民族在各自不同的自然环境和生产条件下，人与人、人与自然的和谐相处，所创造的各种技艺、戏曲、器乐、声乐、民俗、礼仪、节庆等非物质文化财富，凝聚了中华民族厚重久远的文化积淀。

3.知识载体

生态文化知识载体一般指专门进行生态文化知识创作、编辑、传播、引导的技术平台和文化形式，主要包括创作、编辑、出版涉及人与自然相互关系的相关学科教科书、图书、报纸杂志以及相关出版物、影像及文字资料，组织开展生态文化领域的学术研讨、论坛讲座、技术培训以及知识宣传教育和科学普及等活动。特别是对中国历代儒释道及诸子百家哲人留下的宝贵生命智慧和精神财富的挖掘整理，以及当代正在兴起的生态学、生态美学、生态伦理学、生态史学、生态艺术、生态文学、生态民俗学、生态旅游及生态教育等。进入网络时代后，计算机和网络技术正在导致人类知识表达、交流和存在方式的虚拟化。从语言的本体论转移、书写过程的虚拟化和超文本链接的认识功能三个方面发生新的变化，将对生态文化知识载体建设和人们认识世界的方式产生重要影响。

五、从时空跨度而言

文化是时间性质的，也是空间性质的。生态文化的时间与空间跨度是指生态文化在人类发展的不同时期（时间）、不同地域（空间）、不同民族与人群（主体）之间相互影响渗透、交汇融合、趋同存异的表现形式和发展规律。通过生态文化的时空比较研究，科学认识其共性与个性、差异与融合、历史与现实、传承与创新，扩大国际间的交流与合作，寻求人类文化共识。从某种意义上说，生态文化是人类共同拥有的文化，也是建立人类"文化共同体"的基础。这是人类依存自然、敬畏自然、热爱自然、保护自然的天性和本质所决定的。在这个基础上形成的政治共识（如可持续发展理念等），其本质必定是文化共识。生态文化的历史传承性、时代创新性以及地域差异性和国际趋同性的特征，构成了生态文化在时间与空间的连接、拓展与延伸，推进了生态文化在纵向与横向的交织、融合与广度和深度的发展。

第五节 生态文化发展历程

生态文化的研究虽然起步于当代，但生态文化本身却具有悠久的历史。人类来自自然界，成长于自然界，发展于自然界，同自然有着密不可分的关系，也孕育了各种不同类型的生态文化。生态文化是由一定社会历史阶段的生产方式所决定的，包括人类如何认识自然、利用自然资源以及如何处理人与自然相互关系等。不同历史阶段，不同文明形态的生态文化对生态环境以及社会经济发展产生了巨大的影响和作用。不同时期、不同地域，不同民族所形成的生态文化，同样也经历了由初始蒙昧到逐步成熟，再到传承发展的历程。它总是随着时代更替、生产力发展和社会进步有所取舍，有所革新，有所融合，而每一时期文化的发展和变革都是适应时代经济社会发展和人类需求的产物，必然会打上时代和民族的烙印。人类社会经历了原始时代、农耕时代、工业时代等发展阶段，目前正处于工业文明向生态文明的转型时期。我们深信，生态文化将以其无限的生命力、创造力和凝聚力，推进 21 世纪生态文明的发展，成为引领人类走向幸福未来的先进文化和主流文化。

一、生态文化的起源

人类与生态文化的起源和发展是同步的，在改造自然和社会的实践中，人类在最初的发展时期就开始了对人与自然关系的思考与探索。在远古时代，人类生存依赖于自然生态系统，过着以血缘关系为纽带的群居生活。在强大的自然面前，能力有限的人类把各种自然之物当作神明，以自然为中心，形成最初的生态文化，以此延伸出多种图腾崇拜和自然崇拜以及原始宗教信仰。

（一）原始宗教：萌芽的生态文化

其实人类一开始并无任何宗教可言，原始宗教是原始社会发展到一定阶段产生的，是生活在蒙昧时代与野蛮时代的人类所创造的一种文化现象，以虚幻方式反映社会现实生活，表达了人类对自然和社会的最初认识。原始人类在与自然界作斗争时，对自然界的千变万化得不到正确理解，对许多自然现象无法作出正确解释，于是把整个自然界看成同人类一样，有情感有意志，并赋予其人的品格和形象，使自然界的一切事物神秘化。正如恩格斯认为："最初的宗教表现是反映自然过程、季节更替等的庆祝活动。一个部落或民族生活于其中的特定自然条件和自然产物，都转变为它的宗教。"这就是自然崇拜中的宗教观念，也是最原始的宗教观念形成过程。

原始宗教虽还没有文字表述，但也属于一种文化现象，一种社会意识形态。"宗教是在最原始的时代，从人们关于自己本身的自然和周围的外部自然的错误、最原始的观念中产生的。"它的产生是由人类社会的物质生活条件和物质资料的生产方式所决定的，也是对人类社会物质生活条件和物质资料的适应。原始宗教汇集了史前时期人类的所有知识形式，满足了早期人类的精神需要和价值追求，影响人们的思想情趣，是人类早期社会精神文化的一个组成部分。尽管原始宗教是一种非科学的信仰文化，但毕竟是人类认识世界、认识自身的尝试和结果。

现在还仅存的原始宗教包括非洲、亚洲等地土著部族的宗教，美洲爱斯基摩人和印第安人的土著宗教，澳大利亚及太平洋地区土著居民的原有宗教等。此外，中国部分少数民族中也保存着某些原始宗教现象，这些原始宗教对我国各民族生态文化思想理念的形成和发展还起到过关键性作用。尚存的这些原始宗教样本及其崇拜活动已经成为人们实际考察原始宗教的唯一对象以及确证原始宗教真实形态的重要依据。我国各民族信教人口比例大，多个民族都拥有独立的宗教信仰，一些原生型宗教在某些民族中还得到较多保存，蕴含着丰富的生态文化思想，对我国民族地区的环境和生态保护起到了重要作用，值得挖掘和传承。

大自然是全人类赖以生存、发展的基础，尤其在自然生态环境极其脆弱的条件下，人与自然和谐发展显得更为迫切，原始宗教在客观上起到了对自然的珍爱和保护作用。原始宗教的具体表现形态多为植物崇拜、动物崇拜、天体崇拜等自然崇拜，以及与原始氏族社会存在结构密切相关的生殖崇拜、图腾崇拜和祖先崇拜等。

（二）图腾崇拜：朦胧的生态文化

在人类发展的最初时期，在采集生活物资的过程中，人类开始用原始思维来认识和理解生活实践中的相关问题，图腾崇拜由此产生。图腾崇拜是一种对自然祖先崇拜相结合的原始宗教。"图腾"一词最早来源于北美的印第安阿尔哥昆恩部落的语言，意思为"它的亲属""它的标记"。图腾崇拜是原始部落时代人类创造出来的人格化的神灵，图腾是人类文化中最奇特、最古老的文化现象之一，它与原始人的生活实践和原始思维密切相关。

人类最早的图腾就是野生动物，在原始人类与野生动物接触过程中形成了复杂多样的关系，人们敬畏雄霸一方的百兽之王老虎，生命力强而又令人恐怖的蛇，惊羡水中自由生息且繁殖力强的鱼、蛙，喜爱空中自由飞的鸟类。人类面对的有弱小温善的动物，还有凶猛强悍且威胁其生命安全的动物。一方面把这些野生动物作为食物以维持生命因而要征服它，另一方面处于被野生动物伤害的危险、恐惧之中，还要崇仰它以求庇护，进而形成不同的崇拜。

（三）自然崇拜：朴素的生态文化

随着人类社会起源与发展，图腾崇拜和自然崇拜都分别在不同层面同时存在和发展着。自然崇拜反映了早期人类对自然敬畏的态度，在生产力极端低下的情况下，人类缺乏认识和征服自然的力量，在长期的生产斗争和社会实践中，面对千变万化的世界，人类开始意识到自然和超自然力量的存在，在畏惧自然的同时也产生了对自然的敬仰。当时的人类认为万物皆有神灵主宰，因而自发地进行祈求神灵的各种祭祀，以天地或者某种动植物作为祖先来进行崇拜，这种原始意识后来逐渐发展为自然崇拜。

自然崇拜指人类把自然界的许多现象人格化，把自然力和自然界视作有生命、意志以及强大威力的对象加以崇拜。中国原始社会早期，作为一种生态文化形态，一些广为流传的神话传说就是自然崇拜的具体表现。中华民族始祖轩辕，掌握各种自然规律进行生产，节用各种资源，驯化世间的鸟兽虫蛾。《史记·五帝本纪》记载："时播百谷草木，淳化鸟兽虫蛾，旁罗日月星辰水波土石金玉，劳勤心力耳目，节用水火材物。"可见轩辕统治下的世界是一个人神鸟兽和睦共处的乐园。中华民族另一位始祖神农氏，他所处的时代人类与麋鹿等动物相安而居，互不伤害。还有《山海经》《楚辞》《诗经》及秦汉时期的诸多经典著作与艺术作品，也是自然崇拜的代表作。

自然崇拜在奴隶社会占据统治地位，还发展成国家制度，"国之大事，在祀与戎"（《左传·成公十三年》）。此外，我国早期各个民族和部落中自然崇拜的民族比比皆是，一些民族至今还保存着本族特有的自然崇拜。自然崇拜的对象主要是自然，但因自然环境不同，各区域崇拜对象也会有所不同，如天崇拜、地崇拜、山崇拜、水崇拜、树崇拜和石崇拜等。人类在寻求自身以外力量的过程中视某种动物同人有神秘的联系，对人起保护作用。更有人相信死者的灵魂居留在某种动物身上，让动物吞食死尸是对死者灵魂与动物的结合，即使被动物杀死也是幸运的。

（四）野生动物文化元素与精神象征

野生动物是自然生态系统的重要组成部分，也是人类社会可持续发展的生物资源。人与野生动物处于同一个自然界，自古以来、人与动物之间就存在着密不可分的依存关系。这种依存关系既是物质的，也是超物质的。野生动物是人类文化的重要元素与精神象征，人类文化的形成和进步都保留了野生动物的印记，人类社会的许多文化观念也会映射在某些野生动物身上，使它们由自然动物变为人文动物，成为具有特定意义的文化表征符号和人类文化观念的重要载体。

人类在追求与自然和谐发展的过程中，从野生动物中得到了许多启迪，创造出了丰富的文化内涵。许多野生动物以其久远的自然历史及独有的特性和功能，成为生物学、生态学、人类学、史学、医学、仿生学等的重要研究本体，是工艺美术、文学、诗歌、音乐、舞蹈等艺术创作的源泉。各种动物及它们的习性、外貌、色彩和声音的装点美化使人类社会生趣盎然，给我们的生活增添了无限活力，使自然界在人类眼里显得更加多姿多彩、生机勃勃，并给人类以无限愉快和美的享受，极大地丰富了人类的精神生活。

二、生态文化的发展

人类在文明史上已走过原始社会时代、农业文明时代和工业文明时代，现在进入了一个由工业文明时代向生态文明转型的崭新时代。生态文化在人类不同的社会发展阶段，有着不同的内涵和表现形式。原始社会阶段，由于当时生产力水平十分低下，人类生态行为表征为与自然融为一体，敬畏自然、依赖自然，与自然关系亲密无间。农业文明时代随着生产力水平的提高，人类与自然的关系发生了本质变化。三百多年前，蒸汽机的发明使人类进入到工业文明时代。生产力水平的飞速发展，使人类改造自然的能力增强，人类开始向自然大肆掠夺式开发利用，极大破坏了自然生态环境，人类与自然的关系由征服者与被征服者的敌对关系，演变为伤害者与被伤害者的关系，人类与自然的关系急剧恶化，导致一系列的生态环境危机愈演愈烈。1962年蕾切尔·卡逊的《寂静的春天》一书问世，旨在唤醒人类生态文明意识。

生态文明克服了传统农业和工业发展带来的种种弊端和缺陷，把人类的发展与整个生态系统的发展联系在一起。生态文明时代人类将回归自然，解决资源枯竭和生物灭绝问题，最终人类与自然的关系将实现天人合一、和谐共生。

（一）原始社会：亲近自然的生态文化

在原始社会阶段，人与自然保持着一种和谐关系。当时的人类人口数量小、寿命短，技术水平落后，家庭和部落构成了主要的社会组织形式。原始社会的人类被动地适应自然，出于对自然的惧怕而产生了图腾崇拜和自然崇拜等信仰。由于图腾崇拜、自然崇拜的观念长期存在，原始时期的古人以万物有灵论的观点来看待万物，而这种自然观在人类历史发展的过程中，逐步确立了爱护自然、保护自然的行为准则，也在一定意义上起到了维持生态平衡的作用。

原始社会阶段的生态文化是人类意识到人与自然相互关系的逐渐表现过程，突出了人类与自然的和谐，这正是生态文化的核心和本质。原始社会时期所包含的朴素生态平衡的深层内涵，为生态文化的丰富和发展作出了贡献。我国原始时期的生态文化最初与图腾崇拜、自然崇拜交织在一起，而后受到道、儒、释诸家的影响，逐步形成具有自己独特风格与丰富内涵的文化体系。而我们对生态文化的传承正是从对自然与生命价值的尊重和赞美中获取精神与物质成果的享受。原始社会的生态文化是朦胧的、朴素的生态文化，也是最为亲近自然的生态文化，是精神与物质需求的产物。

（二）农业文明：利用自然的生态文化

大约一万年前，人类对自然尝试着初步开发的探索，由原始社会进入农业文明阶段，创造出光辉灿烂的农业文明。农业文明实现了人类文明史上第一次飞跃，这个时代人类的生产生活最明显的标志，就是生产工具有了较大改进，人们学会了有目的地耕种农作物，驯化和养殖（种植）野生动植物，生产力水平与原始社会时期相比较有了大幅度的提高。不过，当时人类对自然的认识和改造能力比较低，对自然生态环境的影响较小。农业文明时期的人类仍然非常依赖自然，靠自然维持着基本的生存需求，因此对自然存在着敬畏之感，主张尊天敬神。

在农业文明的生活和生产中，人类同大自然保持着直接的接触，所以农业文明形成的还是一种尊重自然规律、人和自然和谐共处的生态文化。与农业文明时代相对应的生态文化是从未间断的一种文化，人们长期以来为了适应生存和发展的需求，创造的多样性农业生产和丰富的农耕生态文化是各国劳动人民几千年生产生活经验积淀的结晶，凝聚着各个民族的智慧，并以不同形式延续下来。

（三）工业文明：改造自然的生态文化

工业文明是人类文明史上的第二次飞跃，始于18世纪初，以科学技术的进步为主要特征，最初在英国发生，逐步扩展到世界各地。工业文明把人类逐步从自然界的奴役下解放出来，人类生产生活范围不断扩大，寿命开始延长，人口数量大幅增加。工业文明的出现改变了人类和自然的关系，人类改造和利用自然的力量空前加大，利用、使用自然资源的能力大为提高，创造了农业文明无法比拟的社会生产力和舒适便捷的生活方式。人类不再惧怕自然，从敬畏和依赖自然转向改造自然、征服自然，改造自然、征服自然因而也成为这个时代的口号。

工业文明给世界经济带来了空前的快速增长，给人类带来了前所未有的生产效能和物质利益，但是令人类始料未及的是，工业文明阶段人与自然的关系不断紧张，并在全球范围内扩大。过度的工业化依赖于不可再生资源和化石能源的大规模消费，工业污染物的大量排放，严重破坏了人类赖以生存的自然生态环境。与此同时，对野生动植物等自然资源的掠夺性开发利用也日趋严重，造成了许多物种灭绝，大量自然资源储量急剧下降，全球环境恶化。据现有资料，自 1600 年以来，有 83 种哺乳动物及 113 种鸟已经灭绝。这意味着上述物种种群承载的遗传多样性已全部丧失和相关生态系统稳定性的弱化。还有大量物种种群已下降到濒危状态，在生态系统中难于发挥应有的作用，已经对人类的生存和发展构成了现实威胁。到 20 世纪 70 年代，人类开始意识到，无节制地破坏自然、掠夺野生动植物资源，最终迎接人类的将是"寂静的春天"。这不仅严重地制约了社会经济的可持续发展，而且还对人类的生存和延续构成了严重威胁。

（四）生态文明：和谐共生的生态文化

21 世纪是由工业文明走向生态文明的时代。生态文明同原始社会、农业文明、工业文明相比具有相同之处，都主张在改造自然的过程中大力发展生产，不断提高人类的生产力水平、物质与精神生活水平。但它们也有着明显不同，即生态文明强调人与自然共生，人类的发展应该是和谐的可持续的全面发展。原始社会和农业文明这方面则考虑的很少，因为当时生态与环境问题也不突出，而工业文明却使人与自然的关系陷入前所未有的困境。

原始社会、农业文明与工业文明的生态文化，都为人类文明作出了不可替代的贡献，当代人类的使命就是从工业文明与农业文明中汲取营养，在生态文明的实践和探索中寻求拯救人类的新途径。在这样的背景下，相对于前三种文明类型的生态文化而言，现阶段和未来的生态文化将是物质生产和精神生产都高度发展、自然与人文和谐统一的文化，是人类面对全球危机所选择的新型文化。

在生态文化的引导下，人类将告别过去，走向一个人与自然和谐共荣的新兴文明，即生态文明。生态文明是继人类原始社会、农业文明、工业文明之后，依赖于生态文化所建立起来的一种新的文明形态。

三、生态文化的繁荣

如果说农业文明促进了封建社会的产生，工业文明促进了资本主义的兴起，那么生态文明必然会促进社会主义的全面发展。

（一）生态文化的定位与认识

文化在人类历史上是依次出现和规律性展开的，生态文化是人类文化发展的崭新阶段。21 世纪是倡导生态文明的世纪，也是生态文化蓬勃发展的世纪。然而，当今生态文化的研究工作刚刚起步，处于转型期的生态文化研究和建设工作的定位问题就显得格外重要。由于自然生态体系反馈效应具有较长的滞后性，直到近十年间国际社会才越来越强调生态环境保护性建设问题，可见生态文化观念是自然环境被破坏到一定程度后提出的。

生态文化的产生和发展，建立在人类对自身生存状态的严重关切这一现实基础之上，有着明确的价值目标和实践取向，与人类社会的生产方式、生活方式密切相关。生态文化是前所未有的文化类型，充满生命张力，是一种上升的全球性新文化，是对自然资源、社会资源、人文资源等各类资源进行协调与整合的文化。生态文化还是具有适应性的特色文化，生态文化又可以被称为绿色文化，它是人类适应环境的改变而创造的一种文化，是我们适应所处环境的重要手段，是人类对于自身所处环境的一种社会生态适应。生态文化理念的树立和真正践行需要通过事实和时间检验。

（二）中国生态文化发展现状

当前在我国社会生产生活的各个领域中涌现出了一系列有着内在关联的生态化思潮。工业生态化、教育生态化、人居生态化、城市生态化、生态省、生态城市等词汇成为流行词汇，文化生态、社会生态、精神生态、学术生态等也已频频见诸报纸杂志，无不显示出生态文化蔚然成风，有了良好的发展态势。在理论形态上，我国已经出版了一系列相关的著作，发表了一批相关方面的学术论文，从不同领域、不同层次、不同角度探讨了生态文化，就相关问题达成了一定共识，产生了一定的影响。

但作为一种当代形态的文化现象，生态文化在我国还是一种新生事物，相对于日益加剧的环境危机及所引起的环境冲突而言，其成长和发育存在着严重的缺陷与不足。文化行为在很大程度上影响着观念、意识形态的变化。生态文化对人类行为具有指导意义，但由于现阶段的社会经济状况，产生了一些伪生态文化现象。生活中常常可以看到标榜"环保、绿色、生态"等字样的商品，这些产品是否真正生态，并没有一个严格统一的标准。

生态文化的精神文化层次上，我国目前也还存在很大不足。生态文化为社会提供了一种宽容、和谐、互利的文化理念。然而从全球范围来看，当代占据社会发展主流的仍是传统文化模式下实现经济增长的发展观，功利型思维方式以及由此所确立的价值观念依然根深蒂固。这种价值观反映在人与自然的关系上，否认人类与自然的统一与和谐，把自然界视为资源库和垃圾场，对自然环境、自然资源的无节制开发和掠夺，造成了环境问题和生态失衡，极大地阻碍了经济社会的可持续发展。

就我国内部来看，生态技术尚未成熟，社会科学知识、生态意识欠缺。环境问题由城市向农村地区的蔓延，城市环境局部改善，农村环境问题却趋向严重。某些部门、地区决策者只顾眼前利益、不顾长远发展，经济体制和社会发展管理模式不完善，社会生态失衡、贫富分化严重，等等。凡此种种，充分显示出生态文化建设的严重匮乏，生态文化并没有真正走进人们的生活。

（三）时代呼唤生态文化大发展大繁荣

21世纪，人类已经进入一个以生命科学与知识经济为引领的信息化、智能化、全球化的时代，也是人类走向生态文明的时代。我们走过了蒙昧的原始社会时代、封闭的农业文明时代和偏颇的工业文明时代，历史的年轮正在进入一个全新的生态文明时代。人类发展史的实践证明，生态文明将超越人类中心主义违背自然规律的局限，开始以辩证的世界观看待人与自然的关系。

生态文明是由生产力发展水平决定的，它主导着生态文化的主体内容和表现形式，生态文化的繁荣反过来又促进生产力和生态文明的发展。正如中国生态文化协会会长江泽慧同志所说，"生态文明"与"生态文化"就好像一棵大树，如果说生态文明是树干，那么生态文化就是树根和树冠，只有根深叶茂，树干才能长得又高又直。

随着人们对自然看法的转变，人类将开始重新审视思考人与人、国家与国家、民族与民族之间的关系。人类的生活方式将主动以实用节约为原则，以适度消费为特征，崇尚精神和文化的双重享受。美国生态美学家利奥波德说："任何事物，只要它趋于保持生物共同体的完整、稳定和美丽，就是对的；否则，就是错的。"未来社会必然是一个经济发达、社会公正、生态和谐的新型社会，这是生态文化与生态文明给我们的最大启示。

生态文化是一种面向未来、正在兴起的新型文化。生态文明时代的生态文化是一面旗帜，直接引领工业文明向生态文明转变。生态文明时代的生态文化是一个讲坛，能够普及生态知识、宣传生态典型、弘扬生态道德，生态文明时代的生态文化渗透到生产生活各个领域，使人们在潜移默化中受到真善美的洗礼。党的十七大明确提出"建设生态文明，基本形成节约能源资源和保护生态环境的产业结构、增长方式、消费模式""生态文明观念在全社会牢固树立"。党的十八大首次提出经济建设、政治建设、文化建设、社会建设、生态文明建设"五位一体"的总体布局，这是中国共产党对于建设中国特色社会主义的理论体系的传承与创新，是以史为鉴，弘扬中国传统文化的生态智慧、马克思主义自然辩证法和可持续发展理念，树立人与自然和谐共荣的生态价值观，赋予生态文化新的时代内容和使命。党的十九大报告指出，加快生态文明体制改革，建设美丽中国。人与自然是生命共同体，人类必须尊重自然、顺应自然、保护自然。必须坚持节约优先、保护优先、自然恢复为主的方针，形成节约资源和保护环境的空间格局、产业结构、生产方式、生活方式，还自然以宁静、和谐、美丽。

因此，我们必须弘扬生态文化、吸收人类自诞生以来世界各个国家、各个种族、各个民族长期积累的生态文化思想和实践成果，形成良好的氛围来建设生态文明，进行人类价值观念的革命，生态文化必将成为生态文明时代的主流文化。人类生存必须依赖于生态环境，亦即生态文化之起源。弘扬本土生态文化，探索当代生态文化发展趋向，走出国门，融合世界多元主体、自然人文、异彩纷呈的生态文化，去伪存真、求同存异，形成跨越民族、跨越国度、跨越地域的生态文明准则与共识，共同推进生态文化大繁荣、大发展，携手共建地球绿色和谐家园，迎接生态文明时代的到来。生态文明建设功在当代、利在千秋。我们要牢固树立社会主义生态文明观，推动形成人与自然和谐发展的现代化建设新格局，为保护生态环境作出我们这代人的努力。

第六节 生态文化的思想精髓

一、自然生态系统是人类生命的支撑

人与自然的关系，基于人类对于自然生态系统的依赖和对自然资源的利用；而人与人的关系，又基于人类占有、利用自然资源创造并扩张财富的权益关系；人与自然的关系，制约着人与人、人与社会的关系，人类对自然生态系统及其资源利用的"进退取舍"，都基于其价值取向。从原始社会敬畏屈从于自然，农耕文明有限地改造自然，工业文明征服、控制自然，到生态文明奉行人与自然和谐共荣，深刻地折射出不同历史发展阶段，人类经济社会发展转型对主流文化的选择，人与自然的关系和人类的可持续发展。

二、生态文化是人与自然和谐共生、协同发展的文化

生态文化具有人性与自然交融最本质、最灵动、最具亲和力的文化形态。生态文化以"天人合一，道法自然"的生态智慧，"厚德载物，生生不息"的道德意识，"仁爱万物，协和万邦"的道德情怀，"天地与我同一，万物与我一体"的道德伦理，揭示了人与自然关系的本质，开拓了人文美与自然美相融合、人文关怀与生态关怀相统一的人类审美视野；以"平衡相安、包容共生，平等相宜、价值共享，相互依存、永续相生"的道德准则，树立了人类的行为规范，奠定了生态文明主流价值观的核心理念。

三、生态文化是生态文明建设的重要支撑

生态文明是以人与自然和谐，全面、可持续发展为宗旨的文明形态；尊重自然、顺应自然、保护自然的理念，发展和保护相统一的理念，绿水青山就是金山银山的理念，自然价值和自然资本的理念，空间均衡的理念，山水林田湖草沙冰是一个生命共同体的理念，是生态文明核心理念。生态文化以其对自然生态系统的深刻认知，对人与自然关系的平等友好，对和谐共荣的价值追求，对人性本善的社会适应，传递生态文明主流价值观，倡导勤

俭节约、绿色低碳、文明健康的生产生活方式和消费模式，唤起民众向上向善的生态文化自信与自觉，为正确处理人与自然关系，解决生态环境领域突出问题，推进经济社会转型发展提供内生动力，契合了走向社会主义生态文明新时代的前进方向，是生态文明时代的主流文化，具有重要的时代价值。

第五章

地名中的生态文化

祁连山地区悠久的历史、多彩的民族文化和丰富的自然资源孕育了其独具特色的地名文化，地名文化的丰富内涵又反衬出祁连山的广袤与富庶。

第一节　地名及特性

一、地名

（一）定义

地名是人们赋予某一特定空间位置上自然或人文地理实体的专有名称，它既是地理环境的产物，又折射出地理环境的特征，反映人类社会历史变迁和人们对地理环境特征的认识，具有指位性和社会性的基本属性。

（二）含义

"地名是各个历史时期人类活动的产物，它记录了人类探索世界和自我的辉煌，记录了战争、疾病、浩劫和磨难，记录了民族的变迁与融合，记录了自然环境的变化，有着丰富的历史、地理、语言、经济、民族、社会等内涵，是一种特殊的文化现象，是人类历史的活化石"（谭其骧，1982）。考证地名的来源，可以帮助我们了解一个地区古代民族的分布、迁徙，以及历史上不同民族文化间的交流和融合。这些文化内涵反映在地名上，不仅突现了命名语言的复杂性，同时也反映出地域性民族文化的多样性。祁连山是一座地名文化资源的富矿，历史上各民族在祁连山迁徙和变迁中，留下了政治、经济、军事、宗教等各方面的口传及历史遗迹，加之历史上联通中西方政治、经济、文化的重要通道——"古丝绸之路南路"贯穿祁连境内，使得游牧文化与农耕文化、军事文化与商贾文化在此交汇融合，形成了祁连山丰富的文化积淀，并在一定程度上体现了祁连山地区文化的包容性、多元性和复杂性。

地名是人们赋予的，而不是本身自有的或天然的，这种赋予从历史发展看，地名经历了从当地少数人使用到逐渐为众人所知直至被社会大众广泛使用，从赋予语言到文字再到数字代码，从约定俗成到标准化、法定化。在空间上，既包括陆地，也包括海洋和海底，随着人类对宇宙探测的进展，地名命名的空间范围逐步从地球不断向宇宙中的其他天体扩展。

二、地名的形成

从地名的定义来看，地名是人类为了便利自己的生产和生活，对特定空间位置上的自然或人文地理实体进行命名。地名是一种文化，地名的起源与人类的语言、生产、社会活动同步，人走到哪里，地名便会出现在哪里，并成为一个地方的标识。无论远古还是今天，地名驻留在大地上，成为一方百姓的记忆，也见证了一方民生。仔细推敲，地名中不仅有文化、有历史，更有多彩的民生与一段段难忘往事。

地名的得名来自各种因素，有的来源于社会经济的发展，有的与历史和地理地貌有关，有的与神话传说有关，还有的以姓氏命名（如刘家峡水库）、以寓意命名（如天水）、以起止点命名（如京藏高速）。

地名一经出现，就与人类的社会生活结下了不解之缘。随着社会的进步和生产的发展，人们的交往也越来越频繁与加强，地名的使用也日益广泛。在地名的使用过程中，地名本身也在不断发生演变。

三、地名的特性

（一）社会性

地名是社会的产物，它的命名、演变始终都受到社会发展水平的制约。

没有航海知识的积累和 15 ~ 17 世纪的地理大发现，就不会有像太平洋、印度洋等海域的名称。地名由少数人称呼到为广大社会成员所公认，要经过一定的传播和筛选过程。

（二）时代性

每个时代都有当时的特征，经济发达和经济衰退的时代，地名命名也不尽相同，经济发达时期往往伴随着文化的发展，人们对地名的命名就会展现其文化特色，经济衰退往往伴随着文化的萧条，人们对地名的命名往往缺乏文化韵味。以时代特征为主题创意地名的命名，通常反映命名的时代特征。

（三）民族性

不同民族分布区域内的地名，一般总是由生息在当地的居民以其语言命名。地名的命名还能反映一个民族的心理状态、风俗习惯和其他文化特征。

（四）地域性

地名是地方的指称，它的命名常反映当地当时的某些自然或人文地理特征。

（五）指位性

地名之所以称为地理实体的专有名词，其主要原因是它所代表的这个地理实体是在地球表面上具有一定方位和范围的，即具有一定的空间位置。

四、公园及周边区域地名由来

青海省因境内青海湖而得名，西汉称鲜水海，又称卑禾羌海（因属卑禾羌部落而得名），王莽改称西海（以为西方之海；与北海、东海、南海对应），北魏始称青海（意为青色的海；后世蒙古语称之库库诺尔，藏语称之错温波，均为对汉语"青海"的译称，译为"青 / 蓝色的海"）。今青海地区，唐、宋为吐蕃地，明为西番地，清雍正三年（1725 年），设置青海办事大臣。1912 年 6 月，改青海办事大臣为青海办事长官。1913 年 8 月，增设青海蒙番宣慰使（职权与青海办事长官重叠），1915 年 10 月，裁青海办事长官，蒙藏事务统归青海蒙番宣慰使，1927 年 2 月，裁青海蒙番宣慰使，设置青海护军使，1929 年 1 月，设立青海省。

海北州因地处青海湖以北而得名。1953 年设置海北藏族自治区，1955 年改称海北藏族自治州。海西州因位于青海湖以西而得名。1954 年设置海西蒙古族哈萨克族自治区，次年改为自治州。1985 年，因州内的哈萨克族同胞自愿迁回新疆，州名改为海西蒙古族藏族自治州。

祁连县因地处祁连山腹地而得名，"祁连"为匈奴语，匈奴呼天为"祁连"，"祁连山"是"天山"之意。

门源原名"亹源"，县境内有浩亹河（又名大通河）横贯东西，为浩河之源（实际源头应为今祁连县，祁连县当年未设置，归亹源县管辖），因此得名亹源县。为便于书写，1959 年 3 月 26 日，经青海省人民委员会决定改"亹"为"门"，称门源县。

德令哈系蒙古语"阿丽腾德令哈"音译，意为"金色世界"。十三世纪，蒙古崛起，灭金亡宋，建立了蒙元帝国，便有了德令哈地名。后经历朝历代多次变迁，至 1988 年设立德令哈市。

天峻县因境内有天峻山而得名，"天峻"为蒙古语"天沁"的谐音，天沁即"天沁察罕峰"的略语，意为高入云端的白山；藏语称"天峻"，全称为"组合尕日天峻"，意为"圣洁的白色石岩山"。

第二节　地名的意义

一、地名的历史意义

地名的产生，是对当时历史文化状况和历史事件的记录与反映，起着见证民族历史演变的作用。地名在历史发展的长河里历经沧桑，有的湮没、有的变异、有的发展。地名的产生、发展、演变都有其一定的规律，是和区域民族活动的历史分不开的。地名的功能主要有两个方面：一方面地名是人们工作、生活、交往不可缺少的工具；另一方面地名为语言学、地理学、历史学、民族学等学科的研究提供宝贵资料。

地名是人们用以区别个体地物的语言符号，是时空统一和发展变化着的社会文化现象。由于民族的迁徙、战争、融合，在祁连山国家公园青海片区地名的称谓上就出现了本民族语称和他民族语称，甚至出现了藏语、蒙古语和汉语等多语言复合称谓等现象，这是历史留下的痕迹。如果单从语种语支来分析，一个地区就有十几种称谓。这说明这里是历史上民族交往极为频繁的地区，祁连山片区草原上古地名就有祁连、多杰华、三角城、神仙洞、峨堡古城等，它们忠实地记录了羌、匈奴、党项、藏族、汉族、蒙古族、裕固族、回族等古代民族往返迁徙、频繁交往的情形。这是历史现象，又是对历史的佐证。这些地名与民族历史、政治、军事、文化、宗教、经济有着密切的关系，具有重要的历史价值，对考证政区疆域、名胜古迹、物产资源、宗教文化、政治军事等具有引线和向导作用。

地名是历史学和语言学的第二语言。地名不但指出当地的地理类型，通常还反映出命名时代该地的自然地理或人文地理特征。通过地名的研究，不仅可以帮助我们了解某些现代地理现象的来龙去脉，还可以恢复一些地域的古地理面貌，找出它的时代特征、区域特征及其演变、发展过程。例如，历史地名可以反映出某一特定区域之内各个时代的植被分布及其变迁过程，有些部门还利用地名来找水、找矿等。祁连县的银洞沟、色龙（金沟）、煤窑沟、石棉沟、铜矿沟、擦孔；门源县的硫黄沟、金子沟、金洞沟等地名都是在不同的历史时期以产金、铜、硫黄等矿产而得名。

二、地名的文化意义

地名还是一种宝贵的民族文化遗产，能体现出社会的发展、进步。在它的形成过程中，吸收、融合了多种文化成分，为我们展示出一幅生动的民族历史画卷，地名把它产生时的民族经济文化生活的特点，自然地理环境，劳动人民的美好精神寄托、追求、思想如实地告诉了我们。比如祁连地区的扎西曲龙就是一个典型的例子。扎西曲龙原名谢龙，传说从前黄草沟北沟到曲龙间有一座天然财神石像来回走动，一过路人路过曲龙时，遇到走动的财神石像，受到惊吓，认为这种居然能走动的石头，肯定是一个"谢"（藏语，意为克星或厄运），从此，这条沟被称作是谢龙。兴海县赛宗寺阿若活佛到阿柔部落时，认为此名不祥，更名为扎西曲龙（吉祥佛法沟），简称曲龙。像这种祝福吉祥的地名还有东索吉隆、扎西德友等。

祁连的"油柔龙洼"同样是一个在传承过程中其原有文化内涵发生变异

的典型例子。据有关藏文史料记载，民国 28 年，现今刚察县的秀诺等几个部落从刚察地区搬迁到该地方，并将几座寺院也搬到这里，他们进入山谷发现了这些堆放整齐的刻有藏文《解脱经》经文的石块，感到非常惊奇并奔走相告，参观和膜拜之人络绎不绝。从此，这条沟就叫"油柔龙洼"，意为看见文字的沟。后来，人们在编写有关汉文资料时将藏语"油柔龙洼"音译为油葫芦，且赋予了刻有《解脱经》经文石块的弧形形状的新内涵，且沿用至今。

地名文化是一个地区文化的象征，是一个地区文化灵魂的重要载体之一，也是一个地区文化形象的主要识别元素。祁连山国家公园青海片区各级行政区域名称均蕴含丰富的地域文化。

三、地名的现实意义

地名是人们工作、生活、交往不可缺少的工具。每个人在每天的生活中都离不开地名。在大众地理中，地名往往占据首要地位。在 2017 年国庆期间央视播出的"中国地理大会"（又名"青山绿水看中国"）竞赛节目中，考查的地名分量很重。当有人问"你老家哪儿的？"在"城市""北京""北方""40°N，116°E"这几个答案中，更多的回答应是北京。

地名为语言学、地理学、历史学、民族学等学科的研究提供宝贵资料。有些学科一直在力争把地名纳入自己的研究范畴，如果地理学再不对地名引起重视，将失去这一重要领域。地名具有深刻的文化意蕴，它是文化的传承。地名信息是社会基础信息，经济社会的发展和政府对社会的有效管理都需要提供完整、准确、方便、规范的地名信息服务。

地名在中学地理教学的知识体系中，也占有十分重要的一席之地。地名和地图是地理知识的两只翅膀，它们不仅是地理知识的载体，也是地理学科区别于其他学科的特色所在，更是打开地理知识宝库的"金钥匙"。地理学习需要解决的首要问题是"在哪里？"在对地理位置进行描述时，往往从绝对位置（经度、纬度）、相对位置（海陆位置、相邻位置、交通战略位置）等方面入手，其中要大量使用具有指位性的地名作为参照物，以此说明该地地理事物的相对位置，同时也指明他们的相互联系。

在提倡核心素养教育的今天，地理教学中的地名更加彰显出其非凡的、独特的意义。人地协调观念时常在地名上得以体现出来。一个地名的出现，往往是综合因素的集中体现，通过地名，也可以呈现出该地的多种特征。要认知一个区域，首先得从区域名称开始。要进行地理实践活动，也会首先从选地开始，其中会涉及更多的地名。

第三节　地名分类及命名

一、古羌语地名

秦以前，河西走廊一带包括祁连地区均属古羌人游牧居住地。据《史记·大宛列传》记载，张骞出使月氏归来后向汉武帝汇报说："大月氏，在大宛西可三千里，居妫水北。其南则大夏，西则安息，北则康居。行国也，随畜移，与匈奴同俗。控弦者可一二十万，故时强，轻奴，及冒顿立，攻破月氏，至奴老上单于，杀月氏王，以其头为饮器。始月氏居敦煌、祁连间，及为匈奴所败，乃远去，过宛，西击大夏而臣之，遂都妫水北，为王庭。其余小众不能去者，保南山羌，号小月氏。"根据上述记载，月氏王族西迁后，留在河西的部众逃入南山（祁连山），与羌族同居，称小月氏。这说明，大、小月氏之前，祁连山一带就有古羌人居住，他们留下了很多古老的羌语地名。

西北民族大学著名藏学专家、教授、博士生导师多识先生在《汉先民亲缘关系探源》一文中对羌、藏语的关系有着非常精辟准确的论述，他说："原羌语地名，即藏语。因为古羌人'披发左衽'的习俗，与汉人言语不通的民族语言，以及'水草丰美，土宜产牧，牛马衔尾，群羊塞道'的生产特点，皆与今之藏族相同。在藏族的历史形成中包括鲜卑族诸部，但主要成分是古羌人，故藏族是古羌人的后裔，藏语就是羌语。"由于羌、藏之间的族源关系，藏族保存了古羌人的语言、习俗、生产生活方式和地名的称谓。如"多拉让茂"（祁连山的藏语称谓）等地名是汉与匈奴之前早已有之的古地名。同样，河西走廊的姑臧（羌语音译，是古代羌族部落名，意为姑氏部族。历史文化名城武威最古老的地名）、张掖（羌语音译，是古代羌族部落名，意为野牦牛）、敦煌（羌语音译，是安多藏语"朵航"的对音，意为"诵经地"或"诵经处"）等地名均为羌语地名，它们与安多藏语从语音到语义完全吻合。分析其类型：

（1）"张掖"或"潴野""涿邪"，是以野生动物命名的古羌语地名之音译，意为野牦牛，这与祁连地区的藏语、汉语、蒙古语和裕固族语命名方式完全一致，可能是古代民族在改造世界的过程中所形成的共性认识。

（2）"姑臧"是以部落命名的地名，这也和祁连地区藏语的命名方式完全一致。

（3）"敦煌"是以有纪念意义或聚会场所命名的地名。这一地名的考证结果使我们更加清楚地明了藏语的宗教术语和普通社会用语词汇的相互借用现象。因为"朵航"一词，在当前的安多藏语中已经从普通的社会用语（聚会或者议会的地方），演变成宗教术语。古羌语地名的构成形式，如"多拉让茂"是形容词＋形容词＋名词的复合词地名，"张掖""敦煌"等地名是名词＋名词的复合地名。

二、匈奴语地名

汉朝时期，匈奴人击走月氏王国，占领河西。元狩二年（前121年）西汉骠骑将军霍去病出兵河西走廊。匈奴浑邪王杀休屠王，率部四万人降汉。部分匈奴人离开河西地区，他们唱道："失我祁连山，使我六畜不繁息；失我焉支山，使我妇女无颜色。""祁连"系匈奴语音译，意为天山。因为匈奴呼天为祁连。匈奴继羌人之后，统治河西走廊一带，留下了一些标志性的地名。此地名似乎包含了古代匈奴人的原始信仰。因为匈奴人以天为尊，呼天为祁连，可见祁连山在当时的匈奴人中所享有的崇高地位。从其构成形式看，"祁连"是以一个单词构成的地名。

三、藏语地名

藏族自称"蕃"，古时称"吐蕃"。藏族先民在新石器时代已经活动在青藏高原上。据藏文文献记载，公元前200年左右，西藏山南地区最早由氏族成员组成为"蕃"的六牦牛部，形成 44 个小部族，渐成 12 邦，小邦之一雅隆悉补野首领建立了赞普王朝。至公元 7 世纪，第三十三代赞普松赞干布统一了整个西藏地区，定都拉萨，建立了强大的吐蕃王朝。唐高宗龙朔三年 (663 年)，吐蕃灭吐谷浑，祁连地区隶属吐蕃王国。唐玄宗开元十六年 (728 年)，金吾将军林宾客为守卫扁都口道曾在峨堡一带与吐蕃作战。唐朝末年，祁连地区为河湟吐蕃政权所控制。公元 1822 年，原驻牧于果洛阿尼玛卿雪山一带的阿柔部落移牧于八宝镇、阿柔乡一带，成为海北州境内人口众多、部落相对完整、民俗文化独具特色的藏族部落。

在祁连山国家公园青海片区地区，藏语地名是种类最全、数量最多的语种地名。其中最有特点的就是山神体系类地名，从"阿咪东索""宗姆玛釉玛""伦布夏果""多杰央吉"等山神王、王妃及大臣等完善的神灵社会体系，到"当麻日""老日根""赞宝化秀岗"等名列大通河流域的十三大高峰的山神系统，到"夏果拉""麻沁""青钵""龙宝""哈龙""阿格"等普通山神，能够全面准确地反映当地的民间信仰和文化心理。

"巴哇塘""辛贝吉曲""赞木郎达普日""沙智余""克日杂萨纳""克日杂贡玛""喀玛日纳喀""恰佐吉森""佐茂如宗喀囊""毛哇牙合格""霍鸦拉色贝贡喀""阿格日奋森"等格萨尔风物传说类地名的异常丰富，充分说明藏族英雄史诗《格萨尔王传》在当地有着深刻的影响。祁连山国家公园及其周边的格萨尔风物传说有着显著的文化特征，因为这里的传说大都与霍尔国有关，祁连县与天峻县的快尔玛乡，属于霍尔国的地方。《霍岭大战》后半部分的战役、故事全部发生在霍尔国境内，围绕这些战役所产生的风物传说，其实就是经过千年过滤和积淀的《格萨尔王传·霍岭大战》的文化精髓。

"仲龙""尖扎""郭仓""拉龙""秀冬岗""松龙""美朵龙洼""善龙""瓦日尕""叶日瓦龙注""边麻掌""讨拉""雪龙""浪塘""萨拉木都""卡伦""卡石头""金龙""达龙""拉仓""迪龙""阿子沟"等以野生动、植物命名的地名，说明当地生态环境良好，自古以来就是各种野生动、植物生存和繁衍的理想家园，这不仅是祁连山国家公园青海片区的财富和优势，更是全省乃至全国的财富和优势。由于藏族、蒙古族牧民在畜牧业生产过程中，同野生动、植物关系密切，所以藏语、蒙古语地名中有很多以此命名的地名。此外，生态问题是当今世界共同关注的全球性话题，但对藏民族而言，却是妇孺皆知、人人严格遵循的生活准则。日常生活中，藏民族从不轻易采摘花草树木、猎杀野生动物。在他们的心目中，野生动、植物是山神饲养的牲畜或是其寄魂物，因此，猎杀动物或采摘花草树木就意味着对山神的冲撞和冒犯，会受到山神的严惩。据英国著名的民族学家 J. G. 弗雷泽著，徐育新、汪培基、张泽石翻译的人类学奠基之作《金枝》记载："在原始社会常常把树木看作为神，认为它是帝王神人的体现。在这种树神崇拜中，巫术信仰和万物有灵观融为一体，树木崇拜不仅见于野蛮民族，而且在欧洲农村的许多仪式中也有遗迹可寻。这些树不仅认为是灵魂的长期或者临时住所，圣树的灵魂对于五谷丰登、人畜兴旺也颇具影响。这些树神有时也会以男人或女人的形象出现，他们的一言一行，他们的整个生命，都会对植物的生长产生极大的巫术影响。"由此可见，这种寄魂物的信仰或野生动、植物的崇拜并不是藏族或亚洲人特有的文化现象。

"森吉龙洼""曲龙""吉龙""扎西迪友""德欠""卡卓""地欠沟"等都是人们祈求吉祥幸福的象征性地名，是藏族人民热爱生活、向往美好生活的真实写照。

"瓦翁""达里""列梗""东达伍""列格日当""佐龙""尕牧农""香卡""色日过掌""启龙掌""加木吐""桑晒掌""卡哇掌""却藏沟""瓦尕宰"等是反映藏民族生产生活的地名。藏族在历史上一直是一个以牧业为主的民族，终年过着逐水草而居的游牧生活，这种生产及生活方式特点，必然要反映到地名中。祁连山国家公园及周边地区的藏族和蒙古族人民从事着牧业生产，因此，离不开马、牛、羊、骆驼等牲畜和山河、湖泊、草场等自然实体。特别是藏语地名中的"阿格"（远看此沟弯弯曲曲形似骆驼脖子，故名。位于扎麻什乡，又名歪脖沟），"苏里"（意为雄鹰的翅膀，以此得名），汉语中的"骆驼脖子"（山脊西端起状弯曲，形似骆驼脖子，故名），蒙古语中的"开甫太峨日"（意为卧着的骆驼，此山形似一峰卧骆驼，故名。位于多隆乡政府西南约 26 公里处）等所指的虽然不是同一自然实体，但都形象地反映出了自然实体的外貌特征。不仅如此，这些地名说明曾几何时骆驼也是祁连山国家公园牧民饲养的家畜和主要的交通工具之一。

"日朝龙洼""丫日乃龙洼""确旦堂""擦康""擦木康""贡才日""奔康""索卡滩""加多滩""铁迟沟""完得龙沟"等以藏传佛教术语命名的地名反映了

祁连山国家公园地区及周边地区广大僧俗群众日常的宗教活动。其中"日朝"是出家僧人潜心修行的幽静山谷，在那里他们能领会奥妙的佛法教义，获得大彻大悟。"丫日乃"是佛教僧侣必须遵循的戒律，因为佛教认为，夏季万物复苏，每深一脚，就会有无数生命丧生。所以，为了避免更多无辜的生命受到伤害，佛教禁止在此期间的一切室外活动。"铁迟"意为经台，供信徒念经；"完得龙"意为小僧人沟，因曾经有一小僧人在此居住念经而得名。"确旦"即佛塔，佛塔是神圣佛法的意之所依，是佛教的标志性建筑。即便在没有寺院的情况下，信徒们依然会尽自己的所能修建佛塔，积德行善，进而普度众生。

从"萨雪玛""加布鲁""加龙""尖木格日贡玛""岗龙休玛""仓格隆多""石务隆赖""穆纳加卜龙""登龙""萨尕者瓦日玛""萨尕者雪玛""什卜龙兰""什卜兰多""上卡久""下卡久""上达日""上塔龙沟""下塔龙沟""上塘树""上毛合群沟""下毛合群沟""夏希特贡玛""夏希特休玛""石布龙""叶龙"等以地理方位命名的地名中，可以看出藏族民间习惯常用的方位词只有阴、阳或上、下、前、后，除了新翻译的地名之外，传统上很少用东、西、南、北等方位词来命名地名。这与汉族的命名方式有很大的区别，从中反映出各民族传统文化的细微差别。

"格龙霍若""阿周加龙""大美""才让龙洼""羊尕""华藏龙洼""阿周龙洼""普雄龙洼""阿周尼哈""那日龙洼""堪布龙洼""丹木沁龙洼""贡鲍龙洼""本布龙洼""格龙霍若""智华尖木措"等以人名命名的地名，在祁连地名中非常普遍。这些地名从侧面反映了牧区与城镇、农村的不同生活方式，因为牧区牛羊多，居住分散，方圆几十千米以内几乎没有邻居。因此，以人名为山或山沟、草场命名是再自然不过的命名方式了。

"阿柔""郭米""夏塘""却藏""郭米""百江""德芒""卡力岗""香日德""尕日德""达玉""斗合力""芒扎""仙米""珠固"等以部落名命名的地名在祁连山国家公园乃至整个藏区非常普遍，因为部落社会制度是藏区社会的基本单位或一种社会组织。新中国成立前，部落集生产、行政、军事三项职能为一体，体现出"三位一体"的特点。

"扎麻什""玉日""龙注汝""欠龙""柔麻日""龙却乎""雪勒""江巴额当""龙恰当""唐莫日""谢柔塘""丹龙玛日当""泥哈玛者""佐龙""克麻""麻科""麻

当""恰尕日当""抓卡""雪克垭豁""抓日""本干""那扎布""抓龙"等以地形地貌命名的地名，反映了藏民族的色彩观及审美趋向。

"色龙""赛日贡""擦喀""额东""峨日尼哈""赛果塘""多扫口""多扫龙洼""木里""赛纳合让"等以矿产资源命名的地名说明祁连山国家公园青海片区人民的祖先们很早以前就已经认识到祁连地区矿产资源的丰富性，并且掌握了识别、开采、利用矿产资源的基本常识。

"曲美龙洼""曲日""错江""曲库""吉勒合曲""坤曲""曲恰当""曲果色巴""曲科龙洼""多热曲""香那合曲""曲尕追""唐莫日""却藏""卡哇掌""纳格日当""果纳""岗什卡""岗龙""柴龙""措果日""曲通""查克""那沁""操预"等反映了祁连山片区的水文特征。祁连山片区矿产资源相对丰富，由此形成的具有矿物质含量的泉水也是一大优势资源，其药用价值等如果得到合理的开发利用，将成为祁连山片区一个新的经济增长点。

"油柔龙洼""塔日多岗""多让聂哈""古浪尕日托""贡才日""加多滩""二寺滩""才什土""确旦堂""古浪尕日托"等带有文物遗迹性质的地名，是当地藏族心目中最有纪念意义的地名。藏族注重来世，不太在意现世的生活，因为在他们看来刻录经文和修路等于是给来世修行，而活佛住过的地方往往是被活佛加持过的，因而是福泽之地。这一点在上述地名中得到了充分体现，另外，"扎德里""安近木"等反映游牧民族部落间的草山纠纷及牧民抵御抢劫而引起保卫战争的地名都有其一定的纪念意义。其实，不管是以部落名命名的地名，或是以文物遗迹命名的地名，还是以人名命名的地名，凡是地名都具有其一定的纪念意义，它们的区别仅仅在于对世人和在社会中留下的影响大小和人们的熟悉程度不同而已。

藏语地名的构成形式较为复杂："瓦日"（玉石）是由一个单词构成的地名，"仲龙"（野牛沟）、"尖扎"（野兽）、"郭仓"（鸟窝）、"秀冬岗"（柏树山）、"纳澳玛"（奶皮滩）等是由名词＋名词构成的复合地名，"恰让玛"（花长沟）等是由形容词＋形容词构成的复合地名，"龙通"（短沟）、"扎麻什"（红山）、"玉日""柔麻日""龙却乎"（歪沟）、"雪勒"（酸奶堆）、"拉色尔"（陡坡）等是由名词＋形容词构成的复合地名，"德柔那"（五个山）是由名词＋形容词＋数词构成的复合地名。"尖木格日贡玛岗"（上白河床山）、"尖木格日体麻岗（下白河床山）、"卓合梗贡玛"（上大沟槽）、"卓合梗麻"（下大沟槽）、"才让龙洼"

（才让的山沟）、"恰让玛栋兰木尼哈"（大花石崖路山口）、"多邦格日折尼哈"（白石堆山口）等是由词组构成的地名。

四、汉语地名

汉族从汉朝霍去病出兵河西走廊，就已经进入祁连山国家公园及周边地区。清末民国初年，汉族从甘肃省民乐、张掖等地经商或逃荒到祁连县八宝地区定居，并从事农业和猎业。祁连山国家公园内及其周边地区操持汉语的少数民族有回族、撒拉族和土族。汉语地名包含了"潘家阴山""崔家台""包家圈窝""王家湾""柴家台""沙家台""祁家坡""苟家庄""黄家庄子""魏家湾""鼻家沟""吴家沟""马家沟""潘家沟"等以汉族的姓氏命名的地名，与藏语、蒙古语地名中以人名命名的地名一样，以姓氏命名具有开拓性的处女地，这些姓氏的主人大多是普通劳动者。

"头道湾""二道湾""三道湾""四沟""梅花一（二、三、四、五）队""头塘沟""二塘沟""头道沟""二道沟"等以序号命名的地名在祁连山国家公园及周边地区很多，这是一种常见但并不古老的命名方式。

"西沟""东大""南梁""大西山""东岔山""东尖山""东沟""小西沟""大西沟""南石头沟""北石头沟""大南沟""小南沟""东岔""西岔""南岔""西岔沟""西湾""东尖沟""大东沟""小东沟"等以东西南北标明地理方位而命名的地名，同样带有明显的大众文化特征，因为在藏语、蒙古语地名中的地理方位很少以东西南北标明，而是以上、下、前、后等方位词标明。

"小鱼儿海""大鱼儿沟""套环湾""高楼""红土城""红沟""红崖湾""红泥槽""青沙掌""大红山""红石崖咀""煤窑山""红石崖掌""红岩山""黑山""花石崖湾""石板沟""金洞沟""黄番腰""白圪垯"等以地貌特征命名的地名，在祁连山国家公园及其周边地区的汉语地名中相对比较丰富。

"拱北湾""二寺滩""寺沟台""黄藏寺""寺儿沟""白塔山"等以宗教术语命名的地名，虽然并不太多，但很有包容性，因为它们不仅涵盖了佛教术语地名，同样涵盖了伊斯兰教术语地名。

此外，祁连的汉语地名还有"三角城""营盘台""营盘湾""鸾鸟城""永安城""沙金城"等以文物遗迹命名的地名和"天桥山""补天石""神仙洞"等以风物传说命名的地名；"野牛沟""鹰山""狗熊峡""青羊沟""小狼沟""老虎沟""大香沟""黑鹰洞""黑鹰沟""狼沟""上柳沟""元树""蘑菇掌""白其山""黄刺碥沟""松树南沟""菜子湾""桦树槽"等以野生动、植物命名的地名和"狗槽食""石桥沟""大石圈""窑洞沟"等以基础设施命名的地名；"银洞""火石沟""玉带沟""石金沟""金羊岭""金沟""煤窑沟""煤窑山""硫黄沟""神砂沟""铁矿沟"等以矿产资源命名的地名。

经考证，祁连山国家公园及其周边地区很多汉语地名是从民族语地名中直接意译的，这些地名翻译得通俗、自然、贴切，且与原民族语地名非常对应。但翻译这些地名的人却是地地道道的汉族农、牧民，他们在长期的生产生活中，与当地少数民族的频繁交流，对当地的地理和历史文化有较深的理解，自然而然地用本民族语言记录着这些地名。

汉语地名的构成形式有"银洞""鹰山""火石沟""狗熊峡"等由名词＋名词构成的复合词地名，"西沟""南梁""套环湾""高楞"等由形容词＋名词的构成复合词地名，"小鱼儿沟""红土城""金羊岭"等由形容词＋名词＋名词构成的复合词地名，"五个山西沟"等由词组构成的复合地名，从语法结构上看，这些地名均非常精练，容易上口，便于记忆。

五、党项语地名

西夏是由党项人为主体建立的国家，藏族人称之为"木雅"，汉文史书称为"弥药"，其他民族谓之"唐古特"。隋唐时，党项人散居吐谷浑以南山谷间，即今之果洛及川北黄河九曲(今玛曲)一带。《新唐书党项传》载："党项，汉西羌别种，魏晋后甚微，周灭宕昌，而党项始强。其地古析支，东据松州，西叶护，南春桑、迷桑等羌，北吐谷浑。处山谷崎岖，大抵三千里，以姓氏为部，一姓又分为小部落，大者万骑，小数千，未能相统，故有细封氏、往利氏、颇超氏、野辞氏、房当氏、米禽氏、拓跋氏，而拓跋氏最强。"

西夏和吐蕃的关系比较明朗。历史上吐蕃赞普松赞干布娶木雅女为妃，历史上的藏族史学家在著书时并没有把西夏列入吐蕃之内，而和吐蕃、印度、中原等横排并列，可见不是同一政权。但历代藏族史学家都一致认为党项是藏族最古老的四大姓氏之一的党，虽写法不尽一致，有的人认为党项其实就是党，项是后置辅音。党项和吐蕃使用同种语言。据《祁连县志》记载：南宋高宗绍兴六年(1136年)，西夏军队占领湟水流域及其以北地区，今祁连山地区亦为西夏人统治。由此，我们可以做一番大胆的假设：以人名命名的文物古迹类地名"多杰华"或许就是党项人遗留在祁连山片区的文化信息。

六、蒙古语地名

公元 1227 年，成吉思汗亲率蒙古大军，从中亚回师，进占西宁州和连境域。公元 1229 年，成吉思汗第三子窝阔台即汗位后，将青海、甘肃及河西走廊原属西夏国境界，划归其二子阔端封地。公元 1510 年，蒙古亦卜剌与阿尔斯部越祁连进入青海，今祁连成为蒙古牧地。公元 1559 年蒙古俺答部从河套经河西走廊、都口进入祁连地区。公元 1636 年，蒙古和硕特部，在其首领顾始汗带领下，经门源、祁连地区移牧于青海湖一带。公元 1723 年，青海蒙古族和硕特部首领罗卜藏丹津反清事件平定后，清廷仿内蒙古"札萨克"制度，将青海境内蒙古族各部统编为左、右两翼共 5 部 29 旗，并划定游牧疆界。蒙古人游牧生活的足迹遍布祁连山国家公园青海片区，在蒙古语地名中得到了广泛的体现。

德令哈市、柯鲁柯镇均是以蒙古语命名的，"德令哈"意为"金色的世界"，"柯鲁柯"意为"美丽而富饶的地方"，以克鲁诺尔、陶生诺尔命名村名，描绘出当地水草肥美、牛羊成群的美丽景象。

天峻县因境内有"天峻山"而得名，"天峻"系蒙古语"天沁"的谐音，"天沁"是"天沁察罕峰"的略语，意为高入云端的白山；"查汉乌苏"系蒙古语，意为"白色的河"，是天峻县苏里乡的牧业村；"色热贡玛"是蒙藏混合语，"色热"是蒙古语，意为"阴沟"；"克克赛"蒙古语意为"青色砂砾"。

门源县的皇城乡为蒙古族乡，因 13 世纪 30 年代蒙古大军在此地驻地，后因系皇室驻地而名；"俄博湾口"（"俄博"系蒙古语，意为祭神的堆子）村，因村内原有"俄博"的湾口而得名；"克图"村，"克图"蒙古语意为寒冷，因居仙米峡口，冬季寒冷而得名；"峨堡"，亦作"俄博""敖包""窝博""察汗鄂博"，系蒙古语音译，意为祭神的堆子，原意为路标，后引申为路神。祁连山国家公园以"峨堡"命名的地名有峨堡镇、峨堡村、峨堡古城、峨堡岭等。

"包辣""柯柯里""肯德勒""哈勒特尔贝力""阿布德日""默勒开甫太""孔

克里""托海""托合""哈木尔""江斯腾""达坂""开甫太峨日""多邦格日折龙洼""夏拉""克克赛""擦干吾勒""驮吴次克""夏拉弧""海通""祁汉开""德宗""扎麻图""号塔寺"等是以山形地貌命名的蒙古语地名。这些地名中既包括以山川形状命名的地名，也包括以色彩命名的地名。

"托勒""外力哈达""盖德尔更郭勒""海浪"等以风物传说命名的地名，也是蒙古语地名的一大特点，这些地名与藏语、汉语风物传说类地名一样，承载着民族历史文化的厚重内涵。

此外，祁连山国家公园及周边地区的蒙古语地名还有"包哈""栽什特""栽特""南拉哈""豁勒德""托勒""塔里华""巴哈""阿尔扎图""巴拉哈图""那子""萨拉木都""讨拉"等以野生动、植物命名的地名；"乌苏塔勒""默勒""苦勒登"等以水文、气候状况命名的地名；"阿塔尔"等以生产生活命名的地名；"二旦哈尔"等祈求吉祥的地名；"洪太基""扎萨"等以人名、官位名命名的地名；"多隆"等以数字命名的地名。中国历史上数字地名的产生最早可推至西汉文帝十六年（前164年），封宗室刘安为淮南王，首府设在今安徽寿县。就在首府东北的一座山上，刘安常与八位好友冶炼仙丹，切磋长生不老之术，此山日后便被称为八公山。

蒙古语地名的构成形式有"乌苏塔勒"等由名词＋名词构成的复合地名；"开甫太峨日"等由形容词＋名词构成的复合地名；"江斯腾"等由名词＋数量词构成的复合地名；"盖德尔更郭勒"等由动词＋名词构成的复合地名等。

七、裕固语地名

裕固族自称"尧熬尔"，具有悠久的历史和古老的文化，源于公元7世纪唐朝时期居住在今蒙古共和国的色楞格河和尔浑河流域的回纥。历史上，裕固族曾经有过各种称呼，元朝称为"撒里畏吾"，明朝称为"撒里畏吾尔"。1953年，经裕固族人民充分协商，一致同意用与"尧熬尔"音相近的"裕固"（兼取汉语富裕巩固之意）作为本民族的名称，报经政务院批准，正式定名为裕固族。

15世纪初，为了控制西方商路的咽喉之地，信奉伊斯兰教的吐鲁番察哈台后王速檀阿力率兵攻入哈密。从此，信仰伊斯兰教的歪思汗和赛义德汗经常进攻信仰佛教的撒里畏吾尔人，迫使他们举族东迁，来到祁连山一带。裕固族鄂金尼等部落是新中国成立以后又从生活了几百年的祁连山迁至甘肃张掖地区，他们在祁连山一带留下了很多足迹，他们命名或以他们名义命名的地名也保留了下来，沿用至今。如"乃曼鄂尔德尼"（意为八宝，即阿咪东索神山）是以风物传说及地貌特征交叉命名的地名，受藏传佛教《地相学》影响，当地藏族、裕固族等信仰藏传佛教的民族不约而同地认为阿咪东索神山具有吉祥八宝之地相特征，是他们的保护神阿咪东索的宫殿。"鄂金尼""鄂金尼郭勒""鄂金尼克义德"等是以部落名命名的地名，这些地名同藏语地名"阿柔"一样，虽然有悠久的历史背景，但它们都是随着部落的迁移而从不同的地区带到祁连山一带，同属于舶来品。"夏日告图"（意为黄色的平顶山，指金羊）、"宽吉日塔拉"（意为开的河湾，指祁连县政府所在地二寺滩）、"瓦羊呼"（意为富汉，从前，此地居住过一户人家，生活较富裕，故名）等是祈求吉祥、富裕的地名。其他地名类型，如"兰尕达"（意为红山崖）、"茶五龙"（意为荒山或荒原）是以地貌命名的地名；"萨阔寺""吉日德""枣丝宁""枣丝什卜""枣丝果日"等是意义不详的裕固语地名。从上述地名中，可以看出裕固族在祁连山国家公园及周边地区的活动范围和留居足迹。裕固语地名的构成形式主要有："夏日告图""宽吉日塔拉"等由形容词＋名词构成的复合地名。

八、哈萨克语地名

哈萨克族的历史，可追溯到西汉的"乌孙"。"哈萨克"这一族称最早见于15世纪中叶，是从金帐汗国分裂出来的操突厥语的一些游牧部落。历史上，哈萨克族主要聚居在新疆北部，即今伊犁哈萨克自治州、木垒哈萨克自治县和巴里坤哈萨克自治县。后因不堪忍受新疆封建军阀，特别是盛世才的残酷剥削和大规模的屠杀，从1934年（民国23年）起，便相继向甘肃、青海两省迁移。同年，居住在新疆哈密及巴里坤一带的哈萨克族中有五百户东迁，其中约三百户迁至甘肃酒泉一带，约二百户迁至青海湖以西茶卡一带。

位于祁连县西北部，野牛沟乡人民政府西北约9.3千米处的"哈萨坎沟"，是由哈萨克语、汉语构成的复合地名。因为沟口有哈萨克族的坟墓，故以哈萨克族的名义命名。

九、复合语地名

祁连山国家公园及周边地区最有特点的地名是复合语地名，特别是几种语言相互交叉或重叠使用的复合语地名。这说明各民族文化在祁连山片区得到了广泛的交流和融合，他们相互学习、促进与发展，共同为祁连片区的繁荣进步做出了应有的贡献。

藏语、蒙古语复合语地名和蒙古语、藏语复合语地名在祁连山国家公园及周边地区较多，如"朵日玛妥洛海""栽什曲""栽什泥哈""肯德勒泥哈""乌苏塔勒泥哈""乌苏塔勒孔""外力哈达曲""托合加热""哈木尔杂勒""江斯腾直合托""呼达斯佧恰""阿塔尔贡佐""哈木贡才日""栽特加布龙""哈木尔杂龙""海浪哇尔龙""呼达斯兰木琼""卡折达坂沟""塔里华抓龙""塔里华拉龙""讨拉柴龙""讨拉抓龙""直合台达坂""龙宝达坂""瓜拉达坂"等，其中，藏语在前、蒙古语在后的复合语地名，我们推断该地区是先由藏民居住，所以用藏语，后来蒙古族迁入，即在沉淀于底层的藏语地名上附加了蒙古语成分。而蒙古语在前、藏语在后的地名，则使我们得出相反的结论。但并不是所有复合语地名的先后顺序都能够说明操持该语种的民族进驻当地的先后顺序。如"南乌苏塔勒尼哈"和"小海尔加布龙"中的"南"和"小"并无实际意义，只是在原有地名的基础上赋予了标明细微差别的新的内涵。

藏语、汉语复合语地名和汉语、藏语复合语地名在祁连山国家公园及周边地区很常见。"大美圈窝"系藏语、汉语复合语地名，其中，"大美"系藏语，人名；"圈窝"系青海方言，意为牧民的牛羊圈和简易住所，曾经是阿柔部落名叫纳桑大美的牧民的草场，故名。"扁都口"系藏语、汉语复合语，"扁都"系藏语音译，意为金露梅，因当地盛产金露梅而得名。"上兰木龙"系汉语、藏语复合语地名，"兰木龙"系藏语音译，意为路沟，因当地有两条并列的沟，故名。"边麻掌""边麻"系藏语，意为金露梅，因此地多金露梅而得名。"麻沁山""麻沁"系藏语山神名，因此地建有祭祀"麻沁"神的敖包而得名。"南开山""南开"系藏语，意为山高而陡离天很近，因山高大而得名。"色日过掌""色日过"系藏语，意为黄色，因秋季牧草呈金黄色而得名。"雪龙红山""雪龙"系藏语，意为旱獭，因山中多旱獭而得名。"岗什卡雪峰""岗什卡"系藏语，意为雪山，因是祁连山东端的现代冰川，终年积雪不化而得名。"秀兰垭豁""秀兰"系藏语，意为柏树路，以沟得名。"岗龙沟""岗龙"系藏语，意为雪沟，因沟内冬季积雪不易融化而得名。"卡石头沟""卡石头"系藏语音译，意为花臭鼬，因沟内多此动物而得名。"金龙沟""金龙"系藏语，意为獾，因沟内曾有此种动物而得名。"小宁缠""宁缠"系藏语，意为向阳沟。"才龙滩""才龙"系藏语，意为刺沟，因沟内多带刺灌木，且村庄居沟口而得名。"旭久台""旭久"系藏语，意为旱獭，因旱獭多而得名。"雪龙沟""雪龙"藏语意为旱獭，因居地多旱獭而得名。"仙米寺""珠固寺"是以藏族部落命名的。

　　汉语、蒙古语复合语地名和蒙古语、汉语复合语地名在祁连山国家公园及周边地区也很常见，如"苏塔勒河""扎麻图山""敖包山"系蒙古语、汉语复合语地名，"假达坂""陡达坂"系汉语、蒙古语复合语地名，"达坂"系蒙古语音译，意为山口，因山势陡，故名。"双峨堡垭"系汉语、蒙古语复合语地名，"峨堡"系蒙古语音译，意为祭神的堆子；"垭豁"系青海方言，意为山口，此地有两处祭神的石堆，故名。"讨拉沟"，"讨拉"系蒙古语，意为兔子，因沟内兔子多而得名。"塔里华沟""塔里华"系蒙古语，意为旱獭，因沟内旱獭多而得名。"祁汉开沟""祁汉开"系蒙古语，意为灰白色的沟，因沟内石崖呈灰色、白色而得名。

　　裕固语、藏语复合语地名，如"枣丝宁""枣丝果日""枣丝什卜""枣丝"系裕固族语，其意不详，"宁"为藏语，意为阳面，"什卜"为藏语，意为阴面。

　　裕固语、汉语复合语地名，如"歪拉沟""萨阔寺""歪拉""萨阔"系裕固语，其意不详。

　　裕固语、蒙古语复合语，如"歪拉达坂""歪拉"系裕固语，其意不详，"达坂"系蒙古语音译，意为山口。

　　三种语言以上的复合语地名，如"南乌苏塔勒尼哈"系汉语、藏语、蒙古语复合语地名，"乌苏塔勒"系蒙古语音译，意为水边的滩地，"尼哈"系藏语，意为山口，因地处乌苏塔勒东南岔沟深处，故名。"小龙孔达坂"系汉语、藏语、蒙古语复合语地名，"龙孔"系藏语音译，意为风洞，"达坂"系蒙古语音译，意为山口。"小海尔加布龙"系汉语、蒙古语、藏语复合语地名，"海尔"系蒙古语音译，意为走圈的地方，"加布龙"系藏语音译，意为后沟。"龙孔达坂沟"系藏语、蒙古语、汉语复合语地名。"龙孔"系藏语音译，意为风洞，"达坂"系蒙古语音译，意为山口。

十、一地多名

祁连山国家公园历来民族迁徙频繁，是多民族杂居地区，存在以不同的民族语命名的地名，如：黑河，古称弱水，藏语称为"纳曲"，意为黑水；蒙古语称之为"哈沱穆然"，意为污水或不洁之水；裕固语称之为"夏拉郭勒"。今八宝镇政府所在地，过去藏族称"宗姆雄"，裕固族称之为"宽吉日塔拉"。公元1912年，被青海湟中人聂起风带领军队占领后，汉族、回族移民见地势平坦，且有两座寺院遗址，遂将此地称作"二寺滩"。后来，周围藏族群众见当地移民以红土筑墙盖屋而居，又命名为"康哇玛者"，意为红色小屋。"阿咪东索"，藏语意为"千兵哨卡"，裕固族语称之为"乃曼额尔德尼"，意为八宝山，因四周地形如藏八宝，故以风物传说命名，汉语称之为牛心山，因山形酷似牛心而得名。"直合擦擦"（祁连石林），藏语音译，意为岩石浮屠。"直合擦擦"又名"佛爷崖"，据说有108个佛像，有如苍鹰翱翔、雄鸡报晓、孔雀开屏，有如蛟龙出水、骆驼远征、猴子捞月，有如子牙钓鱼、雪豹扑食、牧童吹箫，形态各异，栩栩如生，路过的牧民总要下马磕头，跪拜祈福；"直合擦擦"也叫"砾岩石林"，是由于砾岩山体在雨水等外力作用下产生滑坡，其中的黏浆将砾岩连接在一起形成奇特的地貌景观，因此其名砾岩石林。"西沟"，因是扎麻河深处西侧的支沟而得名，藏语名称为"玛霍尔雪玛"，意为下红湾；裕固语、藏语复合语名称为"枣丝果日"，"枣丝"为裕固语，其意不详。金羊岭，因当地曾经采得一块酷似羊形的金块而得名。当地藏族称之为"喀玛日聂阿"，意为红城垭豁；又名"鸦果聂阿"，因地形酷似牦牛而得名；裕固语称之为"夏日告图"，意为黄色的平顶山。一地多名现象源于历史上各民族在祁连山片区的频繁迁徙，任何一个民族都有自己的文化传统，而语言和文字是一个民族保留和发展其传统文化的先决条件。在一个多民族聚居的地区，人们往往为保持自己的文化传统和民族特点而不愿意放弃使用自己本民族语的地名，所以，双语或多语地名的形成有其历史的必然性，而双语或多语地名一旦形成，将会保持较长的一段时间。

第四节　生态地名的特点

一、反映山、谷等地形特点的地名

祁连山国家公园及周边地区山脉多耸立挺拔，石骨峥嵘，群峰叠嶂，巍峨起伏。现代冰川发育，冰川作用明显，冰、水侵切割明显，雪山遍布，冰斗、角峰、刃脊和 U 形峡谷多见。反映这类地形特点的地名常带有山、川、岭、坡等字，或是反映山体对人类活动的影响，或是反映发生在这里的某一人文活动。

祁连山国家公园内及周边地区有些直接以境内的山名作为区划名，如祁连县就是因祁连山而得名，天峻县因天峻山而得名。祁连县八宝镇以八宝山得名，峨堡镇白石崖村因白色石山得名，八宝镇卡力岗村因卡力岗山得名，八宝镇高楞村因高楞山得名，以山名为景区名的有阿咪东索景区、卓尔山风景区、祁连风光旅游景区、祁连山风情草原景区等。门源县北山乡、北山根村因居北山脚下而得名，以山名为景区名的有岗什卡—花海鸳鸯景区、达坂山景区等。

除祁连县、天峻县等山水特色典型的地名极具代表性外，还有一些乡、镇和村的名称也同样反映了山水与人们生活之间的关系。如祁连县初麻院村，"初麻院"系藏语"曲玛日"的误写，意为红水沟，因沟内溪水呈红色而得名；麻拉河村，"麻拉"系藏语音译，意为红山湾，麻拉河属祁连山水系季节性河流；卡力岗村，"卡力岗"系藏语音译，意为山梁；日旭村，"日旭"系藏语音译，意为巍峨山，村名因"日旭山"而得名；扎麻什乡，"扎麻什"系藏语音译，意为红山，因扎麻什山而得名；河北村、河东村，因居扎麻什河北部、西部而得名；宝瓶河村，因当地山形似宝瓶，位于黑河西北岸，因此得名；托勒村，因"托勒山"而得名；央隆乡，"央隆"藏语意为宽沟，所居地沟宽且水草茂盛，故名。门源县东川镇甘沟村，本因缺水而名干沟，后雅化而称甘沟；却藏村，"却藏"藏语意为好水，因境内有一泉水可治牛羊疾病的温泉而得名；梅花村，因当地山形如梅花瓣状而得名，分为梅花一、二、三、四、五队五个自然村。

另有一些因地形特点和谐音命名的地方，既反映了自然山体的特点，也反映出人们对生活的感知和趣味。如多杰华行宫又名"狼舌头"，因地形酷似狼舌头而得名；阿格山，"阿格"为藏语音译，意为骆驼脖子，因地形似骆驼脖子而得名；上褡裢、下褡裢，因地形似褡裢，分别居上方、下方而得名；东索拉，藏语音译，意为十八盘，因湟嘉公路经过陡峭高峻的冰沟达坂山，盘山道较多，得名十八盘；巴字墩，藏语音译，意为夹道，因地处三岔口比较狭窄的地方得名；瓦日敦，藏语音译，意为夹道沟，此沟长且狭窄，夹在两山中间，因此得名；小鱼儿沟，因沟形似小鱼，故名；大鱼儿沟，因沟形似大鱼，故名；斗合纳，藏语音译，意为老虎鼻，因其地形酷似老虎鼻而得名；萨尕档，藏语音译，意为白色的太阳穴，东索山腰的森林像头发，萨尕档像太阳穴，因此得名；尖参铜宝岗，藏语音译，意为胜幢高山，其地形酷似胜幢（一种圆柱形装饰品），故名；加木查龙洼，藏语音译，意为细花沟，因地形得名；噶贡，藏语音译，意为马鞍，因地形酷似马鞍而得名；底果呢玛，藏语音译，意为像奶头的山丘，因地形得名；直沟，因沟很直，故名；桌儿山，因山顶部较平坦，形似桌子，故名；阿布德日，蒙古语音译，意为箱子，在一个小山丘上，有一座很像箱子的长方形小山包，山面上有一眼干泉，远看就像上锁的箱子，故名；岗索日，藏语音译，意为镰刀山，因地形酷似镰刀而得名；骆驼河，藏语称之为"驼岔"，因地形似一峰卧着的骆驼而得名；瓦翁龙洼，藏语音译，意为黄牛和毛驴沟，因垭豁口有两块石头，形状如同黄牛和毛驴，故名；箩圈沟，因沟内有一处地形周围高，中间低，形似箩圈，故得名；恰柔玛，藏语音译，意为花山，又称鸡心山，因山形似鸡心状而得名；桑雄，藏语音译，意为铜盆子，因地形像盆子而得名；狗石槽沟，因地形似狗吃食的槽子而得名；天桥山，因山峰对峙，形似天桥，故名；拉稞山，藏语、汉语复合语地名，"拉稞"系藏语音译，意为手磨，因山形较圆，形似小石磨，故名；牛板颈，藏语"鸦哈纳"之意译，"板颈"为青海方言，同脖颈，因山体形状像牛脖子而得名；聚宝瓶沟，此沟口小腹大形似瓶状，故名；铁迈沟，蒙古语、汉语复合语地名，"铁迈"系蒙古语音译，意为骆驼，因沟中有一山嘴形似一峰骆驼，故名；向郎沟，藏语、汉语复合语地名，"向郎"系藏语音译，意为大刀，此沟形似一把朴刀，故名；照壁山，因山高峻陡峭，像门前的照壁，故名；狼舌头，因地形似狼舌头而得名；上才日哇、下才日哇，"才日哇"系藏语音译，意为脾脏，因沟口有一独立山形似牛羊脾脏而得名；尕德拉，藏语音译，意为鞍形，因地形酷似马鞍而得名；抓得，藏语，意为石头圪垯，因地形而得名；德宗，蒙古语，意为碟子，因所居地地形四周稍高，状如碟子而得名；桌子掌，因山顶较为平坦远望形如桌子而得名；鸡冠山，因山形如鸡冠而得名；娃娃山，因山形远望如一站立的小孩而得名；狗头山，因山体形如狗头而得名；猪头山，因山体远望形似猪头而得名；牛心山，因山形如牛心而得名；牛头山，因山形如牛头状而得名；羊盘肠，因山形如羊肠状而得名；毛群垭豁，"毛群"为藏语，意为小钢盔，因地形如帽盔，故名；羊肠子沟，因沟弯曲如羊肠而得名；阳龙，藏语音译，意为马镫，因地形酷似马镫而得名；夏希特贡玛，藏语音译，意为鹿羔花斑，因山形像鹿羔身上的花斑而得名；依日古鲁沟，"依日古鲁"系藏语音译，意为公牦牛角，因沟口宽，沟内窄，整体形如牛角，故名。

二、与水文、地貌及自然现象有关的地名

山水之间透露着人与自然的生态和谐。一些地方以境内的河、潭命名，一些以所处河段相对方位命名，一些则以水文地貌与人们相关的生活方式命名。

与水文有关的地名如大烂沼脑子沟，因沟深处为泥泞的沼泽地而得名；大烂沼沟，因沟内有沼泽地而得名；夏央曲果，藏语意为马鸡泉，"夏央"系地名，因泉眼位于夏央龙洼而得名；坤曲，藏语意为洞中的泉眼，因当地众多碗口大小的洞眼中均有泉水冒出而得名；曲布沟，"曲布"系藏语音译，意为水虫，因沟内小溪中常有许多虫子漂浮而得名；跌水崖，长期以来，由于流水冲刷及侵蚀，当地形成6米落差，每逢雨季便形成壮观的瀑布，枯水季节水流似断线的珍珠漂流而下，形成水帘，阳光照射下形成美丽的彩虹，颇为壮观；尕木龙加当，藏语音译，意为灰干沟，因沟内缺乏水源而得名；曲美龙洼，藏语音译，意为无水沟，因河滩干涸无水而得名；喀玛日纳喀，藏语音译，意为红城沼泽地，因有城池及沼泽地而得名；杂麻日当，藏语音译，意为大红山，因沟内红土、红石头较多而得名；黑沟，因沟内土质呈黑色而得名；包辣沟，"包辣"系蒙古语音译，意为黄山，因沟内土质呈黄色而得名；乌苏塔勒哼屯，蒙古语音译，意为水边有滩的地方，以乌苏塔勒河得名；曲科龙洼，藏语音译，意为热水沟，因夏季沟内水温较高而得名；玉带沟，因沟内

小溪冬季结冰，远观似条玉带而得名；红泉沟，因沟内有红色砂岩石，并有一眼清泉而得名；龙玛日曲妥，藏语音译，意为红沟水域，因位于红沟河与切合龙河交汇处而得名；纳斗亥，藏语音译，意为沼泽地背后，因沟深处为一片沼泽地而得名；滴水沟，因沟内石缝中常有水渗滴而得名；雪水沟，因沟内有雪水而得名；坝头沟，因沟内建有小水坝而得名；塘池脑子，因与塘池相连，且在塘池的西北方而得名；黑河大峡谷，以黑河得名；卡哇掌，"卡哇"为藏语，意为沼泽地，因此地多泉眼，到处是小水池，故名；措果日沟，"措果日"系藏语，意为小水池，因沟内有季节性水池而得名；曲通沟，"曲通"系藏语音译，意为喝水，因此处石崖下渗出的水长流不息，当地群众喻为龙喝水，故名；那沁沟，"那沁"系藏语音译，意为大沼泽，因沟内有大片沼泽而得名。

　　与地貌有关的地名如红沟，因沟内土质呈红色而得名；深水槽，因地貌为长期遭受洪水冲刷形成的深沟而得名；红崖湾，因山湾崖上土质为红色而得名；青沟湾，因山湾土质呈青色而得名；兰尕达，裕固语音译，意为红山崖，因沟内多红沙土而得名；恰柔岗，藏语意为花山，因山体一层为岩石，一层为森林，远看花里胡哨而得名；色雅玛，藏语音译，意为美丽的黄山坡，因地貌得名；尼哈尕者，藏语意为白土垭豁，因山口土质呈白色而得名；妥霍尕者，藏语音译，意为白山丘，此地为阿柔部落冬季草场，因冬天草木泛白而得名；擦喀，藏语音译，意为盐碱地，因当地盐碱多而得名；瓦翁，以瓦翁合得名；盖纳日，藏语音译，意为黑腰，当地半山腰金露梅生长茂密，一片乌色，因此得名；巴吾龙，藏语音译，意为滚石沟，因山沟险峻，常有石头滚落而得名；龙玛日恰香，藏语音译，意为红沟垒台，有岩石像垒起的台子一样而得名；白沙沟，因沟内沙石呈白色而得名；祁汉开，蒙古语意为灰白色的沟，因地貌得名；多来台，藏语，意为石板，因当地多石板而得名；大红山，因山体较大，土、石质呈红色而得名；恰尕日当，藏语，意为花白石头山，因当地山石呈白色而得名；红石崖掌，属达坂山脉，因山石呈红色而得名；红岩山，因山岩石呈红色而得名；黑山，属冷龙岭山脉，表层为黑黏土，故名；雪克垭豁，雪克为藏语，意为沙子，因此地多沙而得名；尕晓达坂，藏语、蒙古语混合语，"尕晓"为藏语，意为白石崖，"达坂"为蒙古语，意为山口，因石崖呈白色而得名；花石崖湾，因山湾石崖色泽多样而得名；塔里华抓龙，蒙古语、藏语混合语，抓龙系藏语音译，意为石头圪垯沟，因沟内多石头圪垯，故名；本干，藏语音译，意为十万大石滩，因沟内多乱石滩而得名；切纳龙洼贡玛，藏语音译，意为上黑水沟，因沟内土质黑色而得名；扎玛尔贡玛，藏语音译，意为红石榴沟，因沟内岩石呈红色而得名。

与自然现象有关的地名如黄冰沟峡，因峡内寒冷，即使夏季，冰层也不消融，且冰层表面有发黄矿物质而得名；森吉龙洼，藏语音译，意为惬意的山沟，因沟内环境优美、令人心旷神怡而得名；龙孔，藏语音译，意为风洞，因沟内常年刮风而得名；龙洼江当，藏语音译，意为绿色沟，因沟中暖和，秋后草仍为绿色而得名；鄂龙，藏语音译，意为寒流沟，因沟中四季寒冷而得名；哇郎龙洼，藏语音译，意为黄牛沟，因沟内气候适宜放牧黄牛而得名；雪勒，藏语音译，意为酸奶堆，山顶上积雪常年不化，如酸奶堆一样洁白而得名；切合龙，藏语音译，意为冷沟，因气候寒冷而得名；雾笼沟，因夏季早晨常有大雾笼罩而得名；沙龙滩，因风沙大、气候寒冷而得名；风峡湾，因湾口处风大而得名；阿泽沟，“阿泽”系藏语音译，感叹词，受冰冷刺激而发出的感叹，因四季气候寒冷而得名；洪水梁，因雨季常发洪水而得名；达德尔，藏语音译，意为马发抖，因沟内高寒多雪，行马受寒而发抖而得名；岗龙沟，“岗龙”系藏语，意为雪沟，因沟内冬季积雪不易融化而得名；大龙孔，藏语、汉语复合语，“龙孔”系藏语音译，意为风洞，因沟内冬春季节常刮大风而得名；苦勒登，蒙古语音译，意为冰，因海拔高，气候寒冷，溪水结冰期长而得名。

三、与动植物有关的地名

祁连山国家公园生物资源丰富，植被覆盖良好，动物种类繁多，其中有很多是珍稀野生动植物。对待动物和植物，当地群众有自己独特的生态观，主要体现为万物有灵和自然崇拜。从地名中我们也可以看到动植物在人们生活中的影响。

与动物有关的地名如牛沟乡，因过去野牛众多而得名；沙鸡峡，因沙鸡多而得名；鹿角达坂，因当地常见脱落下来的鹿角而得名；夏央龙洼，藏语音译，意为马鸡沟，因当地马鸡众多而得名；哈格尼哈，藏语音译，意为白狐出没的垭豁，因当地常有白狐出没而得名；獐子沟，因沟内有獐子而得名；仲龙，藏语音译，意为野牛沟，因古时多有野牛出没而得名；东索果仓，藏语音译，“东索”意为千人放哨，“果仓”意为鸟巢，因山崖上有一雄鹰的巢穴而得名；喀达龙洼，藏语音译，意为乌鸦沟，因沟内乌鸦多而得名；夏龙，藏语音译，意为鹿沟，因以前沟内多鹿而得名；喜鹊沟，因沟内常有大群喜鹊栖息而得名；洒龙，藏语音译，意为雪豹沟，因以前沟内常有雪豹出没而得名；者龙，藏语音译，意为熊沟，因早年有熊出没而得名；青羊沟，因从前沟内有成群青羊出没而得名；拉龙切，藏语音译，意为大香子沟，"香子"系青海方言，意为麝，因沟中常有香子出没而得名；鸽子洞，因当地山崖有很多鸽子而得名；黄羊滩、黄鹿台，因黄羊、黄鹿多而得名；野马嘴，因过去常有野马出没而得名；哈熊沟，"哈熊"系青海方言，意为棕熊，因沟内常有棕熊出没而得名；洒塘沟，"洒塘"系藏语音译，意为豹子滩，因沟内过去常有豹子出没而得名；兔儿沟，因兔子多而得名；讨拉村，"讨拉"为蒙古语，意为兔子，因所居地野兔多而得名；塔里华村，"塔里华"系蒙古语，意为旱獭，因所居地旱獭多而得名；达龙村，"达龙"藏语意为虎沟，因沟内有虎而得名；上卡久、下卡久，"卡久"藏语意为鹰滩，因此地多鹰，而得名；玉龙村，"玉龙"藏语意为猞猁，因所居地多此兽而得名；旭久台，"旭久"藏语意为旱獭，因此地旱獭多而得名；上达日，"达日"藏语意为虎山，因过去此地山中有虎而得名；拉扎，藏语，意为麋鹿，因当地曾有麋鹿而得名；雪龙红山，"雪龙"为藏语，意为旱獭，因山中多旱獭而得名；金龙沟，金龙为藏语，系"正木龙"的音译误写，意为獾，因沟内曾有獾而得名；下拉仓，"拉仓"系藏语音译，意为鹰窝，因沟内有鹰窝而得名；阿龙，藏语音译，意为野狐，因沟内多野狐而得名；那萨，藏语音译，意为岩羊栖身之地，因沟内多岩羊而得名；哈日巩，藏语音译，意为鹿藏身之地，因沟内常有鹿出没而得名；迪龙，藏语音译，意为臭狗子，因沟内多此动物而得名；狼洞沟，因沟内有狼洞而得名；黑鹰沟，因沟内多黑鹰而得名。

与植物有关的地名如柏树峡、柏树台，因柏树多而得名；边麻村，"边麻"系藏语音译，意为金露梅，因所居地多生金露梅而得名；柳梢沟，因沟内柳梢多而得名；秀隆，藏语音译，意为柏木沟，因沟内柏树多而得名；色日巴雄，藏语音译，意为黄花滩，因盛产色钦梅朵（一种黄色小花）而得名；蕨列沟，藏语音译，意为蕨麻圈窝，因沟内遍生蕨麻而得名；秀冬龙洼，藏语音译，意为柏树沟，因沟内有柏树而得名；松龙，藏语音译，意为松树沟，因沟中松树密集而得名；边加岗，藏语音译，意为边麻山，因盛长金露梅而得名；茶条沟，因沟内生长低矮灌木—茶条而得名；小善龙沟，"善龙"系藏语音译，意为豆子，因沟内长有豆科牧草而得名；腊开龙洼，藏语音译，意为黑刺沟，因沟内多长黑刺而得名；黄芪沟，因沟内多长黄芪而得名；九寨，藏语，意为黄色滩，因植被颜色而得名；大花山，因长有多种野花而得名；林棵梁，林棵为方言，树林的意思，因山上有桦树林而得名；蘑菇掌，因山上蘑菇多而得名；白其山，因山上长有白芪，"其"是音误，沿用成俗，故名；巴拉哈图，蒙古语，意为沙柳沟，因沟内长有很多沙柳而得名；那施沟，"那施"为藏语，意为林隙，因有大面积灌木及松、桦等林木而得名；巴哈沟，"巴哈"为蒙古语，意为沙柳，因沟内多沙柳而得名；秀兰沟，"秀兰"为藏语，意为柏树路，因沟内柏树较多且有小路而得名；斜曼沟，"斜曼"为藏语，意为秦艽，因沟内长有秦艽而得名；才日龙沟，"才日龙"系藏语音译，意为刺沟，因沟内长有带刺的灌木丛而得名；桦树槽，因沟内桦树颇多而得名；下塘树，"塘树"系藏语音译，意为松树，因沟内松树多而得名；洼总沟，"洼总"系藏语音译，意为柳絮，因沟内多柳梢，每逢秋季柳絮到处飞扬而得名；柏树沟，因沟内有柏树而得名。

四、与地理方位、生活方式有关的地名

祁连山国家公园及周边地区一些地名反映了其所处的地理方位，这些地名中多含上、下、前、后、中、东、西、南、北之类的方位词。一些地名中含有数字，反映了所处地方的相对距离或者与数字有关的某些实际或虚化的含义。

与方位有关的地名如东村、西村、河北村、河东村、上褡裢、下褡裢、东岔、西岔、西岔达坂、下筏、西沟、东大沟、南沟、西岔沟、西岔石房、南岔、南岔偏窑、上西沟、下西沟、南白石沟、东沟、东岔沟、中红沟、东小红沟、西鼻、西中垭豁、上铁迈、中铁迈、下铁迈、西下垭豁、河西、河东、拉龙西、西沟梁、大西山、北洒龙、上夏拉弧、上增毛、下增毛、东玉石沟、西玉石沟、边麻沟东岔、郎麻东沟、上热水沟、下热水沟、下清水沟、上哈熊沟、下哈熊沟、热水东沟、热水西沟、洒塘沟东岔、洒塘沟西岔、上才日哇、下才日哇、下半截沟、下西岔、下三岔、东三岔等；门源县北山村、西滩村、西山根、东山根、中庄、上香卡、下香卡、上聚羊滩、上卡久、下

卡久、上达日、下达日、东尖山、上园山、下园山、上阿尔扎图、下阿尔扎图、上碱沟、下碱沟、上塔龙沟、下塔龙沟、上加拉沟、中加拉沟、下加拉沟、上毛合群沟、下毛合群沟、上拉龙沟、南沟、聚羊西沟、下拉仓、北沟、上夹石沟、下夹石沟、老虎沟东岔、老虎沟西岔、上池沟、下池沟、上帐房沟、下帐房沟、上红沟、下红沟以及夏希特贡玛、夏希特休玛等含"贡玛、休玛"的藏语音译地名，这些地名含有方位词，以地理方位命名。

含有数字的地名如头道沟、二道沟、三道沟、头道湾、二道湾、三道湾、寺儿沟二道湾、三道湾口、四道湾、五道湾口、七道湾口、巴哈二道湾、四道湾口、梅花一队至梅花五队、以甘河湾开始的二道湾至十道湾等，是当地有并列的数条沟、湾、山，按顺序序列命名。

还有诸多地形或地貌相似的两个地方以大、小命名，如大加木沟、小加木沟、大鱼儿沟、小鱼儿沟、大拉洞、小拉洞、大擦汗沟、小擦汗沟、大秀冬龙洼、小秀冬龙洼、大羊尕、小羊尕、大北岔、小北岔、大雾笼沟、小雾笼沟、大东沟、小东沟、大善龙沟、小善龙沟、大东家沟、小东家沟、小嘴子、大嘴子、大黄鹿沟、小黄鹿沟、大黄芪沟、小黄芪沟、大洒龙、小洒龙、大干沟、小干沟、大黑刺沟、小黑刺沟、热水小东沟、热水大东沟、大央龙、小央龙、大龙通、小龙通、大纳澳喀、小纳澳喀、大红沙泉、小红沙泉、大花山、小花山、大照壁山、小照壁山、大红山、小红山、大牛头沟、小牛头沟、大东沟、小东沟、大南沟、小南沟等。

与生活方式有关的地名如大圈窝，因此地有石头垒起的牲畜圈而得名；大美圈窝，因曾经是阿柔部落名叫纳桑大美的牧民的草场而得名；多日阿沟，"多日阿"系藏语音译，意为石圈，因沟内有石头垒起的牲畜圈而得名；恰柔来根，藏语音译，意为花山大圈，因当地曾有人筑圈放牧而得名；勒合果龙洼，藏语音译，意为石磨沟，因一位制作石磨的石匠在此居住而得名；土圈沟，因沟内曾垒有几个土墙牲畜圈而得名；窑洞沟，因新中国成立前采金者在沟内挖窑洞居住而得名；哇郎龙洼，藏语音译，意为黄牛沟，因沟内气候宜于放牧黄牛而得名；堪布龙洼，因此沟曾经住过堪布活佛而得名；牧户沟，因从前此沟住有几户藏族牧户而得名；多拉喀岗，藏语音译，意为石圈梁，因山上有石头垒起的大牲畜圈而得名；向秀龙洼，藏语音译，意为木棚沟，因早年有一猎人在此沟内搭建了一个木棚狩猎而得名；上铁迈、中铁迈、下铁迈，"铁迈"系蒙古语音译，意为骆驼，因沟内曾放牧过骆驼而得名；香卡，藏语意为收租之地，因该地原系仙米寺的香粮地而得名；油坊，因所居地有榨油作坊而得名；索卡滩，"索卡"系藏语音译，意为诵经和进行文体活动的地方；磨河儿沟，因沟口建有水磨坊而得名；菜子湾，因湾内适宜长油菜而得名；瓦窑沟，因沟口建有一瓦窑而得名；油坊沟，因沟口建有油坊而得名；地前沟，因沟口前曾有耕地而得名；帐房沟，因所居地为牧民夏季扎帐之地而得名；店沟，因曾建有供过往行人吃饭、喝茶的草房店铺而得名。

五、与矿产资源有关的地名

与矿产资源有关的地名如塞国龙洼玛者，藏语音译，意为金矿小红沟，因沟内有红土、金矿而得名；窑洞沟，因新中国成立前采金者在沟内挖窑洞居住而得名；煤窑沟，因沟内有多处小煤窑而得名；银洞沟，因以前沟内有银矿而得名；铜矿沟，因省劳改局 20 世纪 50 年代在此开采铜矿而得名；磷磺沟，因 20 世纪 50 年代地质部门在此勘探出磷磺矿石而得名；仙矿，因从前沟内有锡铁矿而得名；玉石沟，因沟内产玉石而得名；石棉沟，因沟内有石棉而得名；硫黄沟，因沟内有硫黄矿而得名；铁矿沟，因沟内有铁矿而得名；木里镇，"木里"系藏语音译，意为火山，因地处煤矿区而得名。

第五节　地名的生态文化启示

祁连山国家公园青海片区及周边地区的地名命名方式多样，涉及语言广泛，文化底蕴深厚，是区域生态文化的充分体现，值得人们挖掘和研究。

一、记录着华夏历史的伟大变迁

祁连山国家公园青海片区及周边地区的地名语种包括古羌语、匈奴语、藏语、汉语、党项语、裕固语、蒙古语、哈萨克语等，每一种语言的地名均可溯源到民族的变化和历史的变迁，见证着民族历史沧桑的演变。这一区域内的地名，反映了与人相关的地理上的变迁活动和民族历史文化，地名一经形成并被广泛认可后，往往很少改变，一些历史事实得以借着地名，突破时间限制，为现代人所认知。现在人们见到的地名，多少都带有一些历史的痕迹，地名可谓是反映社会的活化石。

二、展现了对生态环境的认识

祁连山国家公园青海片区及周边地区的地名中包含了地形、地貌、水文、天象、动物、植物、方位、矿产、生活方式、宗教信仰等丰富的内容，这些地名从一个侧面反映出居住在祁连人们选择的居住条件以及对周围环境的认识，体现了人们对自然环境的认识。东索夏龙、夏央龙洼、喀达龙洼、夏龙、拉龙切、讨拉村、旭久台、金龙沟等以野生动物命名的地名，边麻掌、巴哈沟、斜曼沟、洼总沟、桦树槽等以野生植物命名的地名，无不承载着人们认识自然环境并与自然和谐共生的理念。

三、体现各族人民的团结繁荣

大美圈窝、扁都口、乌苏塔勒、假达坂、枣丝宁、枣丝果日、南乌苏塔勒泥哈、小龙孔达坂、小海尔加布龙等复合语地名，充分体现了各民族文化在祁连山国家公园青海片区及周边地区得到充分的交流和融合，他们相互学习、相互促进、相互团结，共同繁荣，共同发展，为建设和创造伟大的中华民族共同奋斗。

四、渗透着各族人民的文化内涵

祁连山国家公园青海片区及周边地区的地名命名形式有单种语言，藏语、蒙古语复合语，蒙古语、藏语复合语，藏语、汉语复合语，汉语、藏语复合语，汉语、蒙古语复合语，蒙古语、汉语复合语，裕固语、藏语复合语，裕固语、汉语复合语，裕固语、蒙古语复合语，汉语、藏语、蒙古语三种语言复合语等多种语言形式，好多地方甚至一地多名，同一地方不同民族使用不同的地名，无论哪种命名方式，均渗透着各民族人民的文化内涵，体现了中华民族生态文化的博大精深。

第六章
生产领域中的生态文化

采集渔猎时代，人们仰仗自然犹如婴儿仰仗襁褓。当居住地的可食类动植物减少到不足以维系族群基本生活需求之时，他们便举族迁徙，寻求新的动植物群落。野生动植物的聚散荣枯决定着人的命运。恐惧与敬畏相交织，使人们产生了图腾崇拜和自然崇拜，一些被尊为神或图腾的动植物得到保护。因而，采集渔猎时代出现了生态文化的萌芽。然而，在物质生产领域，人们只能利用简陋粗糙的木器、石器，采摘和挖掘植物的果实和块根，捕猎野兽飞禽，从自然界现成地直接获取食物，对自然环境表现为完全的依赖和实用主义的索取，人类只是自然生态系统中的一个成员，尚未出现人工生态系统。由于时代久远，我们难以窥知这一时代生态文化的全貌。

农业和牧业逐步取代采集狩猎，这是人类文明史上的第一次产业革命，同时也是人与自然关系的重大变革。人类从被动地适应自然变为主动地利用和改造自然，依靠自己的智慧和力量创造出人工生态系统，以满足人类生存和社会发展的需要。作为人工生态系统子系统的生态文化遂告诞生。

第一节　森林生态文化

祁连山在青海境内绵延长达 800 余千米，域内分布着茂密的原始森林。

自古以来生活在这里的各族人民与森林融为一体，建立了相互依存，相互作用，相互融合的关系，以及由此而产生了以人为主体，由森林生态环境而引发的文化现象——森林生态文化。森林就像一本包罗万象的教科书，以直接或间接、有形或无形的形式，不断满足人们日益增长的生态文化需求，启迪人们尊重自然、回归自然，热爱森林、珍爱资源的本真，影响着人们的衣食住行，并渗透到生产、生活、消费等各个领域。

一、森林生态物质文化

祁连山林区风光迷人，立夏之后，山林之中一片一望无际的绿色海洋，目前，林区范围内乔木林面积 2.68 万公顷，蓄积量为 319.39 万立方米，是青海省较大的林区之一。这里分布有高等植物 1044 种，其中蕨类植物 14 种，裸子植物 10 种，被子植物 1020 种。拥有裸果木、半日花等国家二级保护植物，国家三级保护植物有星叶草、蒙古扁桃、延龄草、桃儿七等。除了有珍贵野生植物资源之外，还有大量珍稀的野生动物资源，其中包括 58 种兽类，140 余种鸟类和 13 种两栖、爬行类动物。祁连山林区内的野生动物资源呈现出了明显的垂直分布状况，海拔 3800 米以上主要是雪豹、岩羊、盘羊、藏雪鸡、白尾海雕等高山耐寒动物；海拔 2500 米到 2800 米的野生动物主要有白唇鹿、猞猁、狼、雏鸡、玖尾棒鸡和血锥等；海拔 2500 米以下的野生动物则主要是赤兔、牦牛、兔狲等。国家级保护动物高达 39 种之多，除此之外还有祁连山高山绢蝶等 200 余种世界珍稀昆虫物种。

19 世纪下叶，俄国探险家普尔热瓦尔斯基先后四次来青海，三次进祁连山，沿大通河和浩门河进行考察，除记叙沿途山脉、地质、河流和气候外，还采集了大量动植物、岩石标本，并记载了植物群落的分布情况。

19 世纪末，德国人福特勒来大通河和浩门河林区考察。20 世纪 20 年代，德国人瓦·伯克，又进入祁连山林区进行鸟类考察，并采集标本装箱运回德国。

祁连山大量的森林资源，加上丰富多样的野生动植物资源，形成了独特的自然景观，是开展生态旅游的理想场所。丰富繁杂的生物多样性，使得祁连山国家公园森林景观的价值更加明显。

（一）仙米天然林区

位于门源县城东部的仙米林区是全省面积最大的天然林区，它位于青藏高原向黄土高原的过渡带，山地寒凉湿润，谷地温暖干燥，物种资源丰富。由于境内相对高差达 2000 余米，生境呈规律性梯度分布，植被类型垂直分布的分异性极为明显。由下而上依次为阔叶混交林带、针阔混交林带、针叶林带、高山灌木林带、高寒草甸带。林区内以"阳山柏、阴山松、桦树绕山根、杨柳水边绿葱葱"为立体构图，令人赏心悦目。苍莽古朴的原始针叶林，山花烂漫的高山灌丛和芳草萋萋的高山草场，气象浑异，交相辉映，是自然博大与绚丽锦绣的完美结合。以青海云杉为主体的原始林海，林木挺拔繁茂，苍郁古朴，完善的森林生态系统，浓郁的森林气息，具有较高的代表性、典型性和稀有性，同时具有很高的艺术观赏价值和科学研究价值。

（二）冰川与河流

祁连山古冰川冰碛地貌广泛分布于北坡海拔 2700 ~ 2800 米以上地区。现代冰川下限，北坡为海拔 4100 ~ 4300 米，南坡为海拔 4300 ~ 4500 米，且西部较东部高 200 ~ 300 米。现代冰川主要分布在中、西段，雪线一般介于海拔 4500 ~ 5000 米，雪线从东向西升高，最大的冰川是大雪山老虎沟 12号冰川，长 10 千米，面积 21.45 平方千米。祁连山中段的"七一"冰川是中国有名的冰斗山谷冰川，长 3.5 千米，面积 3.64 平方千米，末端海拔 4200米。近百年来，冰川处于退缩阶段。已查明祁连山共有冰川 3066 条，总面积 2062.72 平方千米。储水量约 1320 亿立方米。其中走廊南山、疏勒南山和党河南山冰川最多，疏勒南山、土尔根达坂和走廊南山冰川规模最大。

祁连山水系呈辐射 – 格状分布。辐射中心位于北纬 38° 20′、东经 99°附近的所谓"五河之源"，即托来河（北大河）和布哈河源头。由此沿至毛毛山一线，再沿大通山、至青海南山东段一线为内外流域分界线，此线东南侧的黄河支流有庄浪河、大通河，属外流水系；西北侧的黑河、托来河、疏勒河、党河属河西走廊内陆水系；哈尔腾河、鱼卡河、塔塔棱河、阿让郭勒河属柴达木的内陆水系；还有哈拉湖独立的内陆水系。上述各河流多发源于高山冰川，以冰川融水补给为主，冰川补给比重西部远大于东部。河流流量年际变化较小，而季节变化和日变化较大。

巍巍祁连山无数座神奇的山峰造就了巨大的现代冰川，茂密的森林涵养着无数冰川融化的雪水和雨水，湍急的水流形成接力式的飞瀑龙潭，奔腾不息的大通河跌宕起伏。冰川与温泉、溪流与长河、湖泊与水库构成自然造化与人工雕琢的完美结合。最具代表的冷龙山，是祁连山东段的现代冰川的主要分布区，主峰海拔5254米，其中位于森林公园内的最高峰冷龙古冰川海拔4949米，一年四季冰雪皑皑，犹如深藏在祁连山深处的女神，披着洁白的轻纱，拥有飘逸的仙姿和神韵。每当气温高的年份，冰川融化变薄，雪峰透出山体的淡黄，雪水滋润着下游万顷良田，故有农谚谓"冷龙雪黄，丰收在望"；雪龙红山，海拔4269米，山体紫色，山巅白雪经夏不消，晶莹如玉。相传清雍正二年（1724年）阿群活佛从甘肃天祝率众僧西迁时到此遇一藏族老妪，馈送酸奶（藏语雪）解饥而得名。下达坂山，古称星岭，海拔4622米，高大雄浑；相传隋炀帝征吐谷浑曾驾车经过此地；仙米大山，又名东雪山，海拔4353米，与西雪山遥遥相对，与雪龙红山南北对峙，群峰突下，积雪常年不化，故名东雪山。此外，龙潭掌、大直沟达坂、代乾山、白圪垯、达坂垭豁、巴岭达坂等诸山峰海拔均超过4000米。

二、森林生态精神文化

独特的森林地貌和气候条件造就了珍奇的动植物以及独特、古朴、原始的自然风貌和自然资源。祁连山森林文化具有鲜明的地域文化和民族文化特色。藏族的自然观与神山崇拜。万物一体，众生平等，崇敬自然，尊重生命。凡是有神居住的名山，村寨附近遍布寺庙，守护着山上的一草一木。

祁连山林区具有浓郁的藏传佛教色彩。宋代西藏佛教传入本区，著名的藏传佛教寺院有仙米寺和珠固寺。

仙米寺位于仙米峡谷的讨拉沟，是门源地区最著名的藏传佛教寺院。建于明天启三年（1623年）。明万历十二年（1584年），三世达赖索南嘉措东去蒙古，途经此地，沿途宣传黄教教义，看到这里森林茂密、依山傍水，是建立寺院的好宝地，提议修建寺院，以后由一名叫那项朋措安木加的西藏喇嘛主持在这里修建了寺院。清雍正三年（1725年），佑宁寺的小松布丹坚赞主持寺务，扩建寺院，由大经堂、小经堂、佛殿、僧舍、花园等组成别具一格的建筑群。大经堂有8根通天柱，36根支柱，佛殿内供奉释迦牟尼和宗喀巴等佛像。

珠固寺位于公园东端珠固峡的解放村，建于清顺治三年（1644年），因遭洪水1672年迁建于西山根，重檐歇山式大经堂是全寺的主体建筑，高达四层，

1911 年遭火灾，1916 年重建。寺院四周群山环抱，古木参天，常有各种动物出没其间；山高峰险，景色壮观，行至峡谷，仰首张望，有"一线天"之感。珠固河环绕寺院，潺潺溪水，清澈见底，游鱼嬉戏其间，身临其境，顿生超凡脱俗之感。

仙米寺和珠固寺历经沧桑屡遭破坏，改革开放以来政府出资进行复建，至今仍凝聚着建筑、宗教、雕塑、绘画等不朽的艺术精华，是园区藏传佛教活动的集中场所。主要宗教活动有正月十五日法会、十月二十五日灯节、萨噶达瓦节、祭俄博等。

三、森林生态制度文化

辽阔的森林草地原野，宽裕的生存场地，稀疏的人口分布是古代森林民族生态文化产生发展的前提。生活在祁连山森林草原环境中的每一个民族都建立有神圣的区域，神圣区域分布着神山、神湖、神泉、神河、神树、神圣动物。蒙古族、藏族同胞认为森林归天神所有，是天神赐予的，属大家所共有的，人可以享用，但是要珍惜。他们认为有山无林的地方只有山神，但有山有林的地方同时还有林神。凡神圣的都带有禁忌特性。神山、神水的地方都成为神圣自然保护区，任何人都不能触犯神地及其范围内的生物。各民族对周围的环境尽可能地不触动它，维持它的原样。这种心态和行为反映到民族文化上，就是注重对生态环境的适应和维护，而不是剧烈地毁坏、改造。我国少数民族有大量保护生态环境和森林资源的传统观念、法制、规定和习俗。这些内容是各民族文化的重要组成部分，具有鲜明的生态保护特征，反映了我国少数民族对自然环境和自然资源进行科学保护和合理利用的情况，同时也体现了文化对森林资源保护和经营管理的影响和作用。

（一）古代文化制度

蒙古习惯法和著名的"成吉思汗大扎撒"，蒙古族自然保护法制传统源于公元前 3 世纪时代，迄今已有 2000 多年历史，把生态保护纳入法制的轨道。习惯法规定保护森林、树木、草原和野生动物。公元 13 世纪初，成吉思汗在确立自己立国安邦政策时，颁布实施了一部综合性法典——大扎撒，把时代沿袭的自然保护习俗提升到国家根本大法。清代的《喀尔喀法典》第 133 条明确规定："在库伦辖地外一箭之地内的活树不许砍伐。谁砍伐没收工具及随身所带全部财产"，第 134 条规定："从库伦边界到能分辨牲畜毛色的两倍之地内（距离）的活树不许砍伐，如砍伐，没收其全部财产"，延续蒙古族文化传统，保护了森林生态环境。

（二）文化习俗

全民信教的藏族同胞对神山、神林、神树有着无上的崇敬。因而凡是有神"居住"的神山、神林周围，都成了大大小小的"自然保护区"。传统的村规、民约约束村民崇尚自然、保护自然界的一草一木。藏传佛教寺院周边大都分布有森林，寺院建成之初，僧人喜欢在周边植树种草，经历数百年的保护，寺院周围森林茂密、古树参天。藏族群众对寺院周边的花草树木敬若神明，任何人都不敢破坏。

（三）新时期森林制度文化

2013 年中国共产党第十八次全国代表大会同意将生态文明建设写入党章并作出阐述。这一举措使中国特色社会主义事业总体布局更加完善，生态文明建设的战略地位更加明确。习近平总书记指出"山水林田湖是一个生命共同体，人的命脉在田，田的命脉在水，水的命脉在山，山的命脉在土，土的命脉在树"，道出了生态文化关于人与自然生态生命生存关系的思想精髓。坚持把培育生态文化作为重要支撑，就要将生态文化核心理念融入生态文明法制建设。健全自然资源和生态环境监管制度，是深化生态文明体制改革的首要任务；保护森林、湿地、海洋等生态系统，维护山水林田湖生命共同体的生态安全，是建设生态文明的基础保障。弘扬生态文化，大力推进生态文明建设，既是和谐人与自然关系的历史过程，也是实现人类的全面发展和中华民族永续发展的重大使命。

人类通过森林文化连接人类文明历史，森林文化经历并丰富了农耕文明和工业文明，也必将在生态文明建设中发挥重要的纽带作用。生态文化契合时代应运而生，已经成为现代社会的主流文化。森林是生态文化最重要的载体，因此森林文化是生态文化的主体，体现了社会主义核心价值观和先进文化前进方向。森林文化在全面落实科学发展观、构建和谐社会、促进整个社会生产生活方式的转变、推动生态文明建设中发挥了日益重要的作用。

第二节　草原生态文化

　　自古以来，居住在祁连山的回族、藏族、蒙古族和其他少数民族始终以农牧经济为其生存基础，传统的游牧方式和农耕生活很好地保护了自然环境，形成了人与自然的和谐共存。生活在祁连山地区的不同民族共同创造了属于祁连山的草原文化，它是草原生态环境和生活在这一环境下的人们相互作用、相互选择的结果，既具有显著的草原生态禀赋，又蕴涵着草原人民的智慧结晶，包括其生产方式和生活方式。可以说，草原文化是一种特色鲜明、内涵丰富、具有广泛影响力的生态文化形态。

一、传统游牧方式

　　藏区牧民对自己居住区域有独特的认识。他们总是将人、自然与神灵联系起来，形成一个整体。一个部落定居于一片区域之后，这片区域便成为一种自然、神灵与部落三位一体的复合体。在牧民的空间意识中，他们认为一个部落所处的地域是人、神和动物的共同居住区。因此，人、神与自然环境呈现出高度的和谐性。

　　牧民一年又一年，一代又一代生活于自己所在的区域，他们能确切地掌握这个区域的自然特性，利用本地区的自然规律，领会区域内由自然现象体现出的诸自然神的意志，他们对自己区域的山水草木感情深厚，极为珍惜。与自己放牧的马、牛、羊是一种伙伴关系，一种长久的相互依存关系。人们放牧时，既要照看家畜，又要保护水草，在此前提下获得有限生产生活资料，以维系自身的生存发展。牧民活动并没有积极介入自然生态系统，并没有主动开发和过分干预，对系统内的生物，按照自然规律尽量予以保留，而不是加以限制和消灭。其系统生产的产品大都在系统内部消费。为了维护系统内的物质平衡，牧民每年要输出部分畜产品，换取部分生产生活资料，来补充本系统物质数量的不足。

　　（一）畜牧类型与数量控制

　　现代经济学认为，人类经济活动的目的是满足人们日益增长的物质需求，以最小的成本取得最大的财富，即实现经济效益最佳化。利润是人们经济活动的最大动力。除此以外的非营利性经济被认为是非理性的。

按这种观点，畜牧业经济，自然是要饲养更多的家畜以获取更多的利益，使人发财致富。不过，在祁连山的传统畜牧业中，我们却发现了与现代经济学模式不完全一致的另一种方式，这便是对高原生态环境加以融合的畜牧方式。这种畜牧方式不以追求利润为目的。通常有以下几种类型：

其一，"放生"类型。饲养"放生"家畜是人与各类家畜共同生活在一起，人对家畜采取一种永久的照顾、看守的责任与义务，从而成为一种人畜同生的现象，也成为牧民的生活方式。牧民将自己家养的牛羊都看成是"放生"的，将牲畜从生到老死一直在看护照料，从不宰杀，也不出售，牧民在放牧过程中每年获取的牛羊毛、牛乳等产品供自己消费。同时"放生"牛羊的主人亦将牛毛、羊毛及自然死亡的牛羊皮及其乳制品驮到农业区，换取青稞，作为日常食用。

"放生"作为畜牧活动的中心和目的，在藏区是一种较为普遍的现象。只是"放生"的数量不同，有的牧人将自己家全部牛羊都放生，有的牧人只放生自己畜群的 1/10，有的放生 1/3。也有人是象征性地放生一两只（头）。

这类事例向人们表明，牧人饲养家畜，与现代获取利润为目的的畜牧经济活动有根大差异，从古到今，藏区家畜数量增长不快与藏族牧人放牧目的有关，他们放牧家畜是为了照料它们，而不是为自己创造财富。

很大一部分牧民实行"部分放生"的方式，将家畜中的 2/3 或 1/3 牛羊放生，这种"放生"的牛羊还是由牧人自己放牧照看，只是不出售、不宰杀它们。另有一部分牧民实行"野外放生"，挑选出三四只羊或一两头牛，经寺院僧人选吉日、通经之后，将放生牛羊放到神山或野外，任其游荡而不收拢。"放生"牛羊由于其神圣而具有禁忌性，任何人不能侵犯它们。实施这种野外放生具有多种目的：家人生病或老人去世时，牧人为行善消灾而放生，有时为忏悔罪过也放生。

其二，淘汰疲弱个体，保护整体的类型。所谓保护整体，即牧民在放牧过程中，每年冬季初挑出一批老、弱、病、残的牛羊，及时出售或宰杀。这样做，从牧民心理看，认为这类牛羊在冬季不及时淘汰，那么来年春季牧草干枯，气候恶劣的情况下，就会冻饿死亡。从保护其他牲畜，保护草场出发，这种牺牲小量保存大量的策略，是让大部分牲畜发展、草场受到保护的适宜策略。至少一个部落中多半的牧民在"放生"的同时亦采取这种方法。

其三，维持生存型。即牧人畜牧牛羊为了获取生活资料，同时也保护草畜生态平衡。但是满足牧民生存消费的需要，也仅仅维持在满足生存的基本需求之内，靠养畜来推动经济增长，积累更多财富的想法实际上是不现实的。

由此可知，传统的藏族畜牧业与其说是一种谋利的经济活动，还不如说是一种与家畜共生、与草原共存的生活方式。上述几种方式，都把草畜共存放在首位，而不是以畜牧来谋利发财。在这种思想指导下，藏区游牧的牲畜数量很长时期一直处于小增长甚至不增长的停滞状态。

这种无增长、低效益的畜牧业是藏族游牧生活的一大特征。这是为了实现人、畜、草的合理协调生存而采取的一种适应方式。同时，这也是自然环境对畜牧业进行限制的结果：一是每隔几年一次大雪的天气，造成大量牲畜死亡，使牲畜处于大量死亡、萧条—逐步恢复—小量增长—死亡的循环之中；二是当草原上食草动物过多时，造成了牧草资源的紧缺，进而限制了牧畜及其他食草动物的发展。

（二）家畜种类选择

如果从经济效益计算，牧民大量饲养绵羊是最有价值、最有利可图的。藏绵羊生长繁殖快、食草量较少，其羊毛在国际市场上号称"西宁毛"而驰名，羊毛产量比牛毛要多，故能获得较大的利益。而牦牛繁殖少、生长慢、食草量大，牛毛产量很少，故从经济上看养牛是不划算的。另外，从利用草场资源程度看，生态学家对区域草场资源进行研究后认为：一块草地上，单纯养一种家畜，牧草利用率很低，浪费很大。实行牛、羊、马混合放牧，则能收到较好效果。从草地类型及气候、土壤条件看，干燥地带适于养羊，沼泽地适于养牛，灌丛适于养牛马。

从地理学看，为了适应当地自然环境而进行选择。祁连山地区海拔在3200米以上。牦牛耐寒冷，善爬高山，能食高寒地带高山蒿草和矮蒿草，故自古以来一直繁衍生存。

牦牛生活于高寒地带，它可以利用夏季牧场最高最冷地方的牧草，亦可食用绵羊不能利用的湿生植被。牦牛与绵羊的资源生态位置有错位，从而使一个地区的牧草资源得到合理的利用。另外，牦牛可以到一般绵羊到不了的湿地、高寒地去觅草，它们的粪便可以为这些地方的植被提供养料。同时，牦牛对高原寒冻、雪灾、大风等具有更强的抵御能力。牧民们认为，大量的牦牛与绵羊共同生存，绵羊生长似乎更容易、更健壮。而单独的绵羊群则成活率低。

从经济效益看，牦牛是保证牧民维持自给自足生活的主要来源。牧民的住所——帐篷原料全部来源于牦牛；牧民食物中主要成分肉、乳、酥油亦来自牦牛。牧民部分生活生产工具如绳、皮袋等来源于牛；牧民的燃料主要是牛粪。同时，牛又是草原主要交通工具，牧民靠牛驮运搬家。从文化角度看，在藏族民间，牦牛尤其是白牦牛是以神的形象出现的，人们对牦牛保持着崇拜的信念。家有牦牛，会给牧人精神生活带来丰富的内容。

牧人普遍有与其他动物同生同长的观念。自古以来，牦牛、藏绵羊生活于高寒高原。作为牧人，只是想维持这种自然选择的结果，并不想为谋利益而人为控制某种动物。所以我们看到每个部落、每个牧户中总是绵羊、牦牛、马、狗及少量山羊共同存在的情景。

牦牛、绵羊、马、少量山羊及狗，是藏族牧人的主要饲养动物，这种选择，乃是对自然生态环境适应的范例。只有牛、羊、马能利用广袤的草原，啃食绿色植物茎叶，而不会对其根部产生破坏。同时，它们的反刍功能可以充分利用牧草。在牧区人们不会养猪，猪需要大量粮食饲料，如果开垦草地种植饲料，势必造成对草原的破坏，此外猪会拱食草根，对草场造成破坏。而有人主张以开垦草地种植饲料喂养，将大量牛羊集中在"圈棚饲养"，使其短期内长肉增膘，从而成为商品牛羊出售，这样可能使一些牧民短期内发财致富，但会永久地破坏草原生态环境。以谋利为目的的现代生产技术如果缺乏可持续发展观念，那将是一种毫无理性的行为，它将导致人性的恶化、社会正义的衰落，更导致生态环境的损害。

（三）游牧方式

游牧方式是一种较典型的既饲养家畜又保护草原的方式。古人称游牧为"逐水草而居"。实际上"逐"是循自然规律所动，按自然变化而行的行为。

当每年5月底到6月初，青藏高原海拔3000米以上草原地区进入暖季，气温在5℃以上，高寒山地草甸类、沼泽草甸类、灌丛草甸类草场青草已长出长齐，早晚气候凉爽，又无蚊蝇滋扰。牧民们此时进入高寒草地，喜凉怕热的牲畜很适宜这种气候，又能充分利用高山草原牧草资源。而冬季大面积草场已完全无畜，使牧草能不受干扰地充分生长。同时，原先的草地以及食草动物、食肉动物等组成的生物链系统亦得以不受干扰地充分发育。

夏季的高寒草场，各种植物利用短暂的夏季迅速生长。牧民放牧一般是早出晚归，让牲畜充分利用生长极快的牧草。早晚放牧于高山沼泽草地或灌丛草地，中午天热时放牧于高山山顶上，或湖畔河边泉水处。此时大量的野生岩羊、黄羊与家畜相伴，甚至混群，情景非常可爱，牧民们是不会去干扰野生动物的。这个季节是牛羊发情交配的季节，也是剪羊毛的时候。

8月底9月初，高寒草场天气渐冷，气温降至5℃以下，夜里一场大雪会把草场覆盖，不过中午又会融化。此时牧草停止生长，日渐变得枯黄。于是牧民又驱赶牲畜进入山地草场，也叫秋季草场。在利用了这段区域牧草资源后，10月下旬进入冬季草场，这里一般是海拔较低的平地或山沟，避风向阳，气候温和，牧草多系旱生多年生禾本科牧草，它返青迟，枯黄晚，性柔软。经过一个暖季的保护，已长到20～30厘米高，足够家畜在漫长的冬季食用。这时节放牧一般晚出早归，当太阳照得暖洋洋时才驱牛羊缓缓出圈，晚上太阳落山前即回畜圈。同时，放牧选择草地遵循："先放远处，后放近处；先吃阴坡，后吃阳坡；先放平川，后放山洼。"

（四）"羊要放生、狼也可怜"——家畜与野生动物共生存

在藏族宗教中，无论是现世生活场景，还是来世生活场景，人与各种动物总是同居一处相互依存的。同样，在一个部落游牧的地域内，牧人也将家畜与野生动物都视为该区域的生存成员，既要放牧家畜，但又不干扰野生动物。家畜与野生动物共生同长。

以祁连山东段为例。这儿山峰高耸，河谷深切，生物垂直分布在一定的区域呈现出明显的规律性。

在海拔2400～3400米地段阴坡以青海云杉为主，阳坡以圆柏为主的高寒疏林草甸区域，在森林上沿地带分布有高山灌丛类植被。这里森林动物与草原动物相混合，既是家畜的冬、春季放牧地，又活动着大量野生动物。在海拔3200～3800米之间的地段，发育着高寒草甸类及灌丛类。这段区域也是牧人在夏季放牧家畜的地方。在海拔3800米以上的石砾、岩石、草甸地带也有岩羊、野牦牛等动物。

在许多情况下，家畜与野生动物在同一地区和平共处。牧人的家养牦牛常爬上高山与野牦牛混群，有时公野牦牛引诱家养母牦牛到处游走几天不归，但因为牧人知其活动路线，故不急于找回。由于不惊扰它们，野生动物基本固定生活于一个区域，牧人便能识别它们，与它们朝夕相处。发生大雪覆盖草地的时候，野生动物与家畜挤在一起共觅食物，牧人若有饲料则要喂养一切动物。

即使对于游牧区域的野生食肉动物，牧人也不会主动侵扰它们。许多野生动物在宗教中是崇敬和禁忌的对象，如鸟类中的鹰。

狼是危害家畜的动物，故部落领主与地方政府有时主张消灭它们。但牧民与僧人却有不同的看法。按牧民的看法，羊可怜，狼也可怜。狼有罪，但仍属可怜的动物，它也有自己的生活领地和生活权利。所以很多地区都有一些对狼的说法："狼是天狗，既然是天狗就不能惹它。"

二、分群放牧与节制放牧

在转场这一牧业基本生产方式下，各游牧民族还有合理经营草原的一整套严格制度，如分群放牧和节制放牧。

早在 16 世纪，蒙古族就采取了分群放牧的牧人专业化放牧方式。在分群放牧中，游牧民族根据牛、羊等不同牲畜品种的食性、生理特点以及对环境的适应状况采取了各不相同的放牧、饲养、管理办法。

分群放牧除了有满足不同牲畜的生理需求和保证其健康成长的作用之外，还有保护牧场生态的意义。不同品种的牲畜所喜好的食物不同，如马最喜吃尖草，而牛则喜欢那些长势较高、能用舌头卷进嘴里吃的草和枝叶等。让不同的牲畜在不同的牧场觅食或在不同的时间将牲畜赶到同一牧场觅食，一方面，让牧场上的植物一部分被牲畜吃掉，另一部分得以保留下来，保证牧场的植物不至于被"斩尽杀绝"；另一方面，通过不同种类牲畜放牧的时间和空间差异，给不同植物的恢复生长留下一定的时间和空间，从而促进生态平衡。

另外，牧民对各类牲畜放牧群的规模也做出了一些合理的规定，如马群以 200 ~ 500 匹为宜，不宜过大。规模过小，则所耗费的劳动过大，提高了经营成本。而马群规模过大，一则是不便管理，再多的好草也会被强壮的马匹吃光，那些瘦弱的马会吃不到好草或吃不饱；二则是过度放牧会破坏牧场的植物资源。

第三节　农耕生态文化

一、与自然环境相适宜的农耕文化

人们对青藏高原的开发，应该从从事农耕生产开始算起，因为牧人虽然驯化了牛、马、羊，但自己则完全受制于自然，他们只按环境、气候变化而行事。农耕者在适应环境的前提下，力图对环境加以改造，将草原开垦成农田，是他们改造自然的第一步。于是在祁连山地区形成了不同于游牧文化的农耕文化。

早在公元前 500 ~ 3000 年间，人们便在海拔较低、气候温暖的河谷盆地经营较为原始的园艺式农业生产，西汉时期（约公元前 60 年左右）赵充国在河湟地带垦荒屯田。以后历朝都在这一带鼓励农耕生产，吐蕃时期，青海河湟地带就出现了农耕文化。

历史上祁连山藏区农耕文化有如下特点：

（一）农牧结合

整个祁连山地区并不是纯粹的精耕农业区，而多呈现农牧结合的经济特色。农牧结合的经济已有悠久的历史，从公元 6 世纪吐蕃时代，已在较低海拔地区形成这种经济模式。以后，由于外来移民的压力及外来文化的影响，曾在高海拔地区进行垦荒种植活动，使半农半牧地区逐渐向西向北高寒地区扩展，但到海拔 3600 米以上地区，种植业发展异常艰难，在高寒地区垦荒种植大多以失败告终。故祁连山地区几千年来在东部低海拔地区一直维持着半农半牧的经济模式，而在西部、北部广大高寒地区则一直是畜牧业。

农牧结合的经济是当地人为适应高寒自然环境而采取的适宜策略：第一，

农牧结合可满足牧民正常生活需要。农业提供了面粉、蔬菜等食品；牧业提供了奶、肉类食品，从而保证了人们的最低生活需要。第二，农牧结合在生产方面可相互补益。家畜可为农事提供畜力、肥料；而种植业为家畜提供饲料。第三，农牧结合是对自然环境的适应。藏区大多为山区，较高山区气候常年寒冷，只适应牧草生长而不能种植，较低河谷滩地气候温润、地势平坦，可开展小面积的种植业。一个地区农业与畜牧业同时发展，既是对当地环境的适应，又能充分利用不同海拔高度的地理自然优势，顺其自然而动，使人类经济活动与自然环境相适应、相配合。第四，农牧结合也是维护区域藏族传统生活方式与传统文化的基础。糌粑（青稞炒面）、茶与手抓羊肉，构成藏民族的主要饮食结构。不论是平民还是贵族，俗人还是僧人，农人还是牧民，这种饮食结构是共同的，而且千年来不加改变。藏族的传统文化、经济活动、生活方式、风俗习惯、礼仪行为、文学艺术、宗教活动也离不开糌粑、茶与手抓羊肉。农牧结合的经济活动是维持传统的基础。

（二）农业生产工具与耕作技术都很简单

早期在农业方面的生产工具主要是：木犁用于犁地；木叉用于推或翻干草；铁齿耙用于耙草；刀用来割麦；小手锄用来锄田间草；手拉石磨用于磨炒面；筛子与簸箕用来筛选粮食；水磨靠水力转动石磨，用来磨面粉等。农业生产工具大多取自自然产物如石磨、木犁等，而很少使用较为先进的人造工具如铁犁、铁锹等。先进的生产工具能提高生产率，但也会对自然造成更大破坏。

由于是农牧结合的经济活动，在农事耕作方式上注重借用畜力来进行，耕地主要以犍牛牵引木犁。一般春天播种季节先施有机肥或野灰，然后撒种，接着犁地翻耕最后平整。到夏季以小手锄锄草一次，秋季收割后，再翻耕一次，收割的青稞等作物在秋冬打碾。青稞是藏区主要粮食作物，亦是农牧民的主要食物之一。青稞性耐寒、耐阴，在海拔 2500 ~ 3000 米的高寒地带生长，但产量低。在正常年景，除能满足一家一户食用外，尚可拿出总收入的1/4 作为余粮交租、出售，换取其他生活必需品。

（三）饲养的农用家畜

游牧生活是动荡不定的，牧人放牧的牦牛、马也是性情暴烈的。而农耕生活的特点是循序渐进、平稳和缓。所以农区饲养的牲畜性格也温和多了。

高原农区的牲畜有犏牛、黄牛、马、驴、骡等。

在半农半牧地区，人们要使用家畜，故有了种种驾驭的方式：给耕牛套上牛鼻，便能轻松地牵制它；给马戴上笼头，加上铁嘴臂，便能以绳驾驭马头；把马套进车辕，使其拉运货物，马蹄上钉上铁掌使其长途行走。性情温和的毛驴可驮上粮食由妇女驱赶去水磨磨面，驮上肥料送到山间田地。农用的家畜与农人一样辛劳，一年四季辛勤劳作，只有冬季春节前后可休息几天。

（四）农事与自然环境相配合

一个群体从自然环境中所取得的能量越少，那么对环境的改变就越小。农业经济活动基本上处于自然环境的制约之中，"靠天吃饭"是他们经济活动的基本特点。他们采取了许多措施使农业与自然环境相协调。

1. 高原农业区依照生态环境呈现立体布局

高原河谷地带的两侧山岭，随着海拔高度不同而呈现不同的气候特征与生物特征。在河流两岸滩地，平均海拔在1500～2500米之间，阶地较宽，土壤肥沃，水源充足，称之为川水地区，历史上在这儿形成了耕地连片、阡陌交错。田地之间种植果树或杨树、柳树。河岸边一般为小片森林与草地。河谷两岸的低山地带，海拔为2000～2600米，为峁状丘陵沟壑。这儿气候暖和但干旱缺水。在这儿一般形成了田地同草地相间分布的状态。田地种植耐旱作物，而差不多相同面积的草地用来放牧。在海拔2600～2800米的高山地带，称为脑山地区，历史上这类地区一般为草原牧场、灌丛与森林地带。在4000米以上高山，多为积雪、冰川或裸岩地带。

根据这种地形特点，农民形成了在河滩川水地耕种，浅山耕地与牧草地相间，脑山地区放牧这样一种垂直立体的多样经济类型。这是高度适应地理环境的最佳布局，呈现出农、牧、林相互依存、优势互补的大生态系统。

2. 开垦的农田与天然草地相间分布，农业与畜牧业混合

在适于耕作的地区，一般在草地上开垦农田，农田呈长方形，农田之间保留着与农田面积相等或略大于农田的草地，农田与天然草地并列存在。保留相等的草地，可以很好地保持水土，可以放牧不多的家畜，这些家畜既是农业耕作的主要力，又是运输的主要工具，同时也为农民补充肉、奶。因此，无论在河谷滩地还是浅山地区，保留与农田面积相等的大片草地，对一个社区来说具有重要的经济意义与生态意义。

3.农田实施轮作休耕制

藏区实施耕三（年）休一或耕二休一制。农田休耕的一年中，要深翻二次，以防生荒草，让土壤疏松，取得水分与阳光。另外实行作物轮作制，即第一年种青稞，第二年种马铃薯，第三年种油菜或燕麦，第四年休耕。这种方法能使土壤由于不同作物轮换而保持活力，不至板结，并能使农作物相互吸收利用对方有利资源。

4.施肥与灌溉

所有农田都使用农家肥，主要是马粪、牛羊粪、人粪尿、草木灰、野灰等。同时在平滩川水地区，人们也普遍兴修水渠进行灌溉。但在浅山、脑山地带则无灌溉习惯。

（五）动土先请神

农民在一年中的农事活动中，也要时时事事请求祈祷自然诸神。春天，因为要动土耕作，所以农事方面祈求土地神，表达人们对土地的敬畏。春天耕种前，农民们要在田地煨桑焚香，祈祷土地神。这已成为农区耕种前的一种固定仪式。

夏天，是万物生长的季节，这时的宗教仪式主要是保护万物生长。通过对土地、庄稼的严格禁忌，来保护秧苗。比如，禁止人们在田地吵架（恶声秽语不利于植物生长）；禁止在田间焚烧发出臭味的东西（异臭味不利于植物生长）；禁止上山挖掘药材，尤其是神山；禁止在湖边、泉边污染水源，否则会遭到神的惩罚。

另一方面，有许多仪式与行为是促使植物生长的。在祁连山半农半牧的山区，农历五月到六月底，田野麦苗青青，山坡野花开放，天空百灵鸟飞翔，泉边水滩青蛙欢叫，人们认为此时美妙悦耳的歌声会使庄稼长得更好。于是野地里能听到姑娘小伙子的"花儿"曲或"拉伊曲"。牧童在这个时候成为祭祀山神、祝愿万物欣欣向荣的角色。夏初，他们一边放牧，一边吹起悠扬清脆的笛子，以示与百灵鸟歌声配合。夏末秋初，庄稼已抽出麦穗，他们要吹唢呐，在寂静的山谷，唢呐单调而拟人化的音调，觉得就是自然界植物、动物的声音。牧人还有一项任务，他们每天赶着牛羊到间隔麦地的草地上放牧，人们相信牲畜的气味、粪便及发情交配都能使庄稼长得更好。

秋天也有宗教仪式，主要是对土地神表达农民感激之情，并祝愿庄稼丰收。同时也要保护农作物不受损，为此宗教仪式中有与自然神协商的内容，也有试图操纵自然神的活动。动员民众防霜冻，当中秋时分天空晴朗时，极易发生霜冻，于是全村人都在夜里到田地焚香煨桑，清晨在田地里有一层烟雾笼盖庄稼之上，这样便能有效防止霜冻。民众认为此举是求神防霜冻。

二、回族农商并重的生态文化

祁连山区大多数的回族家庭养殖牲畜，但仍然是以农业为主导。长期的农业生产经验使之在农业生产活动中，为了促进与自然环境的良性互动，回族民众在耕作方式上采取了许多积极措施，譬如，实行倒茬、歇地、换种、轮种、套种、歇种等方式，强调农作物生长"物种多样性"的协调机制。虽然，山区的农业生产产量较低，也不属于所谓的"现代化"农业，但是从长远来看，在一定程度上避免了因大量使用化肥、农药而带来的农产品污染危机，有利于农业的可持续发展。祁连山一带的回族，因地制宜，根据山坡地势建造梯田，有效地增强了耕地的保水、保土、保肥功能。农业之外，农商并重是回族民众对山区生态环境的另一种有效的适应方式。回族重视商业，并善于经商，一方面与伊斯兰教提倡商业、鼓励商业活动的价值观念有关，另一方面也是适应特定生态环境和资源条件的结果。祁连山高原高寒地区土地贫瘠、干旱少雨、自然灾害频繁、生态系统脆弱，在如此恶劣的自然条件下，仅仅依靠农业生产难以维持生计。在土地资源稀缺、农业劳动回报率较低的情况下，从商业等非农业劳动领域获取生活资料无疑是具有生态学意义的选择，它有助于缓解人口增长与土地资源稀缺之间的矛盾，有助于在降低对自然环境破坏的条件下改善人们的生活。历史上，祁连山区回族民众是重要的"茶马互市"的中间客，他们往返于牧区和农区之间，互通有无的商业贸易活动，在满足自我维持生计以外，还满足了牧业地区和农区的各自需要。这样的商业往返满足了牧区对粮食、茶叶和生产生活日常用品的需要，牧区就可以专事畜牧，从而不用在草原开垦农田，避免了对脆弱的草原生态环境的破坏。对农区来说，通过对农畜产品及其附带物的交换，可以获取耕牛、羊毛以及肉食所需等，而不必在人口密集的农区进行大规模的牲畜养殖。回族的农商并重的生产方式，有利于生态平衡和自然和谐。

第七章

生活领域中的生态文化

一、蒙古族的穹庐为室

《黑鞑事略》曰："其居穹庐，无城壁栋宇，迁就水草无常……得水则止，谓之定营。"

蒙古族居住的蒙古包，帐幕的骨架由柳条、白桦、松木制成的陶恼（天窗）、乌尼（檩椽）、哈那（围墙）组成。这些材料从灌木丛、树枝中得到，不对森林构成破坏。帐幕上面覆盖的毡子和毛绳，可用羊毛、骆驼和牛的皮绳以及马鬃尾制成。古代称作穹庐蒙古包，40 分钟可拆卸，装载两辆牛车拉走。搭建哈那和乌尼只用 30 分钟，盖好毛毡，勒紧绳索共用 1 小时即可。蒙古包轻便，易于拆建，适应游牧搬迁，对草场压力极小，不构成损害。蒙古包采光、通风、保温性能良好，尤其圆形结构能分解大风冲击力，虽轻便却十分稳固，适应草地气候。在搬迁过程中，牧民要对包址进行清扫，掩埋垃圾和灰烬，防止荒火，以利于牧草再生。第二年假如再回来时已是绿草茵茵，很难找到原址了。

过去蒙古族主要居住在蒙古包里，亦住牛毛帐房，蒙古包冬暖夏凉，容易搬迁。蒙古包内正上方设有佛龛，两侧置箱柜、食物等，中央垒着锅灶，周围铺有地毯、毛毡等供人歇息。蒙古包内清新整洁。现在牧民已实现定居，居所均为砖木结构瓦房，高档家用电器及沙发已普遍进入蒙古族家庭。

二、藏族村落

（一）农业人口的村落居住

石碉住房一般都在山区，依山而建，与当地的自然环境高度适应。藏族农业人口住房都建筑在山坡上、山顶上或山脚下，很少直接建在河流冲击过的河滩上，因为河滩土地肥沃，是牧场、农田，故尽量不占用这些植物生长密集的地方。在山坡或山顶建房是建房选址的重要原则。另外，建房还须躲开神与人的行路。藏族人认为神行走的路线（山口、水旁、山角拐弯处等）上不能建房；人行走的路线上也不能建房。

利用山坡建房，是藏族人空间意识的体现。古代藏族人认为天界、人界、地界（或天、地、地下）为空间构成层次。天、人、地或神、天与人连为一体，自然与人是和谐的统一体。藏区寺院大都依山而建，而农民居住的石头房也依山而建，远远看上去石头房与山连为一体，石头房好似从山上长出的一样。表现了人与自然的高度和谐。在审美视觉上给人一种与自然融为一体的整体感。石头建筑一般为二层到三层。底层为家畜或畜群草料库房；中层人居，上层为供佛的经堂。在这里，人、畜与神共同居住一处，人、神与一切生物同一体系，过同一生活。他们都依赖于山体（自然）而存。在静静的山谷夜晚，家畜在沙沙地吃草，石头房中孩子依偎着母亲听她低声讲故事，年长者独自诵经，这一切合成轻柔的音乐在山谷中随风飘荡。

农业区的另一种住房是土房。汉族的村舍建筑一般是独院庄廓。这种庄廓外围是土筑墙，里面盖土木结构的房屋。通常由两院、三院组成。里院是人居处，外院是牲畜圈或蔬菜地，所以占地较多，坐落于平地良土之中。但藏族农业区的土房与汉族土房有所不同：藏族的院落较小；院墙基由石块砌成，上用泥土筑墙；房屋通常两层，上层住人，下层住畜；屋墙厚实窗户较小；院舍一般坐落于山脚下，少占土地而向高空延伸；多用石料而少动土地；多呈人畜共处的结构。农区藏族庭院的土墙四角各插一块长条形白石，表明打院墙已得到土地神的允许。另外也以白石表示吉祥如意。土房具有很好的透气性，被人们形象地表述为"会呼吸的房子"。同时它的建筑用材都来自大自然馈赠的土壤。它同样不会产生建筑垃圾和对环境的恶劣影响。多少年废弃不用的土房，还可以把它原来的土，归还到大地上，再次重复利用。

（二）游牧人口居住地

过去，牧区的藏族一般居住在牦牛毛编织成的帐房，这种帐房轻巧方便，雨水不渗，风雪不侵，易于搬迁。祁连地区多为四方形帐房，高 1.7 ~ 1.8 米，其内顶部用 10 余根毛绳交错牵引到帐外，用 8 个立杆支撑（俗称杆绳）。帐房正中的两柱之间，有一座狭长的灶（藏语塔垮），其两边有除灰洞，帐房顶中间留有长方形空间作排烟、透光之用。其正中供奉佛像及经典，陈以铜、银制成的净水碗、酥油灯。地上多铺牛、羊毛织成的毡子毯、栽绒毯及皮张等。四周整齐地摆放装有阖家衣着、用牛皮包裹的木箱和垛得整整齐齐的牛皮袋（装有粮食、曲拉等储备食物），以及鞍具等物。各家还备有"人"字形白帆布镶以黑边的小帐房，用于跟群放牧，临时外出之用。

新时代许多藏族在交通便利、地势平坦的定居点盖起砖木结构瓦房，安装玻璃窗子，有的人家盖上钢筋混凝土的 2 ~ 3 层小楼房，房间宽敞明亮整洁，室内装饰都很时髦，有壁柜、吊柜、沙发、茶几、电视、电脑、太阳能热水器、烧粪烧煤的土暖气，室外有太阳能发电器、风力发电器、接收电视信号的"大锅"。还有一部分藏族人把草原和牲畜承包出去，自己一家人搬进县城小区，住上了楼房。

三、回族村落

回族人口在祁连片区分布广泛且集中，主要集中居住在门源县境内。农村回族村庄一般围清真寺而居，普遍是庄廓小院。居住的房屋有高房式与平顶式的区别，但都围成一个封闭的院落。在门源县境内生活的回族，典型的民居形式是平顶房，打的是土坯墙、夯土墙，呈一面排水形式。民居多坐北朝南，一字形状排列。一般盖成了生土建筑的平顶民居，为了追求更充足的阳光照射，通常要高出地面一尺多。廊檐比较宽敞，有的有护栏，有的没有护栏。回族这种夯土民居，修建时不会产生大量垃圾，废弃后不会对环境产生污染。

祁连县的回族因长期同汉族杂居，其住房状况与汉族相差无异。居住特点为大集中、小分散，在农村一般以自然村为单位聚族而居，大都为平房和独家独院的庄廓，多数人家以北房为上房，其他的为厨房、库房等。家中主要陈设有炕柜、炕桌、面柜、门箱等。

回族是一个非常爱洁净的民族，他们的住房分为客厅、上房、居室和厨房。上房是接待客人的地方，也是老年人做礼拜的场所，因此布置十分讲究。屋内一般都有通长的大火炕，上面铺地毯，侧面摆被褥，并摆放炕头柜。回族的室内大都有浴室，有的浴室比较简便，有的也很讲究，备有小壶、汤瓶、吊桶等。穆斯林民居反映出其信仰特色，伊斯兰教信奉安拉是宇宙独一无二的神，是主宰万物的无形力量。他们往往用挥洒自如的阿拉伯文书法和饰有伊斯兰特征的克尔拜挂毯及中国传统的山水画（无动物）来美化居室，而不设置人物、动物的画像或塑像。有的在居室的门楣上方贴有用阿拉伯文书写的"都哇"，据说有治病驱邪之功。在经常做礼拜的地方专置礼拜用品，如拜毯、拜巾、衣帽盖头、"泰斯比海"（礼拜用的串珠）、"泰斯达尔"（礼拜时男人缠在头上的一种装饰品）等，这些物品不能同其他衣物放在一起，以表示其尊贵和洁净。居室内的床铺忌迎门而置，睡觉时注意头向西边，朝向圣地麦加。

改革开放后，回族大都盖砖木结构大瓦房，放弃了传统的土坯墙、夯土墙的建筑形式，廊檐台子全用玻璃封闭，室内贴瓷砖、铺地板砖，装壁柜，摆沙发，家用电器应有尽有。大门院墙修建得整整齐齐，住宅四旁干净整洁，绿树成荫。随着经济发展，生活水平的不断提高，农村有的人家盖起 2 ～ 3 层新式小洋楼，有的盖起小别墅，有的迁至县城住商品楼房。城镇回族群众一般住商品房。

四、汉族村落

汉族居住的村落多依山傍水，一般以自然村为单位聚居，并同回族、撒拉族、土族等民族杂居。在一村中，结邻有序，巷陌井然，布局得体，多是一户一院，房子有楼房和平房，结构分砖木、土木两种，平房种类很多，档次不一，各户都有主房，主房正壁挂对联，中堂挂四扇屏，炕上置炕柜或炕箱。近几年随着生活水平的提高，电视、电话、洗衣机和各种新潮家具也已进入农家，出门骑摩托车代步已不是新鲜事，给日常生活带来极大的方便。

第二节 **饮食中的生态文化**

一、藏族饮食

藏族简单的食物为治饿，饥来求食，是人的生物本能。但是吃什么？怎么吃？却是一种文化行为，各民族的文化不同，价值观念不同，对吃也有了不同的追求。

世界上没有一个民族像汉族人那样会"享受饮食"。饮食在汉族人那里不仅仅是一种饿了就吃的东西，而是一种生活的最大享受。烹饪食物注重色、香、味俱全，富于弹性，讲究松脆，竭力使食物与调料中和。由于追求对味觉的刺激而使食物失去其本味。

藏族人没有这种习好，饮食仅仅作为生存的需要，除此以外，不会处心积虑地享受别的东西。"他们饮食是为了治饿，等于药品治病一样，他们不能设想去享受饮食，这好像很奇怪，但这是事实。"这是藏学家李安宅的评价。高寒草原的藏族牧人饮食十分简单，基本食物是羊肉、牛肉与青稞炒面。其中酥油糌粑是他们长年食用的主要食物，以牛奶煮成的奶茶则是基本的饮料。节日或来客后的饭菜也是牛、羊肉及内脏杂碎等。

作为游牧民族，家养牛羊应该是藏族的主要食物来源。但是，由于与自然融合的观念，也由于珍惜、爱怜生物之情，游牧民族自己食用牛羊的数量极为有限。拥有300只藏羊的牧户，每年宰杀5～6只羊食用已是很奢侈的了。

当草原连续几年水草丰美而无天气灾害时，牛羊迅速增多。为了保持草畜之间生态平衡，牧人们需要宰一批牛羊以减少草场的压力。大批屠宰牛羊往往在庆祝宗教节日、举行宗教仪式时进行。藏族人在宰杀、食用牛、羊肉过程中表现得极为虔诚、谨慎，这与别的民族大不相同。

藏族牧民选好食用牛羊（常常是老弱者）后，以送其上路（到另一世界）的态度，用"捂"的办法使其死亡。然后，手伸入胸腔扯断心血管，使血流在胸内。他们认为这种方法避免了宰、割、戳等残酷手段。同时，羊是一个整体，不应割裂，血液是宝贵的，让它流入胸腔，避免与外界它物接触，保持了其纯净。

接下来是剥皮，牧人用小刀将羊四肢肉皮割开，然后不再用刀，而是一手抓皮，一手握拳挤压，将皮与身体分离出来，整个过程只需三、四分钟。皮剥下后，无一处破裂，而刀割则易将皮子弄破。更主要的是牧人根本不想用刀剥羊皮。在藏族牧民的眼里，一只羊是由不同的骨块、肉块与筋组合起来的整体，把它分解也是将不同骨、肉、筋分离出来，其分离过程也有次序：先将胸骨割开取下，次将颈骨取下，再将四腿取下，再后分别取肋条、尾骨。分割肉骨时，对准骨关节，轻轻地将连接骨块之间的筋、软骨割开，将骨头整块卸下。整个卸肉过程充满虔诚、专注、严肃的神态。如果羊肉需要贮存，则不需剥皮，也不需卸肉。将捂死的羊整个放在小屋过冬。严寒的气候使羊肉一直保持新鲜。

羊肉的食法通常是水煮：生水与肉一同下锅，以猛火烧开，将浮在水上面的血沫过滤，放盐，滚沸一、二分钟后即可食用，不煮烂、不加佐料，保持羊肉自身的鲜味，亦保持肉的营养。

羊血流入胸腔，牧民认为未受外界污染，所以是干净的。将羊血与肉末、羊油混合起来，加盐、加葱，灌入洗净的羊肠内，在滚沸的水中煮 1 ~ 2 分钟，便捞出食用，看上去带点血色，但味道鲜美。总的说来，食用时尽量保持其自然的质味。

奶茶是藏族人的主要饮料。茶在藏族游牧人眼中，是甘露般的东西。农牧民一般只喝茯茶（将茶树枝与粗糙叶子压制成茶砖），将茯茶放入水中烧开饮用。无论男女老幼，茶是生活中不能离开的饮料。每次饭后，饮茶则成习惯，尤其食用肉类后，茯茶能帮助消化。如果说藏族人也讲"享受饮食"的话，那么，饮茶就是他们的一种享受了。

藏族人喝一种叫作"羌"的饮料，是一种自酿的青稞酒，酒精度数只有十几度，有淡淡的酸味，饮后解渴、生津、助消化，可说是一种上乘饮料。

实际上，藏族人是有意将食物限制在最小的范围内的。牧人每年宰杀一些牛羊以保持动物、草原之间的生物种群数量平衡。自己饲养牲畜除牛羊外，还有马。牧人牧马数量很少，一户人家只养 2 ~ 4 匹马，为自己长途旅行时骑用。但决不会食用马肉。牧人饲养的狗是他忠实的伙伴，狗与人同生共长，患难与共。

藏族人民的饮食主要为了解决饿的问题，所食物品多为自己饲养或种植的，从不为满足个人的欲望而大吃大喝，在保证自身生存的同时，避免了大量厨余垃圾的产生，且尽量不让所食剩余物污染环境，体现了在饮食中保护生态环境的思想。

二、蒙古族饮食

蒙古族饮食同藏族基本相同，以手抓牛羊肉、酸奶、奶茶和青稞炒面（糌粑）为主，在饮食中与藏族有着同样的生态保护思想。随着社会的日益发达，草原牧民的饮食习惯也在发生着变化，不仅大众化的面片、拉面、米饭、炒菜、馒头等进入牧民家中，而且每逢佳节，高级糕点也被牧民所品尝待客。但在日常生活中仍保留着一些具有本民族传统特点的饮食习俗。

此外，蒙古族还具有其节水习俗。古代蒙古习惯法中，不仅有禁止徒手汲水，盛水必用器皿的规定，也有"禁止人们洗涤，洗破衣裳"的规定。现在看来，好像不卫生，实际上是水资源稀缺的条件下，不得已而为之。过去在缺水的牧户家里，牧人有时汲一口水，滴在手掌上洗脸。改革开放后，牧区生活改善，但珍稀水、不随意浪费水的习惯仍然延续着。牧民节水的习惯还扩展到宰畜利用其血液。在《成吉思汗大扎撒》关于宰食牲畜的法律规定："宰食牲畜，须用掏心式，不许砍头"，割颈砍头，容易使牲血喷洒落地造成浪费，而掏心式，可使血液积蓄在腹腔中，灌血肠食用。蒙古骑兵长途行军，饥渴时，针刺马匹颈部，直接汲血饮用解渴。

三、回族饮食

回族的饮食文化习惯具有积极的生态维持效应。伊斯兰教从《古兰经》的一般原则出发，对伊斯兰教的饮食观进行了完善发展，认为任何东西只要它本身纯净并对人有益处，可作适量的取用，都是佳美的，是可饮可食的。反之，凡是任何本身不纯净并且对人无益甚至有害的饮料和食物，在通常情况下，都是不可饮、不可食的。

生活在祁连山区的回族穆斯林，严格按照伊斯兰教的规定，沿袭和传承了自己独特的饮食文化习俗，且对于其他的民族而言，回族的饮食相对单一，而且从严格的意义上说，只有"维"生的因素，没有"文"化因素。但这种习俗，在客观上能够起到维持生态平衡的作用：

1. 回族更注重从"是否清洁"的角度而不是从"是否有营养"的角度来选择食物，对于那些通常被很多人视为美味佳肴的山珍海味在回族人家庭的餐桌上很难见到，这有利于动物的保护。

2. 可食之物一般处于食物链的较低等级，数量多；不可食之物多处于自然界食物链的较高等级，数量少，有些甚至是需要加以保护的珍稀动植物。这在维持生态平衡方面有着重要的作用。

3. 尽管回族的肉食以羊为主，但羊不食许多适宜于沙漠及干旱地区生长且具有水土保持功能的草本、木本植物，因而不会使祁连山区脆弱的生态雪上加霜，而且羊在觅草时排粪频繁，常将颗粒状粪便散布于草地各处，有助于增加草场肥力并使幼草复生。

回族饮食文化是由其宗教信仰所决定的，回族一般禁食猪、狗、驴、骡、马和狮、虎、豹、狼等不反刍的家畜和野生食肉动物，禁食形状怪异的水产品。而反刍的牛、羊、骆驼等动物和鸡、鸭、鹅等家禽可食。回族注重从是否清洁而非营养的角度来选择食物，对于那些通常被人们视为美味佳肴的山珍海味，在回族群众的餐桌上是很难见到的。回族饮食文化中的可食之物一般多处于食物链的较低等级，且数量多，而不可食之物则多处于食物链的较高等级，且数量少，有些甚至是需要保护的珍稀动植物，这在维护生态平衡，保护自然资源等方面有着十分重要的作用。

四、汉族饮食

汉族日常生活中的食粮以青稞、小麦、洋芋为主，有"洋芋半年粮半年"的民谚。主食馍馍类分为蒸、炖、烧、炸四种烹调法，还有烙、蒸、煮综合烹调的馅面类，如麻麸包子、肉馅菜馅的扁食饺子、各种荤素包子、韭菜合儿、菜饼儿、糖饺子、油炸糕等。炒菜有炒粉条、炒鸡蛋和各种时令蔬菜为主的小炒等家常菜。饮茶沿用传统的熬茶法，无论县城农村，都以茯茶为主。每逢节日或亲友光临，还喜欢用酒待客，并以此作为最好的招待。

生活在本地区的汉族与内地和沿海的汉族在饮食方面存在一定差距，食物均属于当地生产的农作物和饲养的牲畜，基本上不食用野生动物。

第三节　丧葬中的生态文化

一、藏族丧葬习俗

藏族的丧葬习俗比较特别，分塔葬、火葬、天葬、土葬和水葬五种，并且等级森严，界限分明。采用哪种葬仪，主要取决于喇嘛的占卜。

塔葬：贤能大德圆寂后的一种高贵葬仪；火葬：火葬也是一种较为高贵的葬仪方式；天葬：藏族较为普遍的一种葬俗，亦称"鸟葬"；水葬：经济条件较差、雇不起喇嘛的人家死了人时或死者是孤寡、幼童时，一般用水葬；土葬：对于藏族而言，是最次的一种葬仪。

丧葬是送人离开此生此界的礼仪。在祁连藏区，人一去世，立即将死者衣物脱尽，让死者盘坐，面部抵住膝盖，双手抱胸，用腰带捆成胎儿在母体中的姿势并用死者衣服覆面，然后煨桑焚香，向四周吹响海螺，报告一个生命结束，灵魂离体而转生他方。这种仪式同婴孩降生仪式惊人的相同。

当寺院僧人诵经超度、选择好送葬日期后，便由专人将尸体用牛驮到山里的天葬台，先肢解成条块，然后煨桑焚香，招呼秃鹫前来吞食尸体。天葬是将尸体交还自然的一种最好方式。这是大多数人的归宿法。只有那些被杀死、患传染病暴死或死有余辜者，才行土葬。赤裸裸地来到自然，融于自然，又赤裸裸无牵无挂地离开自然，难道还有比这更洒脱的活法吗？实际上，天葬表现了藏族人无私无我，以自然为归宿、以天地为住所、以众生为慈悲对象的博大胸怀。在高寒草原上，从任何角度讲，天葬是最合自然之道的做法，因而是一种理性的、成熟的文明。人的生命的存在是由于有灵魂（或精神），人死是灵魂离开人体而散去，人的尸体只成空壳，理应归还自然。而且，归还自然还有利于众生的含义，使人此生最后一次以自己躯体施舍于动物。当然，从自然地理环境看，青藏高原群山连绵，地势高耸，天空清净，人烟稀少，鸟兽众多，都使天葬成为可能，也很卫生，又不会因掘坟焚纸而毁坏生态环境。而在祁连山东部边缘地带由于人口稠密而秃鹫日渐减少的情况下，天葬已无法进行了。

二、蒙古族丧葬习俗

蒙古人重生轻葬，死者旧衣随身而去，或野葬，或火葬，或土葬。①野葬，又称天葬或明葬。将死者装入白布口袋，或白布、土布缠裹全身，载于牛车，送至荒野，任狐狼、野鸟啄食。这种葬式寓意为"生前吃肉成人，身后还肉予禽兽。"②火葬，即以火焚尸。将死者驱车适野，置于空地上，覆以干树枝干草，点火焚之。烧尽后，将白骨碎块抛撒四方。③土葬，尤其古代蒙古贵族行深葬。《黑鞑事略》亦云："其墓无冢，以马践踏，使如平地。"无论野葬、火葬、土葬，均不修坟冢，绿色遍野，从没有设坟茔恐怖的感觉。蒙古族的丧葬习俗基本上不使用树木，不占用土地，对环境影响十分有限。

三、回族丧葬习俗

回族的丧葬习俗中蕴含着重要的生态学意义。"实行土葬、葬不用棺、葬必从俭"是回族土葬的主要特点。在回族人的观念中，人是真主用土创造的。《古兰经》中对此有阐述："我确已用黑色的成形的黏土创造了人。""我确已用泥土的精华创造人"。《古兰经》中还说："起初我怎样创造万物，我要怎样使万物还原。"伊斯兰教认为人死后只能从土中回归到真主的阙下。久而久之，入土归真就成了回族社会成员普遍的心理认知，即表象上的土葬形式与亡者精神归宿之间的完美统一。葬不用棺，是回族丧葬文化中的又一大惯制。强调将尸体直接放在土上，这与汉民族的土葬习俗——葬必用棺显然不同。回族为什么不用棺椁呢？回族学者王岱舆在《正教真诠·风水章》中说："不用棺椁之理有二：一曰自然，一曰清静。自然者，人之本来乃土也，返本还原，复归于土，谓自然；清静者，人之血肉，葬于大地，遂可化而成土。"另外，回族人一向主张葬必从俭，首先是"殓不重衣"，崇尚白布裹身，忌给亡人穿着华丽的服饰；其次是出殡时不用乐器和仪仗，不扔纸钱。回族特有的丧葬习俗能够起到与生态系统相互调适的作用：①回族穆斯林归真后实行土葬，尸体化而成土融入大地，符合生态学理念。②将尸体直接埋入土中，不用棺椁，避免了伐木为棺，有利于节约和保护森林资源。③不讲究排场，可以避免浪费；不扔纸钱防止了环境污染。

四、汉族丧葬习俗

汉族人家若有人去世，一般在家中停放 5 ~ 7 天，等儿女亲人到齐后，入殓下葬。祁连地区的汉族几乎都实行土葬。这种方式对逝者给予了极大的关心，但对生态环境却存在一定的负面影响。

第四节　服饰中的生态文化

服饰的形成与人们的生存环境、生产方式以及与其他民族的文化交流相关，也反映着一个民族的心理状态、价值观念和审美意识。对于人类来说，服饰最主要的功能就是保护身体和具有装饰性，而对于不同的人群来说，服饰还具有区别身份的作用。在青藏高原，由于气候寒冷、干燥，主要以农业、牧业以及半农半牧的生产方式，再加上各民族杂居，一些民族有共同信仰等，使得这里的传统服饰具有不同于中原地区的特色。从服饰的质料来看，都有用皮毛制成的衣服、鞋、帽等。样式多以长衫、袍子为主，能够挡风御寒。衣服色彩和工艺上也都比较讲究，有镶边、绣花，颜色较为丰富。

一、汉族服饰

祁连汉族与中原汉族的服饰一直以来都没有太大的区别，在过去只是在质料上多用皮料、羊毛类。随着时代的发展，今天的汉族服饰与其他地区相比，无论是款式、质料、色彩等方面基本相同，也善于赶潮流，赶时尚。汉族的服装风俗习惯在几百年的发展中除了保留传统的习俗外，也融合了当地其他少数民族的习俗，现代社会的元素比例较大。

改革开放后，西装领带，夹克衫，各式裙子，以流行款式为主，花色品牌追赶新潮时尚，时代特征十分明显。妇女烫头发，使用化妆品，注重佩戴各种首饰。2000 年前后，随着物质生活的改进，男女老少都喜欢到超市买自己爱穿的衣服，如保暖内衣、羊绒衫、牛仔裤、羽绒服、夹克衫等，女人们夏天穿各种裙子。年轻男的不再戴帽，发型多种多样，追求时髦。

汉民族的服饰由于受传统农耕经济和东部经济发达地区影响较大，其着装方面与当地其他少数民族存在较大差异，而服饰方面生态文化的元素相对较少，同时由于其服饰淘汰后多数作为废弃物，对环境多少会产生一些不利影响。

二、藏族服饰

整个藏区服饰种类丰富多彩，差异颇多，有些地区，县与县、乡与乡之间都有较大区别。藏族服饰质料以羊皮、氆氇、棉布为主，样式是上下一体、宽松厚重的袍子，保暖性强，并且具有优美的图案和花纹，色彩绚丽，既美观又实用。不论男女藏袍都有很漂亮的装饰物，尤其是女子藏袍的装饰和头饰美丽大方，具有浓厚的民族特色。

藏族的衣饰主要以藏袍为主，由于自然环境和生产方式决定了藏袍具有肥腰、大襟、长袖无扣、袍身很长等特征。既有很强的防寒作用，又便于散热，它的结构肥大，夜间可以当被，和衣而眠；白天暖和时，臂膀伸缩自如，可袒露右臂或双臂，将袖系于腰间，调节体温、方便劳作。由于袍身很长，穿着时，将袍子提至一定高度（一般男至膝，女至脚面），再用腰带扎紧，放下衣领，将提起的部分垂悬于腰部，形成一个自然的宽大的囊袋，为人们日常装东西之用，外出时可存放酥油、糌粑、茶叶、饭碗，甚至可以放幼儿，十分实用。藏族所系的腰带也十分美观，腰带种类较多，有布料或绸缎为质料，也有牛皮上镶嵌有精美饰品的腰带，做工精细，有重要的装饰作用。尤其是有些女子的腰带，用优质牛皮制成，底面用呢、织锦缎或平纹布，带面镶红，然后用脱毛的各种染色羊皮，拼接成左右对称的花纹图案，色彩相间，十分精致。藏袍的特点是"宽体长身，大襟广袖"，这种藏袍，不仅绚丽多彩，而且特别适应高原气候多变的自然条件，以及"逐水草而居"的生活特点。

藏族帽子种类比较多，形状也不尽相同，藏族人戴帽不仅具有防寒的功效，更有装饰和仪礼的作用。鞋子主要是藏靴，形状为直樋，左右可以换穿，男女不分，按季节分为单靴、棉靴，靴腰有长、短之分。一般用耐磨的牛皮制成，靴腰用条绒布或灯芯绒制成，靴底为厚质牛皮，靴尖向上翘起。

三、蒙古族服饰

祁连蒙古族人的服饰基本沿袭了过去蒙古族的传统服饰特征，但为了与高寒的气候相适应，衣服都以皮料制作为主。从公元 1636 年固始汗人居青海并建立政权后，蒙古族由于长期与藏族等交错居住，其服饰具有不同于藏族又有别于内蒙古蒙古族的特点。

近些年，随着时代的进步，很多蒙古族人也穿着现代时装。但是，参加重要庆典活动的时候依然以蒙古族传统服饰为主。

蒙古族服饰为蒙古式样的长袄，男子的为大圆领、马蹄袖，通身宽大且袖宽而长；女子的袍子腰身较窄，大襟，领子为小圆领。夏季一般都穿着一种叫作"拉吾谢格"的夹袍，质料一般为布、平绒或绸缎。冬季一般穿着一种叫作"德吾里"的长皮袍，常用老羊皮制成，是一种光板羊皮袍，袍上或以布为面，或不做面而镶边，是冬季穿着常服。

蒙古族传统的靴子用牛皮制成，靴子靴尖上翘，靴帮与靴底紧密缝合，十分结实耐用，现在蒙古族人常穿着牛皮和绒布制作的靴子，样式与藏族相像。

四、回族服饰

远在盛唐时期，回族的先民穿着阿拉伯和波斯等民族服饰，在中国内地和沿海经商。至元代，"元时回回遍天下"，作为中国的永久居民，回族在中国崛起。随着时代的发展，回族服饰也随着时间以及中国整体服饰的变化而变化，形成了既保留某些阿拉伯、波斯服饰的特色，又具有中国特色的回族服饰文化。近年来，城市的回族，特别是青年人比较喜欢穿着新式时装，但依然保持有浓厚的伊斯兰文化特征，如"白顶帽""盖头"等。

回族男女都爱穿坎肩，男子喜欢在白衬衣上罩一件青色坎肩，显得清新干净，色调和谐。春夏的坎肩多用布料，通风透气，异常凉爽；冬天穿棉布坎肩或皮坎肩，保暖而不臃肿。坎肩做工讲究，许多坎肩上带有精美伊斯兰图案和各种花色，并用相同的衣料做小包扣，显得十分雅致。皮坎肩选料颇讲究，要用胎皮和短毛羊皮缝成。回族男子在礼仪场合或宗教活动时还穿着一种叫作"中拜"的服装，即"袍子""长大衣"，一般选用黑、白、灰等颜色的棉布、化纤料或毛料制作，有单、夹、棉、皮四种，其款式近似现代的长大衣，但领子一般都是制服领口。冬天，农村的中老年人穿大领皮袄、皮大衣，上面都搭有布料的衣面，也有穿着"白板板皮袄"的。夏装一般都穿着布料大裆宽松裤，冬天穿夹裤或棉裤。

回族女子的传统衣服一般都是大襟为主，少女和少妇很喜欢在衣服上嵌线、镶色、滚边等，有的还在衣服的前胸、前襟处绣花。回族女子衣服的颜色，一般老年人多穿黑、蓝、灰等几种颜色，中、青年喜欢穿鲜亮的，如绿、蓝、红等颜色。冬天爱穿锦缎棉袄。

回族男子服饰的一个典型标志就是头戴白色小圆帽，叫作"号帽"或者"顶帽"。形状为无檐小圆帽，通常有白、灰等颜色，有的是纯色，也有很多带伊斯兰风格花边或图案、文字的。回族女子都有戴"盖头"的习俗，这是世界穆斯林妇女共有的一种传统的宗教习俗，多以面纱、披巾蒙面遮发。

传统回族男子喜穿白色高筒布袜，鞋一般都是自制的方口或圆口布鞋，随着社会的发展，大多数回民现在到商店购置各种布鞋和牛皮鞋等。传统回族女子的鞋一般在鞋头上有绣花，袜子主要讲究穿"遛跟袜"，大都绣花，袜底多制成各种几何图案。

祁连地区各民族的服饰受地理环境和自然条件影响较深，服饰具有浓郁的地域特色，服饰的色彩也与周围环境融为一体。服饰最基本的功能是实用，由于人们所处的地域空间、气候条件、水文状况的差异，对服饰的实用功能的选择和要求也不同。游牧民族为适应高原高寒气候和放牧需要，他们穿着藏袍、蒙古袍等，一来这些衣物主要用皮子缝制，充分利用草原上充足的牛羊皮原料；二来他们在这些衣物上绣上动植物的造型，表明了对动植物的崇拜和爱护。牧民穿着的靴子，鞋尖是翘起的，翘起的鞋尖能够减少对草地的破坏。这些都体现了牧民保护生态环境的理念。

总的来说，祁连山片区各民族服饰的原料具有一致性，但由于历史文化背景和具体居住地区的不同，各民族的服饰又具有民族性和地域性。在今天，祁连山片区各民族在不同程度地沿袭历史传统服饰的同时，随着时代的进步发展，都有穿着简单轻便、舒适现代的服饰习惯，但其生态文化的内涵却缩小了。

第八章

信仰和宗教中的生态文化

中外各个民族几乎都有自己的信仰和宗教，这种信仰和宗教是各民族文化的重要组成部分。从生态文化的角度来看，民族信仰和宗教极大的影响着各民族的生态观念和生态行为。或者说，民族信仰和宗教也是民族生态文化的一种重要体现形式和行为方式。通过考察祁连山各民族的信仰和宗教文化，可以透视出不同民族独特而丰富的生态文化。

第一节　信仰与宗教

一、概念

（一）信仰

哲学家定义的信仰："一种强烈的信念，通常表现为对缺乏足够证据的、不能说服每一个理性人的事物的固执信任。"

信仰指对某种思想或宗教及对某人某物的信奉和敬仰，并把它奉为自己的行为准则。信仰带有理智的主观和情感体验色彩，特别体现在宗教信仰上，极致甚至会丧失理智。

古朴《中华民族不信邪 信道理》："所谓信仰归根到底也只不过是一种对

道理的崇敬与膜拜。"实际上,中国人只是不信邪而已。中华民族是这个地球上活得最明白的一个民族,因为数千年的思考、数十亿人的叠加传承,让中国人不信邪了,因此,中华民族不是没有信仰,只是不迷信而已。"

信仰和对自己的相信是紧密相连的,内心的信仰,会左右你的现实生活,控制着你的表现行为,同时又间接地塑造及控制你的信仰。人们对自己所做出的事,也是因为信仰的理念而去相信自己。

（二）宗教

宗教是人类社会发展到一定历史阶段出现的一种文化现象,属于社会特殊意识形态。宗教是一种对社群所认知的主宰的崇拜和文化风俗的教化,是一种社会历史现象,多数宗教是对超自然力量、宇宙创造者和控制者的相信或尊敬,它给人以灵魂并延续至死后的信仰体系。

宗教本质上是人对超越于自然界与人自身的神的敬拜和遵从。宗教相信世界存在超越物质世界万物的神明,并且神明是与人一样具有意识、情感等生命特质,能够与人的生命相通。宗教对于其信徒来说,绝非是一堆教训和理论这么简单,不应简单的将其理解为仅仅存在于人脑中的意识。

宗教有让宗教信仰者行动的能力,如果一个宗教宣传积极向上的思想,无疑能使宗教信仰者做出有利于社会的行为,它可以使人断恶修善,惩恶扬善。如果一个宗教宣扬不利于社会和平稳定发展的思想,那么宗教信仰者对社会的危害是很大的。

二、宗教与非宗教信仰

（一）宗教信仰

宗教信仰是信仰中的一种,指信奉某种特定宗教的人群对其所信仰的神圣对象（包括特定的教理教义等）,由崇拜认同而产生的坚定不移的信念及全身心的皈依。这种思想信念和全身心的皈依表现和贯穿于特定的宗教仪式和宗教活动中,并用来指导和规范自己在世俗社会中的行为,属于一种特殊的社会意识形态和文化现象。

宗教信仰可以看作是全人类所具有的普遍文化特征,具有神秘神话色彩,它是人类精神的阶段性体现。它对人生的重大影响主要表现在:人们通过教义的学习和不断重复的仪式行为,使宗教信仰的理念和精神也逐渐渗透到人们的价值和行为系统之中，从而成为形塑信教者的心理与人格的新的力量。

宗教信仰为人生提供慰藉，具有追求为生活寻找支撑和意义的显著特征。表征着人对终极关怀的渴望，它给人注入神圣的目标，引导人去反省自我、超越自我、塑造自我、完善自我、实现自我，从而为人的生活提供情感、意欲、愿望、行动等的根基。是一种精神的仰望和生命的活水，是人的一种价值意识的定向形式。

（二）非宗教信仰

非宗教信仰不是宗教，但也被称为信仰，是基于它的特殊性和不同的需求。首先是国家规定的信仰，像我们的国家是在共产党领导下，而共产党是以马列主义、毛泽东思想为指导方针。在宣传标语、各种口号声中，这些理论自然就被提升到了国家信仰的范畴。

众所周知，科学是诉诸人的理性，而不是超理性；科学是讲道理，以理服人的，而不是超理性，要人信仰的。在这个意义上说，马克思主义也好，共产主义也好，都是一种社会科学理论。按照马克思、恩格斯自己的说法，他们是寻找社会发展的规律，像科学家在自然界寻找规律一样，前者是社会科学，后者是自然科学。他们从来不说自己的主义、自己的学说是一种信仰。而是付诸行动，孜孜以求去实现的伟大理想。

习近平总书记在 2016 年全国宗教工作会议上明确指出：共产党员要做坚定的马克思主义无神论者，严守党章规定，坚定理想信念，牢记党的宗旨，绝不能在宗教中寻找自己的价值和信念。

第二节　宗教种类

历史上，青海不仅是藏传佛教的重要传播地，也是世界范围影响广泛的宗教的重要发源地。青海自古以来形成了多元、复杂的民族和宗教格局。在祁连山片区，伊斯兰教和藏传佛教（亦称喇嘛教）作为该地区的两大主要宗教，排除汉族传统的民间信仰以及儒家文化之外，该地区的其他民族的民间信仰文化基本上都处在一个从属的地位。

一、佛教

佛教是世界第三大宗教，起源于象雄文化。印度佛教创始于公元前 6 世纪的古印度，创始人为乔达摩·悉达多。他 29 岁时开始修行，创立了佛教的教义，后来传入亚洲其他地区，主要分布在亚洲的东部和东南部。

佛教广义地说，它是一种宗教，包括它的经典、仪式、习惯、教团的组织等等，佛教在世界性的各大宗教和思想之中，显得非常特殊。凡是宗教，无不信奉神的创造及神的主宰，佛教却反对神教。狭义地说，它就是佛所说的言教。如果用佛教固有的术语来说，应当叫作佛法，佛法里面有一整套完整的修行方法，让我们认识"心"的本性，从而断除烦恼。在《增一阿含》经的序品中所说："诸恶莫做，众善奉行，自净其意，是诸佛教"。用一句话来说，佛教就是让人们断除"恶"的行为、行持能够给人们带来快乐的行为，通过修行减少自己内心的烦恼的方法、简单来说教义唯有"无我利他的悲心，通达一切万法的智慧"。在中国的佛教属于大乘佛教，包括藏传佛教。

（一）传入与教派

佛教在祁连地区始传于宋代，宋宝庆三年 (1227 年)，随着蒙古族进驻祁连，藏传佛教亦相应传入。藏传佛教盛于明清，藏、蒙古、土、裕固族等多信仰此教，主要包含藏传佛教、苯教和民间信仰等十分庞杂的内容。其中，藏传佛教对藏文化的形成和发展影响深远。

祁连地区信仰藏传佛教群众多属黄教 (格鲁派)，只有郭米部分藏族属红教 (宁玛派)。在藏族宗教信仰体系中占主导地位的是藏传佛教，即外来佛教与当地原始苯教融合形成的信仰体系。

（二）佛教的组织与活动

1.组织

佛教寺院在新中国成立前有严格的组织和等级制度，寺主或活佛地位显赫，执掌实权。下设僧官、管家、干巴、经头等若干人，寺院重大事务由上述实权人物组成的经堂会议商量决定。

2.活动

佛教活动几乎每月都有，最大法会为藏历正月举行的纪念释迦牟尼的

"毛兰"(祈愿会)。其他主要活动包括农历(下同)正月初五——十五木令木(平安经)，三月"中却"(修行供法会)，四月初八"娘乃"(供养会)和"丁却"(守斋戒会)，农历四月，群众在夏日哈石经院诵经转"果拉"，农历五月初四、初五两日在快尔玛山顶进行"祭俄堡"活动，六月"特日丝"(住夏会)，八月十五日"尼麻"，十月初十"南木曲"，十月二十五日纪念宗喀巴的"安木乔"(宗喀巴圆寂纪念日)，腊月"去宽日""公保"和"端知布"。小型宗教活动都由当地的僧人(或本本子)主持下念经、施食等。

朝拜活动：一种是到西藏、塔尔寺等名寺朝拜，另一种是外地活佛来天峻化布施、传经时，群众前往朝拜。

平时藏族群众都念"唵嘛呢叭咪吽"六字明咒，晚上念"卓玛"或"尖木卓""玛斗则"等。

（三）寺院经济来源

募化布施：民主改革前，活佛、喇嘛每年去所属香火部落或其他部落化缘，信教群众施舍，数量多寡随虔诚心愿。

收取租金：寺院牲畜租给牧民代牧，年终收取一定数量租金。

诵"平安经"：每年农牧民请僧人到家中念"平安经"，祈愿人、畜平安付给一定酬金。

超度亡人：人去世后必须请喇嘛诵经，然后将其部分遗产捐献寺院。

"送红条"：活佛或喇嘛将红布条系在信教徒脖颈，以示避邪平安，受殊荣者则给寺院布施。

评说事理：寺院出面调解各种纠纷，按案情大小、易难，收取一定礼金。

（四）主要寺院

区域内主要寺院包括：阿柔大寺、百户寺、德芒寺、百经寺、尕日德寺、郭米寺、阿汗达勒寺、札查寺、年乃海寺、仙米寺、珠固寺、班固寺、石刻经院和俄堡等。

二、伊斯兰教

伊斯兰教是世界性宗教之一。兴起于公元7世纪的阿拉伯半岛。中国旧时称大食法、大食教度、天方教、清真教、回回教、回教等。伊斯兰是阿拉伯语音译，原意为和平、顺从、安宁，指顺从和信仰宇宙独一的最高主宰安拉及其意志，爱护世界上的一切被创造物（生物和矿物），敬主爱人以求两世的和平与安宁。信奉伊斯兰教的人统称穆斯林（Muslim，意为顺从者）。伊斯兰教由麦加古莱什人穆罕默德（约570—632年）传播。在亚洲、非洲、欧洲，特别是西亚、北非、中亚、南亚次大陆和东南亚最为盛行。伊斯兰教的经典是《古兰经》。伊斯兰教的特点是和平、仁爱、自强不息。

（一）传入与教派

早期门源回族居住于县境中部的浩门古城周围，清光绪二十一年（1895年）门源地区回族聚居于青石嘴、大滩一带，形成新的回族居住区。清光绪二十一年(1895年)祁连境内始有回族。伊斯兰教是随着回族居民的迁入而随之传入的。

境内伊斯兰教皆属逊尼派，全称为"逊奈和大众派"，有"正统派"之称。又分老教、新教。

（二）教义与活动

信仰安拉是独一无二的，穆罕默德是安拉的使者，信天使，信《古经》是安拉启示的经典。信世间一切事物都是安拉的前定，并信仰"死后复活""末日审判"等。伊斯兰教徒要严格遵行念清真言、作礼拜、守斋戒、纳天课、须朝觐五功课。

回族传统节日同伊斯兰教有着密不可分的关系，这些节日不仅是宗教节日，还是民族节日。主要有"开斋节""古尔邦节"和"圣纪节"。伊斯兰教除这三大节日外，每逢主麻日（星期五）聚集在当地较大的清真寺举行宗教活动。作礼拜时面向西方伊斯兰教圣地——沙特阿拉伯国麦加城。

（三）主要寺院

区域内主要寺院包括：大庄清真寺、古城清真寺、南关清真寺、上庄清真大寺、力岗清真寺、鸽子洞清真寺、黄藏寺清真寺、冰沟清真寺、天峻县清真寺等。

三、道教

道教是中国本土化宗教，青海河湟地区是道教传播的一个重点地区。道教传入青海后，沿着湟水流域向上传播，途经海北、海南两州，在海东六县都有过足迹。但是道教在青海地区的发展却不是一帆风顺，存在一定程度的困难。正如《青海省志·宗教志》中所提到的："道教在青海地区的传播和发展有一定的制约因素，青海地广人稀，少数民族人口比较集中，而少数民族群众普遍信仰藏语系佛教或者伊斯兰教。"尽管如此，但也还是存在发展的机遇与空间。

根据已有史料记载，大致可以知道魏晋时期就已经有方士出现在河湟地区，多以隐居修炼为主，并不以向外传播为目的。宋、元两代，全真道派开始在河湟地区传播，同时北宋政府"平西夷"的政策也帮助内地文化向河湟地区传播，使河湟东部建成一批道观。明清之际，大量汉族移民迁入，道教文化也随移民而来。但其发展和传播却十分有限。

四、儒家文化

儒家文化的发展过程是伴随着整个中华民族的发展史应运而生的，它是中原文化的核心与灵魂所在。儒家文化作为中国传统文化的核心内容，拥有一套系统且完整的思想理论体系。自汉武帝"罢黜百家，独尊儒术"以来，儒家文化在历朝历代社会中，都占据了统治性的地位，其所主张的"仁、义、礼、智、信""忠义"等观念也被人民所广泛接受。同时，儒家的大一统思想成为中华民族最主要的思想基础之一。历史上，儒家文化以其博大精深的理论和内涵，由中原不断向周边地区传播、辐射，使中国辽阔的土地之上到处都渗透着儒家文化的精神。儒家文化在青海地区的传播扩散，反映了儒家文化在这一地区的发展历程。

西汉末年，儒家文化传播到青海地区，开始了在这里扎根、发展的历史过程。东汉至魏晋南北朝时期，相当长的一段时间里，虽然青海地区大小政权、部落纷争不断，但都愿意效仿中原，推行中原王朝的管理制度，吸收大量的汉族官员和儒士。这些举措在很大程度上促进了儒家文化的传播和发展，文化教育形式，转化为通往仕途的必经之路。明洪熙元年（公元1425年），在西宁卫所设立儒学，后又建立社学。明宣德三年（公元1428年），除设立学堂外，还制定了一套相应的科举考试方法。自此，青海地方通过科举考试，产生了地方最早的进士和举人。中央政府明确规定了地方土司的继承人必须是进士出身的，这就在一定程度上迫使地方土司必须接受儒家文化的教育，参加地方科举考试。另外，地方饱学之士和乡绅也以潜移默化的方式，积极传播着儒家文化的核心和内涵。这些政府行为和民间行为合力影响着青海地区百姓对儒家文化的认识深度和接受程度，使得儒家文化在青海得到了持续发展。

第三节　佛教中的生态文化

在当代，在改革开放和现代化的社会及政策背景下，藏传佛教赖以存在的基础发生了根本的变化，其信仰群体宗教态度、行为、预期等相应地有了一些改变，这种变化是藏族文化变迁的重要表现。基于不同的自然社会环境而发生的这种变迁，必然带着环境的深刻烙印。

苯教崇奉天地、山林、水泽的鬼神精灵和自然物，重祭祀、跳神、占卜等。至今阿柔乡藏族的日常生活中仍可见到一些苯教信仰的痕迹，其宗教信仰形式与内容融合了藏传佛教和苯教的特点。在日常生活中，藏族藏传佛教主要表现在自然崇拜、动物崇拜和祭祀。

一、自然崇拜

在少数民族传统观念中，动植物和山山水水都是有灵性的，或是由鬼神主宰的，不可妄自获取。他们对自然界的动物、植物都给予充分的尊重和珍惜，十分注重取之有度、用之有时，从不随意以刀斧相向。

（一）山水崇拜

祁连地区的藏族具有一整套山水崇拜系统与山水信仰。当地人非常敬畏神山，信众们每年都要进行朝拜，对神山的崇拜随处可见，如在阿柔乡满山的经幡，随处可见的嘛呢石，藏族老人手持嘛呢经轮、口诵嘛呢经文周而复始地绕行神山，这些都是其崇山祭神的具体方式。祁连人的神山系统除了安多藏族共同信仰的阿尼玛卿山、大通河流域藏族共同信仰的"十三战神"以外，还有"阿咪东索"和"宗姆玛釉玛"神山。

"大通河流域十三座神山"是大通河流域13个部落的头人死后，人们用大通河流域的 13 座山峰命名并加封他们为山神，被他们各自所管辖部落的后人视为保护各自部落群体的大战神。故称他们为"十三战神"，分布在青海湖以北，分别是：

阿咪东索：祁连县八宝镇境内；

热根：祁连县默勒镇境内；

当麻日：祁连县默勒镇境内；

才特日旭：祁连县默勒镇境内；

默勒麻干：祁连县默勒镇境内；

楞勃：祁连县默勒镇境内；

默勒杂根：祁连县默勒镇境内；

杂木特默勒通宝：祁连县默勒镇境内；

岗噶叶兴诺布：门源县境内，即岗噶雪山；

雪龙麻卡措茂：门源县仙米乡境内；

噶卓看珠颇章：门源县与互助县交界处；

查勒布：互助县境内，主要为华锐部落所供奉；

贡噶雪利南杰：天峻县默勒乡境内。

（二）火崇拜

最早佛教传入后，为了能立足，能与原始苯教共存，才借鉴了一些苯教的仪式，所以今天藏族的生活中有许多习俗渗透着苯教的习俗。藏族至今还保留了大量与火崇拜有关的传统仪式。火给人们以光明、温暖、食物，象征着正义、光明与幸福，火崇拜一直在藏族信仰体系中占据重要地位。

比如今天的祁连阿柔藏族还会保持炉灶的火不灭的传统，认为火可以驱逐魔鬼，祛病消灾。在阿柔部落，自古以来都是狩猎者狩猎归来时，部落首领、老人以及妇女儿童聚于郊野，点燃一堆柏枝和香草，让狩猎者们从上面跨过，这一做法至今仍遗留于阿柔乡藏民的习俗之中。阿柔人传统的煨桑也是火崇拜的一种表现形式，煨桑是祁连阿柔乡藏族日常生活和日常行为的重要组成部分。在普通阿柔乡牧民家中，如果家人外出回来，就要以桑烟来净身，甚至将购买的物品也要用薰香薰过才可安全使用。阿柔乡藏族在新生儿出生后也有煨桑仪式，孩子出生后如果有远道而来的亲友前来贺喜，家人就要在门口点燃柏香，让来人从冒着烟的柏香上跨过，目的是不让婴儿受到邪气危害，健康长寿。

在阿柔寺的寺院里，牧民帐房前都有专用的桑台或桑炉，也可以是院子中央或屋顶依山的静处或高处。每逢藏历新年或春节大年初一，人们起得很早，第一件事就是煨桑祭神，素以第一个去煨桑的人为荣。一般是阴历初一、十五各煨一次，闭斋期间、祭敖包时也要煨桑，信仰虔诚者每天煨桑，长年不断。在祁连阿柔人的婚礼上，新郎新娘的帐房外面有新砌的煨桑台，煨桑也是婚礼上一项必不可少的重要内容。所以说，对火的崇拜在今天的藏族生活中处处可见，直接影响着藏族的日常生活。

二、祭祀

（一）藏族的放生

祁连人有一种原始的献祭仪式，被称为"放生"，即向神灵敬献动物和牲畜，把牛羊放归草原，任其自然生长与老死。被放生的牛羊一般在犄角系有红绳或红绸，以示区别，从此它们即是"神牛"或"神羊"，任何人不得将其捕猎杀害。放生有个人行为，也有部落集体的放生，其目的是祈祷风调雨顺、人畜兴旺。与放生有关的善行是食素，与放生相反的恶行是杀生。放生来自原始的向神献祭仪式，即向神敬献动物牲畜，被藏传佛教吸纳后，这一原始仪式才有了现在的这种表现形式。对已放生的家畜任何时候都禁止宰杀，因为被放生的牛、羊被认为是神牛、神羊，如果将其宰杀是对神灵的不敬。

在祁连县阿柔乡藏族祭祀中还有一种形式就是插箭，这是一种祭神活动。依所祭之神的不同，名称也不同。祭祀护法神的叫作"拉托"，祭祀战神的叫作"化卡尔"，祭祀山神的叫作"拉卜则"。插"拉托"是寺院僧人的活动，插"化卡尔"是部落联合的大型活动，插"拉卜则"一般是各部落或村落单独举行的。最普遍的是以部落为单位的插"拉卜则"，选择在每年夏季举行，目的是祭祀山神。插起来的箭丛叫"拉卜则"，表明此处是山神的居所。插箭的程序有备物、煨桑、插箭、插旗、扬龙达等，所有这些东西都是敬献给山神的供品。先是将木杆上端削成箭链状，缠绕嘛呢经幡，挂上白羊毛，下部用石块或木栅栏固定而成。祭祀开始，先煨桑祈祷，由祭师念诵经文，另有一人对天敬酒、敬献哈达和箭牌。之后人们怀着虔诚的心情抛撒龙达，整个会场桑烟缭绕、经幡招展，所有人向"拉卜则"行礼膜拜，并顺时针转圈，迎请山神降临收取箭、旗与战马，并享用祭品，以期山神保佑该地人畜平安、风调雨顺、吉祥如意。

寺院是藏传佛教生存、发展的载体，也是信众进行宗教活动的主要场所。历史上，它还是其所属社区或部落的经济、政治、文化活动中心。藏传佛教寺院寺址的选择是由自然环境、重大宗教活动等多种因素所决定的，寺院的分布一般是相对固定的。同时，与其所在地域的宗教氛围有关。这样，寺院在某一时期、某一地域分布的数量、规模等，能在很大程度上反映该地域藏族人的信仰程度及其变化。

（二）蒙古族的祭敖包

敖包是神灵所栖之场所。敖包种类繁多，按地域分，有盟、旗、艾里敖包；按姓氏分，有家族、部落的敖包；按年龄分，有成人、孩子的敖包，如此等等。蒙古人祭敖包，最初祭山神、水神、树神等自然神灵，后来祖先神也在其中。敖包一旦建成，祭祀之后，便成为神圣的地方。在敖包周围不许放牧，不许砍树，不许狩猎，不许大小便，不许倒垃圾。如果揭开神化的面纱，实际上就是自然保护地，大大小小众多敖包连接起来，就形成了大面积的自然保护地。

三、利于生态环境保护的藏族禁忌

所谓禁忌就是禁止某种行为，实施这种行为即破坏禁忌，必然付出代价。藏族居住在雪域高原，几乎全民信仰藏传佛教（少部分人信仰苯教）。"在佛教思想的框格下生活了千年的藏民族，由于受佛教思想的长期影响，所以，许多生活习俗和生活禁忌，都与佛教思想是分不开的，有些甚至成了世俗化了的佛门教规。"长期以来，藏民族生活在众多的"神灵"之中，故禁忌颇多。这些禁忌涉及藏族同胞生产、生活的方方面面，成为民族严格遵守的行为准则。藏民族竭力限制自己的行为，以免冒犯"神灵"，因为他们认为"神灵"稍有不满就可能降灾于人。显然，禁忌早已成为藏族人生活中常见的现象；而多数禁忌又有利于生态环境的保护。

（一）宗教信仰禁忌

进寺庙，须经主事喇嘛同意；进时忌戴眼镜、吸烟、摸佛像、翻经书、敲钟鼓等。在寺院附近忌喧哗、捕鱼、砍伐、狩猎等。藏传佛教的信众路过寺庙、嘛尼堆时要下马并绕左行；苯教的信众从右绕行。禁杀生等。

（二）对神山圣湖的禁忌

禁忌在神山上喧闹、挖掘、打猎，禁忌伤害神山上的兽禽飞虫，禁忌砍伐神山上的花草树木，禁忌以污秽不洁之物污染神山，禁忌带回神山上的任何物种；禁忌在湖（泉）边堆赃物和大小便，禁忌搅动泉眼或在泉水中洗东西，禁忌捕捞水中动物（鱼、青蛙等），禁忌将污秽之物扔到湖（泉、河）里。

（三）对土地的禁忌

在农区，动土须先祈求土地神；禁止随意挖掘土地，禁止在田野赤身裸体，禁止在地里烧骨头、破布等有恶臭之物。在牧区，禁止在草地胡乱挖掘；禁忌夏季举家搬迁，以避免对秋冬季草地的破坏。

（四）对动物的禁忌

禁忌侵犯"神牛""神羊"，禁忌打杀、虐待家猫、家狗；禁忌惊吓、捕捉飞鸟禽兽，禁忌拆毁鸟窝并驱赶飞鸟；禁忌捕捞水中动物，禁忌故意踩死、打死虫类。

（五）饮食禁忌

忌吃猫、狗、驴、马肉；忌吃鱼、虾等水生动物；忌食鸡、鸡蛋；忌吃当天肉，亦忌出售当天肉。

第四节　伊斯兰教中的生态文化

在伊斯兰教的生态文化中，包容着人对自然环境的深刻理解，对山川大地和生命的至诚热爱，对人类作用的清醒思考。在方方面面都始终贯穿着伊斯兰教热爱自然、热爱生命、保护环境、美化人间，与天地万物共存共荣的理想和追求。

一、生态伦理

其一，万物由主创造。伊斯兰教认为，人类的环境，自然万物（包括人）

都是真主有目的地布置的，真主安拉是"养育宇宙万类的主"，亦即自然万物价值的本源外在于真主。这种"真主前定"的思想事实上承认了不可抗御的客观必然性。

其二，人与自然和谐统一。建立在安拉宇宙中心论基础上的伊斯兰文化，巧妙地将人置于自然万物之中。认为自然界中的一切都是相互联系、相互依存、相互生成的；人是真主创造的一部分，与自然万物是平等的—大自然中所有的这些景观，构成了一个协调有序、相互依存、生机盎然的宇宙大家庭，整个大自然气象万千，多姿多彩，美妙和谐。

其三，万物皆有"灵"。这里的"灵"，与许多民族认为的万物皆有灵魂有所不同，伊斯兰教认为，自然界中一切存在都是真主创造的，是有精神有生命的。《古兰经》的描述是，不仅动物，甚至草木、星辰都是有感知、有生命的。因此，伊斯兰文化对动物可谓关怀备至。在人类明确提出人权概念的几百年前，一位穆斯林法学家就率先提出了动物权利，认为与人类同住的牲畜和动物有它们生存的权利。后代的穆斯林法学家收集早期的"圣训"和规章，制定了包括保护动物、森林、树木、牧草、水源等的一系列法律，成为穆斯林法律中重要的一部分。

其四，伊斯兰教认为，人类是真主委以重任管理自然界的"代治者"。《古兰经》指出，人是万物之灵长、宇宙之精华，是真主以最佳方式创造出来的。在伊斯兰文化的环境伦理中，人在安拉、自然界之间的地位是：主—代治者（人）—自然界。因此，在人类管理自然的过程中，不仅要遵循世间万物生息繁衍、发展变化的自然规律，而且丝毫不能背离真主降示给人类与万物的伦理规则和行为规范。也就是说，人类必须遵循安拉的禁命，自我约束，尊重和善待一切生命。

其五，"两世兼顾"、合理开发自然的思想。伊斯兰教生态观既要求考虑现世，更要求穆斯林着眼于将来，确保子孙后代的繁荣昌盛。人类相对于自然而言，其生命是短暂的；而自然存在期则需要无数代人去遵循其运行规律，共同享受自然生态环境的恩赐。伊斯兰教主张，人类应该不断寻求自我发展与自然生态的平衡点，达到人类和自然的和睦相处、长期共存、共同繁荣。人类绝不能被纷繁复杂的自然生态所迷惑，也不能对自然生态环境简单地顶礼膜拜，而是要通过接近自然、观察自然、探索自然，了解自然的特点和规律。

其六，生态理想观。伊斯兰教教义中蕴含着对理想自然环境的追求。它极大地调动了穆斯林创造和谐生态景观的热情，他们以房屋院落清洁、田舍整洁作为生活追求，在恶劣的自然条件下，坚持美化院落、造林，创造了雪山与绿洲辉映、沙漠和清泉邻接的壮美景观。

二、生态禁忌

禁忌是人类普遍具有的文化现象，回族基于伊斯兰教的伦理观念，在特定的自然生态环境中，在与自然不断的互动作用中，通过不断地自我调适，逐渐形成了一系列回族文化的禁忌规范。

（一）有利于动物保护的禁忌

如何看待动物，动物与人处于怎样的关系？不同观念会导致不同的与动物相处的行为方式。在回族社会成员的观念中，动物与人一样，都是真主在大地上创造的生命体。在回族民间，将动物称之为"喑哑畜生"，认为它们与人类一样具有感情和知觉，只不过不会说话而已。圣训中说："对待动物的善行与对待人的善行同样可贵，对一只动物之暴行与对人之暴行有同样的罪恶。"这种把善待动物同善待人类等价化的理念对动物的保护意义显而易见。

回族民间对待动物可谓关怀备至。在民众的日常生活中，对动物保护的禁忌众多而具体，并且具有习惯法的功能。在回族的观念和行为规范中，禁忌将动物捆绑起来或将之用作练习射击的靶子，不论何种动物，在没有造成对人畜的威胁伤害时，不得伤害它们。禁忌以动物来取乐和营生，如街头耍猴、动物表演之类均在禁忌之列。宰杀动物时，要将同类牲畜和其他家禽避开，尤其要将母畜与幼子避开，以免伤心。忌宰杀未到宰杀期的幼畜，忌捕猎动物。圣训中说："惨杀生命者必遭真主的惩罚，保护所有的动物都会受到回赐。"在山区，回族群众中流传有"保护鸽子"的生态民俗。这一习俗来源于"鸽子救圣人"的民间故事。据说，穆罕默德圣人在与异教徒的一次作战中失利，被异教徒追赶，就在异教徒快要追上圣人的时候，穆罕默德钻进了一个布满蜘蛛网的山洞，这时鸽子将圣人在洞口留下的脚印踏平，当异教徒追上来一看，发现洞口是新的，好像不曾有人进去过，就又向前追去，穆罕默德才得以脱险。从那以后，穆斯林就形成了禁止欺负和糟蹋鸽子的习俗。

这一习俗客观上有利于鸽子的保护。值得一提的是，在人类明确提出人权概念的几百年前，有一位穆斯林法学家提出了善待动物的"动物权"。"动物权"的理念是：与人类同生存于大地的牲畜和动物有它们的生存权利。人们应当向它们提供所必需的饮食，即使病老、闲置也必须照顾它们。动物的主人不能使它们的劳动超过负荷，使之过度劳累，不能把它们围圈在有害它们健康的地方，不能使它们受到同类或异类动物的伤害。应该细心照顾动物，饲养动物的人有责任为它们提供好的休息场所。在发情季节，要为雌雄动物提供相遇的机会。从动物身上挤奶时，应考虑母畜对幼畜的喂养需要，不得使其幼子受伤害。从蜂窝里取蜜时，不得取净，要留下适当的部分让蜜蜂自己食用。这种理念通过宗教信仰的渗透，使回族对待动物的观念有了更规范的要求。

（二）有利于植物保护的禁忌

植树造林，种花养草，以及善待和珍视花草树木的行为，在回族穆斯林看来，属于善功之一。圣训中说："任何人植一棵树，并精心培养使其成长、结果，必将在后世受到真主的赏赐。"同时，《古兰经》警示人们："图谋不轨，践踏禾稼，伤害牲畜。真主是不喜作恶的。"对笃信宗教的回族民众来说，与此有关的生态保护的经文已深深融入日常生活起居中。

山区的回族在看待植物在世间的地位时，深受明清以来汉文译著家们的影响，认为花草树木类的植物属"有性无命"。"有性无命"意即，植物虽然不像人一样能说、能动、能思维，但确是具有性灵和感知的，在人类砍伐时会有疼痛的感觉。既然花草树木与人一样有疼痛的感觉，"己所不欲，勿施于人"，不有意砍伐树木、践踏花草，进而爱护花草树木的民俗行为就在情理之中。植物"性灵"理念的认知及普及，决定了回族民间此方面的禁忌习俗，如禁忌给花草树木泼脏水，禁忌对着树木大小便，等等。这种不洁行为表现在：一是卫生意义上的不干净，二是观念意义上的不干净。

（三）有利于自然资源保护的禁忌

提倡节约、反对浪费是人类在长期的历史生活中形成的共有文化传统。回族文化中将禁止浪费提升到了信仰的层面，在日常生活中形成了一种自觉的行为规范。《古兰经》告诫人们："你们应当吃，应当喝，但不要过分，真主确是不喜欢过分者的。"真主又说："你不要挥霍；挥霍者确是恶魔的朋友，恶魔原是辜负主恩的。"这种基于宗教信仰的价值观念会内化到信仰者的心灵深处并逐渐演化成民俗生活的一部分。在祁连山区，老人通常会通过给孩子们讲述"浪费粮食的人死后身上会生蛆"之类的故事来约制各种各样的浪费行为。在当地，吃饭时掉米粒会被当作很不好的习惯，成人如果这样会受到鄙视，孩子如果这样会受到父母的斥责。

回族对水有着特殊的感情，认为水代表了生命的起源。《古兰经》中说："真主用水创造一切动物，其中有用腹部行走的，有用两足行走的，有用四足行走的。"水对生命有巨大的维系力，万物都离不开水。《古兰经》指出："我从云中降下清洁的雨水，以便我借雨水而使已死的大地复活，并用雨水供我所创造的牲畜和人们做饮料。"基于此，回族民众认为浪费水是"哈拉目"（非法行为），禁忌向清洁的水中扔肮脏的东西，禁忌在水源处大小便和建造阻碍水源的建筑物等等。这些朴素的观念揭示了水与植物、动物和人类生活相互依存的重要意义。

接近自然而不崇拜自然，改造自然而不滥用自然。这就是说穆斯林遵循伊斯兰教教规要求：人类通过合理开发，可以从自然中获得物质和能量，以满足自身的要求。但在开发利用自然的同时，却不能滥用自然。比如：要求不能浪费水，不能浪费粮食，要求自身清洁卫生，不允许污染环境。要慈爱一切有机物，不可无节制地乱砍滥伐，任意乱捕滥杀，不允许砍伐幼苗，对一切有生命之物不可无故惨杀。穆斯林民族文化和习俗深受伊斯兰教的影响，正是基于伊斯兰教物质与精神的结合，今世与后世兼顾，义与利统一的精神，穆斯林民族领悟大自然与人和谐统一的境界，从而坚定自己的信念，通过辛勤的劳动，合理地开发自然来创造幸福美好的人生。

第九章
文学、艺术中的生态文化

第一节　充满自然情韵的文学作品

一、文学中的生态文化自然气息

（一）藏族文学

藏族文学作品的形成和发展与藏族人民的信仰密切相关。藏族人民除了信仰藏传佛教外，他们的意识中还蕴涵着原始宗教的理念，如苯教思想。这些思想和佛教思想融和，共同构成了藏族人民以藏传佛教为基础的环境意识。

藏族先民信奉万物有灵，对神山圣湖的顶礼膜拜深入人心，对大自然以及所有的生灵心怀敬畏和感恩，在藏族浩如烟海的民间文学中处处都能看见这样的记录。藏族史诗《格萨尔》伴随着藏族文化一同生长和发展，它不仅是一部反映古代藏族社会风貌的"百科全书"，同时也是一部优秀的民族精神标本的展览馆。随意翻开《格萨尔》的章节，藏族先民与自然万物相互依靠，以期"共生"的生态意识随处可见。在《霍岭大战》一节中，辛巴梅乳孜唱道："狂妄大胆的渔夫，你们心中可清楚？霍尔大川大河水，全属霍尔流本土。水中鱼儿无其数，跟霍尔人共生息。其中三条金眼鱼，是霍尔三王的寄魂鱼。我们霍尔山沟里，禁止人们来打猎，我们霍尔河水中，禁止人们来捕鱼。谁若打猎捕鱼类，依法严惩不放生！"道破了人与生灵之间命运的息息相关，其思想突破了"人类中心主义"的限制，表达了藏族先民对一切生灵的珍视。这种传统的理念到现在依旧影响着藏族人的思想与情感。

藏族先民认为，动植物与人类一样，是富有灵性的。由于藏族先民们与动物之间平等相待的思维观念，在藏民族早期神话传说中出现了很多动植物题材的故事，并且几乎都是用拟人手法赋予他们人的感情和思想，这也充分体现了人与自然的密切关系。在《斑鸠和布谷》中，动物成了善良的人死后的化身，姐弟俩遭人陷害，姐姐化为斑鸠，弟弟化为布谷。"每年农历的四月就开始啼叫，呼唤他们的阿爸。"在《绿松耳石羚羊角》中，动物有报恩或助人为乐的神性感召，"有一天，羚羊突然说：牧羊人，你有一副好心肠，我愿你得到幸福和欢乐……把我头上的松耳石羊角拿去周游世界吧。"在《狗带来了青稞种子》中，动物推动了族群概念的起源与繁衍，"一只老狗眼看着人们每天成群地饿死，它没日没夜地奔跑，昼夜不停地对着苍天哀号，终于感动了天……说完丢下一吊青稞，刚好挂在了狗尾巴上，老狗舍不得吃，要把这青稞带回去交给人们做种……"在藏族的早期文学中与动物意志有关的文学作品甚多，如《莲苑歌舞》《青颈鸟的故事》《兔子德桑和鼹鼠做朋友》《聚乐喜剧家禽传》、《蜜蜂典籍如意环珠》等。因雪域高原特殊的地理环境和古老的生活习俗，使人和动物有了极为密切的互相依存关系。而这些特定的自然环境和文化情境，为藏族民间文学的创作提供了广泛而丰富的素材。

（二）回族文学

回族是一个基本上全民信仰伊斯兰教的民族，因此在大多数的回族文学中都能体现他们的信仰。《古兰经》是伊斯兰教的经典，广大回族人民受《古兰经》的教导，在回族人民的观念中，关于自然、人与环境的观点，大都来自伊斯兰教和《古兰经》中。同时，回族在形成发展过程中也受到了汉族传统文化的深刻影响，这两个方面共同作用，形成了独特的回族文学。

回族的文学作品中充满了对人与自然和谐统一的向往。伊斯兰教认为，真主创造了自然万物，《古兰经》指出："我展开了大地，并把许多山岳安置在大地上，而且使各种均衡的东西生出来"。"他创造万物，并使各物匀称。"万物各行其道，并且相互依存、相互生成，共同生存于一个和谐统一的生态系统中，万物是和谐统一的，那么人与自然也是和谐统一的。

回族人民对自然是充满了敬畏与仁爱的。在明清之际中国伊斯兰学者马注的传世之作《清真指南》中，"能慈骨肉者，谓之独善；能慈同教者，谓之兼善；能慈外教者，谓之公善；能慈禽兽、昆虫、草木者，谓之普善"将仁爱推广及自然中的一切生物。

回族对水有着特殊的感情，认为水代表了生命的起源。《古兰经》说道："我从云中降下清洁的雨水，而使已死的大地复活，并用雨水供我所创造的牲畜和人们做饮料。""真主用水创造一切动物。""他从云中降下雨水，用雨水使一切植物发芽，长出翠绿的枝叶，结出累累的果实"。正因为有了水，才使大地披上了绿装，大自然充满了生机与活力。回族青年作家冶生福在文章《黄河源头是吾乡》中，描写了自己家乡村庄中的泉水："山上的泉水流了一年又一年，如今这里居住的是白帽帽黑甲甲的回回们。""村东头的阳坡根泉眼多，这里一汪，那里一窝。泉水咕嘟咕嘟地往外冒着水泡，当地人极为形象地称为'泛眼泉'。晨曦初照，村东头的那片旷地上洒满了金银。夕阳在山，那里又成了瑰丽的宝石湾。明月当空，土山脚下，一汪汪的清泉在月光下扑闪着波眼，流了一地银色的柔媚。""泉水正涓涓而出，然后聚成涓涓细流，最后合成潺潺小河、大河，流出极乐山口，汇入苏木莲河，奔向东南融进湟水河，再拐个弯儿就到黄河了。"回族作家张承志的作品《北方的河》中带着尊崇父亲的激情所描写的黄河，那样地凝重、威严、神秘而又充满力度。对于回族人民来说，水是生命的象征，是家乡的象征。

（三）蒙古族文学

青海的蒙古族从迁徙到青海高原以来，相对于蒙古族主体独立生存，于青藏高原这个特定的自然地理环境中，在传承本民族传统文化的同时，也创造了自己独特的文化，丰富了蒙古族文化的内涵。

蒙古族是游牧民族，游牧文化是蒙古族先民适应草原生态环境的产物，加之蒙古族先民信奉萨满教"天父地母说"，由此产生了天人和谐、万物有灵的生态思想。史诗《江格尔》描绘了蒙古族世代向往的生活世界——宝木巴理想国的生态美景："江格尔的宝木巴地方／是幸福的人间天堂。那里人们永葆青春／永远二十五岁的青年／不会衰老、不会死亡。江格尔的乐土／四季如春／没有炙人的酷暑／没有刺骨的严寒／清风飒飒吟唱／宝雨纷纷下降／百花烂漫／百草芳芳"；民间诗歌《十三匹骏马》中牧人赞美宇宙并进而提出保护宇宙的责任，"牧人爱宇宙／宇宙赐给我们幸福，牧人保护宇宙／苍天交给我们的任务"；《达兰太老翁》《砍柴人》《黑心眼儿害自己》等民间故事，都提醒人们万物是相互依存、不可相残的，要保持一种相克相生的互动、互补的关系，只有这样，才能实现人对自然的认同、遵循、内化，达到"天人和德"，保持生态的平衡发展。《达兰太老翁》就是叙述了人、牛、羊、火、蛇、乌鸦、狼、龙王、大海等相互关爱，让达兰太老人过上幸福生活的生动故事。凡是听了这些故事的人不会不有所思考：人类的生活能离开那些野兽、植物、山水、草木、沙石、风雨、冰雪等自然存在物吗？

蒙古族人民不仅将生态保护作为信仰，更作为制度来要求人民，这种制度的建立自习惯法时期就已经开始。据考证，习惯法中包括祖先祭祀制、决策忽里勒台制、族外婚制、幼子继承制等内容，此外还包括生态保护"约孙"，主要有保护马匹、保护草场、定期围猎、保护水源、防止荒火、珍惜血食、节约用水、讲究卫生等内容。进入成文法阶段后，成吉思汗于1206年正式颁布的蒙古历史上第一部成文法——《大扎撒》，明确规定"禁草生而攫地，禁遗火而燎荒"，以法律形式保护草场，禁止施放荒火和坑掘草地。北元时期的《阿勒坦汗法典》共13章115条，其中包含救护牲畜、预防传染病、保护野生动物的条文。同为北元时期的《卫拉特法典》在保护畜牧业及野生动物条文方面比前代蒙古法典更为完善，内容更加全面广泛，而且赏罚分明。清朝时期的《喀尔喀法典》第133条明确规定："在库伦辖地外一箭之地内的活树不许砍伐。谁砍伐没收工具及随身所带全部财产"，第134条规定："从库伦边界到能分辨牲畜毛色的两倍之地内（距离）的活树不许砍伐，如砍伐，没收其全部财产"，延续蒙古族文化传统，保护森林、草原生态环境，以利于游牧业和狩猎业的发展。从《喀尔喀法典》的法律条文中可以看出，当时生态保护的法律意识相当完备，不仅在辖区设立了禁猎区、规定了禁猎日，而且规定了惩罚及赔付的限额，内容具体、利于操作、便于执行。

因此，爱护动植物、保护大自然的思想从小就根植于蒙古族血脉之中，形成了稳固持久的思想意识和文化观念，发挥着生态文化观念塑造人的功能，保护着茵茵草原绿色植被。

二、叙事诗中的生态情韵

（一）藏族

长篇史诗《格萨尔王传》，是藏族文学的代表。这部以战争为主要题材的作品，不仅有刀光剑影的战斗场景，还有青山绿水、鸟语花香的美好景象和俊美神奇的自然风貌，处处体现着人与自然的和谐相处。

1. 动物保护

《格萨尔》中，有许多因猎杀动物而遭到惩罚的内容。无论是天神之子格萨尔还是部落头人，无论是将军还是平民百姓，一旦触犯了这些法规，同样会受到本部落的惩罚。打猎虽为生活所迫，但按照部落习俗，乱杀生命，就违犯了部落内部的法规，查实后就会依法处置：

觉如是顶宝龙王的亲外孙，原想让他把王位登。

而且又是嘉擦的亲兄弟，称他好却像是敌人。

偷马的罪行早暴露，又杀死达绒打猎人。

这些事情罪过已不小，又把荒山野兽全杀尽。

抓取外沟商旅投牢房，吃了人肉还把人血饮。

这些事伤了岭神的心，占卦预言星算都不灵。

觉如已经犯了法，他在白岭难容身。

要把他逐到玛域坪，我总管王就是执法人。

这则故事反映了不随意杀生是岭部落人们遵循的守则，也是牧民的家风。这种家风的产生源自对大自然的依赖而萌生的敬畏和热爱。自古藏族就形成了一种关爱生命的文化情结，由此还形成了专门的节日——放生节，藏语称"次塔尔"。这是一种普遍存在的民间习俗，各地区的表现形式大致相同，将生灵放归自然，任其自灭，这被认为是一种修善积德的行为。

2. 草原生态保护

《格萨尔》中，除了体现有崇尚良好环境、保护动物的观念外，还有对保护草原、保护水源和树木等观念的刻画。这种观念被认为是天经地义的。《降霍篇》中，当霍尔国白帐王侵入岭国抢走珠牡，9年后回到岭国的格萨尔为搭救珠牡，在霍尔国的"黄霍尔达拉四方大滩的下方"，幻化出了无数的商贾和僧侣，引起了霍尔国的警戒，于是颁行了一套保护草原的"禁令"：

在这美丽的草原上，

丛丛青草已结籽，弄撒要拿酥油赔。

草上露珠一滴滴，踩落要拿绸子赔。

草茎根根在喷香，折断要拿金替赔。

百花盛开颤巍巍，撞花要拿松石赔。

溪水清清起涟漪，弄浑水头用奶赔。

树枝交蔽像拉手，砍断树叶用马赔。

果实累累如垂珠，打落果子用羊赔。

石头砸破用铅粘，开辟道路用金赔。

吃草就要讨草价，饮水就要掏水税……

到过草原的人常会体验到，在茫茫的草原上，看起来无人，实际上草地的主人无处不在，只要你不怀好意，马上就会有主人来劝阻，正如上面的诗所说。

3. 人与自然和谐共处

《格萨尔》以大量的篇幅描述了人与自然、人与环境的关系。《公祭篇》中，格萨尔在一段唱词中唱道：

我从天界降生人间时，曾说野鸭不弃小湖水，

碧湖清水不忘野鸭子，夏季来临互相有联系；

曾说大鹿不把石山离，青石山岭不把鹿忘记，

花草茂盛跟它有联系；白岭大王不停唤天神，

天神永远保护不忘记，这与郑重誓言有关系。

诗歌中，湖和野鸭、石山和大鹿、天神和格萨尔王，体现了自然和动物、人与天神和谐相处的自然关系。

《霍岭大战》中有这样的描述：

天鹅展翅飞北方，是去碧湖把家安，

如果湖水不干枯，天鹅自会落湖边。

绵羊奔向高山岗，是把青青花草馋，

花草若未遭霜杀，绵羊自会上草山。

杜鹃飞向森林里，是因果多食新鲜，

果实若未遭雹打，杜鹃自会来林间。

达萨离家去岭地，是为成亲寻夫君，

如果囊俄他在家，达萨自会留白岭。

这里表明了人与自然互相依存的关系。

《霍岭大战》中描述：

地气升腾形成云，天空雨水降大地，

雷电雾霭从此生，这叫天地相调和。

夏水冬季结成冰，天空雨水降大地，

冷热相间植物生，这叫冬夏相调和。

善业净化罪孽果，怕下地狱修善业，

善恶之间识前途，这叫善恶相调和。

霍尔好比红清茶，岭国就像白酥油，

酥油调茶喷鼻香，两家不合没理由。

在这些"天地调和""冬夏调和""善恶调和"以及家国关系的"调和"之中，充分地反映出古代藏族的自然观念，从顺应自然、敬畏自然到融于自然、战胜自然的强烈意识。

（二）回族

回族的诗歌中不乏对自然的描写，诗歌的风格也正如当地的景色一样宽广宁静，通过描写自然传达回族人民心中对信仰的坚守和对母族的情感。

青海回族诗人马汉良在诗歌《拉脊山五月的雪（组诗）》中写到：

什么都是白的

连阳光也是白的

粉红色的藏女

呼唤着羊群

远征暮色中让牛粪火煨暖的家园

一片红头巾

洋溢着春的萌动

与天际的晚霞

一同在无垠的雪山上燃烧

拉脊的雪水

再一次将苦难的历程浸泡

抛锚的颠簸

把深陷的叹息

留在沉寂的山谷

祈祷吧

漫长的拉脊雪山

是我们献给太阳的哈达

回族是崇尚清洁的民族，通常穆斯林都崇尚白色，认为白色是洁净的象征，是最美的一种色彩。而回族以它为服饰的主色调，反映了这个民族以洁净为美的审美心理。

在这首诗中，诗人以雪为希望，此山能将一切苦难浸泡，白得一尘不染的山峰是对太阳的献礼，表达了诗人以白色为美，以雪白的山峰作为对太阳的献礼的纯洁的审美心理。

回族民间叙事诗产生的历史较短，题材来自当时的现实生活，它的人物也是取自于现实生活中，受宗教的影响，真实感强。回族著名的爱情叙事诗《马五哥与尕豆妹》中，就体现了回族人民生活的环境与方式：

河州城里九道街，莫泥沟出了一对好人才。

阳洼山上羊吃草，马五哥好比杨宗保。

天上的星宿星对星，尕豆妹赛过穆桂英。

大夏河水儿四季清，少年里马五哥是英雄。

一片青草万花儿开，女子中的尕豆妹是好人才。

马五哥放羊者高山坡，尕豆妹担水者河边里过。

该诗的背景是清朝末年，回族青年的日常生活与自然紧密联系，天空、大河、草场、花儿、山坡，处处体现了人与自然之间的和谐，对自然的描写轻快优美，也能反映出是各种青年男女之间的爱情是愉悦、幸福的。

（三）蒙古族

蒙古民族的史诗《江格尔》，反映了远古时期蒙古族的生活习俗、哲学思想、宗教信仰和伦理道德，具有草原文明的鲜明特征，特别是史诗中蕴含的草原人民的生态意识和古代蒙古民族以自然精神渗透人类生存的诗性智慧，能够为当代全球的生态思潮提供更多和更有启发性的精神资源。

1. 敬畏天地

在英雄史诗《江格尔》中，勇士们在为江格尔的宫殿选址时就是以对自然的崇拜为最高原则的，他们非常注重人与生态环境的关系。

　　要向着光明，向着太阳

　　在芬芳的大草原的南端

　　在平顶山之南

　　十二条河流汇聚的地方

　　在白头山的西麓

　　在宝木巴的海滨

　　在香檀和白杨环抱的地方

　　建筑这座奇迹般的宫殿最为吉祥

　　"向着光明，向着太阳"，既是人们对自然规律的遵循，也是对蒙古族崇拜的最高对象和一切权利——"长生天"的敬畏。水草茂盛的草原是马背民族安身立命之地，因此，他们要在"十二条河流汇聚的地方""在芬芳的大草原的南端"建筑这座奇迹般的宫殿。这里是与天地最为和谐相融的理想之国，"宝木巴"即有圣地、福地、仙境、乐园或极乐世界之意。

　　2. 尊重生命，感念生命

　　信奉萨满教的蒙古族在"万物有灵论"的影响下，把客观存在的自然物、自然力拟人化或人格化，赋予它们以人的意志和生命，把它们看成同自己一样具有生命和思想感情的对象。蒙古族史诗最为突出的表现就是对"马"的尊崇和赞美，可以说在游牧民族中，主人与马的关系是人与动物关系的集中体现，是人与自然和谐相处的缩影和典范。

　　史诗《江格尔》中每一位勇士都有属于自己的神勇的坐骑，他们为自己的骏马配上最华丽的雕鞍、鞍垫、鞍缦、肚带等，使其更为漂亮。勇士们的骏马与人一样，感情丰富，并且具有超人的智慧。在战斗中，它们不仅保护着主人的生命，而且还能为他们出谋划策，激励英雄的斗志，可谓是智勇双全的"英雄"。史诗写到，当江格尔离开家乡，西拉·胡鲁库洗劫宝木巴以后，洪古尔为保卫宝木巴，身负重伤而被俘。江格尔的儿子骑着阿兰扎尔回到故地，阿兰扎尔一见到洪古尔的铁青马，两匹神驹立即互相亲吻，由于思念自己的主人"它们不住地叹息／热泪滚滚"。马与主人的亲密关系由此可见一斑。神勇的骏马不仅对主人有如此深厚的感情，而且在战斗中的作用更是无可匹敌，它们的智慧、力量和勇气是勇士赢得胜利的保障。当勇士们远征时，它们以惊人的耐力和闪电般的速度，将英雄送到目的地"铁青马四蹄腾空 / 像闪电，像疾风"。当勇士受伤时，它们保护主人不落马鞍，并把主人送到安全地带，"江格尔失去知觉 / 从马背上昏迷欲倒 / 灵敏的阿兰扎尔 / 通达人性 / 却不叫小主人落鞍。"当勇士身处困境时，它们鼓舞勇士的斗志，并出谋划策，史诗描写洪古尔被图赫布斯举过头顶，倒悬空中，铁青马跑过来对主人说："你年方十八 / 为娶亲来到他乡 / 怎能忍受被打败的耻辱 /……/ 你为何不揪住他的腰带 / 为何不用你强壮的躯体压下去"，洪古尔取得胜利，铁青马功不可没。

虽然是从古代人的视角描述骏马的，但我们从中能够感悟到蒙古民众的价值观和审美情趣，马是他们心中完美的伴侣，对马的热爱、尊重和感念是他们永远的情怀。这是与自然亲近的一种生存方式，是与宇宙生命休戚与共的生存方式，是一种自然律与道德律相和谐的生存方式。

3. 天地人神共存

天、地、人、神和谐共在的整体生存境界是一种理想的美的境界，回归自然又是浪漫、迷人而富有诗意的境界。

作为活态史诗，江格尔不厌其烦地反复讲述人们赖以生存的宝木巴，这里是水草丰美的牧场，"这里有八千条清澈的河流 / 潺潺流过四百万奴隶的家门前 / 年年月月灌溉着广袤的牧场 / 芳草萋萋，四季常鲜"；这里有青山绿草，似锦的繁花，"乌鲁善巴山绿草如茵 / 勇士的战马在那里啃青 / 起伏的丘陵花红草绿 / 像玛瑙像翡翠，随风依依"；这里有起伏的山峦，丰富的宝藏"那金山、银山 / 巍然耸立于宝木巴的心脏"；宝木巴的人们尽情享受自然的恩惠，与美丽的自然融为一体，人们在这里生息繁衍，"早晨，从东方升起红艳艳的太阳 / 翡翠般的嫩草上露珠晶莹 / 草原像波光闪闪的绿色海洋 // 中午，金色的太阳光辉灿烂 / 禾苗肥壮，苗壮成长 / 宝雨唰唰下降 / 雨后太阳又露出笑脸，清风吹荡"；宝木巴的人民享受着神一样的美好生活和天堂般的自然环境，这里"没有衰败 / 没有死亡 / 没有孤寡 / 人丁兴旺 / 儿孙满堂 / 没有贫穷 / 粮食堆满田野 / 牛羊布满山岗 / 没有酷暑 / 没有严寒 / 夏天像秋天一样清爽 / 冬天像春天一样温暖 / 风习习，雨纷纷 / 百花烂漫，百草芬芳"。

可见，宝木巴的人民置身于天、地、人、神共生共在的富有诗意的环境中，他们是大自然的一分子，与自然相拥，与神亲近。

三、谚语中的生态情结

（一）藏族

藏族谚语俗称"丹慧"，是藏民族在长期的生活劳动中提炼的一种口头文学，是藏族语言的精华，有着极为强大的生命力，闪烁着藏族人民智慧的火花。

藏族人民在宗教思想的影响下，总是自觉保护高原的动植物，形成了环保意识。藏族人民认为一切的自然物都是有灵性的，要经常顶礼膜拜，才能维持人与自然的协调，在现实中人们总是自发保护周围的环境，并时刻警示自己不保护生态环境也会给自己的生活带来恶劣的后果。

藏民族的格言与谚语因其民间性、通俗性、简洁性和形象性，在藏区的环境纠纷处理以及生态环境保护方面发挥了巨大的规范和调整作用。这些格言和谚语的内涵丰富，比如在保护山林、草原、河流等方面的"山林常青獐鹿多，江河长流鱼儿多""破坏草原的鼠繁殖快，扰害村庄的恶人搞头多"等；在禁止环境污染方面的如严禁"放火山林，投毒海水"；说明犯罪根源的"山的杠子，搅海的棍子"；在遵循自然规律进行农牧生产方面的如"春天的牲畜像病人，牧民是医生；冬季牲畜像婴儿，牧民是母亲"。"山顶若无皑皑白雪，山下何来清清湖水""水是幸福的根源，田地犁平再灌水"，通过长期的生产劳动，告诫大家水是万物之源，在现实生产劳动中，充分合理运用水资源。在"欲生于无度，邪生于无禁""山海有禁而民不倾"等格言中可以看到藏族的先人节制朴素的风范，这对生态环境的保护起着有益的作用。

（二）回族

在回族的谚语中，有许多谚语与自然相关。伊斯兰教强调爱护自然，主张把握自然的本质和规律。根据伊斯兰教教义，自然界的运动变化、太阳东升西落、天地刮风下雨、大海潮起潮落、四季交替变换，都是真实的存在，都遵循着真主的"常道"，没有神秘可言，人们不应对此恐惧或产生崇拜心理，而应通过仔细观察，探索和领悟其中的奥妙。回族人民把生活中的自然知识，用谚语的方式记录、传承。"云跑东，一场空；云跑西，泡死鸡；云跑南，水上船；云跑北，瓦渣晒成灰"（预测天气）；"早起半山雾，后晌雨就来"（预测雨到来的时间）；"日落胭脂红，无雨天气晴"（从日落时的彩霞预测第二天的天气）；"冰霜冻一大片，雨打塄坎田"（说明自然灾害的破坏情形）。

回族人民对自然物心存博爱，伊斯兰教将爱护自然万物视为"善行"，反之则为"恶行"。他们提倡在认识自然规律的基础上合理利用开发自然，又反对在开发自然的过程中，对森林树木乱砍滥伐，对动物乱捕滥杀。所以有了"享近福攒粪土，享远福多栽树""人留子孙草留根，山上没树辈辈穷""山上长松柏，黑刺生山沟，河水沟上栽杨柳"等谚语，可以看出他们拥有自己的生态观念，在合理开发自然的同时，也积极保护自然，植树造林。

（三）蒙古族

谚语，蒙古语叫"祖尔·策琴·吾格""祖尔"意即比喻、比方；"策琴"意即智慧、经典；"吾格"意即语言、词语，连接起来有"比喻的经典之语"或"比喻的智慧之言"之意。它是蒙古族民间文学中产生较早、流传极广的一种语言艺术。

作为游牧民族，蒙古族人民用自己的游牧生产方式与大自然和谐共处、理智相处，在生产生活中，也产生了许多相关的谚语。蒙古人"胸怀长生天，眼观大地"，他们崇敬天地，"苍天就是牧民眼中的活佛，草原就是牧民心中的母亲"，表达了蒙古人对天地自然无比的热爱。蒙古人自古就有"太阳拯救万物，大地资源丰富"的说法，旨在教导人们要像爱护眼睛一样爱护自然并崇尚自然，展现出蒙古人对在"天为盖，地为庐"的广阔草原上过"五畜繁殖，受众人尊敬"的生活的热切渴望。

在独特的游牧生活方式下，他们"秋季游牧于丘陵，冬季游牧于暖坡，春季游牧于川间，夏季游牧于平原"，视"饮用水如圣水，出生地如金子，大地为母，长天为父"，遵循大自然的规律，也在生活中得出许多与自然和谐相处的经验。关于自然规律方面的谚语有："日晕变天，月晕起风""云朵北移天气坏，家有老姑娘是非多""变天时天边深，爱吵架的人嘴巴青""细雨绵绵秋来到，鹅毛大雪迎冬天""三星出来冬来临，三星落了天要亮""红雾起要刮风，落日红要大旱""八月旱了旱两年，八十穷了穷两代""二十二日天气好，下月定是好天气""有青雾要下雨，起冷风要降霜""月晕起风，蚂蚁长翅要下雨""蚂蚁搬土要下雨，蒿叶黄了秋来到""七九开河，八九雁归""春风暖，秋风凉""晨风劲，冬风如鞭打"等等。

第二节　效法自然的音乐舞蹈

一、藏族音乐舞蹈

（一）音乐中的自然情怀

青海的藏族生活在高原之上，天高云低，碧草连天，养成了他们开阔的胸怀，在与恶劣的环境斗争中养成了乐观向上、自由奔放的精神。他们用悠扬的歌声抒发对美好生活的向往与真挚爱情的渴望，也用简朴的语言表达自己的信仰。藏族民歌有：勒（酒歌）、拉伊（山歌）、宁勒（婚礼曲）、仲勤（叙事歌）、格毛（也叫勒格道歌）、江勒（打墙歌）、尤拉（农事歌）、打场歌、挤奶歌、催眠歌、儿歌、祈祷歌（如嘛呢调，咏经调）、挽歌，以及日常生活中的搭帐篷歌、铺毡歌、全灶歌、打柴歌，儿童唱的拍手歌、玩石歌、求阳歌等等。

藏民族民间歌谣格律严谨、声韵优美、想象力丰富，常运用托物寓情的方式表达思想内容，将动物直接被藏族人作为亲人或情人的隐喻方式来演绎，充分体现了藏族人民对自然的崇拜。在勒（酒歌）《雪山之巅接苍天》中，"雪山之巅接苍天，雪山雄狮多威严；脖项浓鬃真美丽，父辈如同雄狮般。杨树成荫的林间，树叶铺成了地毯；猛虎下山林中跃，同辈如同猛虎般。蓝天般的小湖面，像是孔雀把翅展；浑身羽毛多好看，婶母如同孔雀般。"先以自然景观雪山、杨树林、湖面作铺垫，引出在此景中生活的动物雄狮、猛虎、孔雀，用这些动物比喻自己的亲人朋友，并将这些动物的特点赋予人，生动而又富有趣味性。

青海的藏族群众热爱家乡像爱自己母亲那样理所应当，家乡的热土、家乡的山川河流、草原牧场给了他们生存的希望，寄托着他们生活的向往。藏族诗人伊丹才让在20世纪60年代出版的《婚礼歌·藏族民间长歌》中这样歌咏家乡的骏马："马头像纯金的宝瓶一样，愿金宝瓶盛满吉祥。马眼像天上的启明星一样，愿启明星闪耀吉祥。马牙像三十颗贝壳一样，愿三十颗贝壳带来吉祥。马舌像锦缎的彩旗一样，愿锦缎的彩旗招引吉祥。马髻像蓝宝石的玉环一样，愿蓝色的玉环圈来吉祥。马尾像透明的丝线一样，愿透明的丝线扬起吉祥。"作为马背上的民族，在藏族牧人的心中马是如此的美好而神圣，它绝不是不会说话的牲畜，而是值得尊敬与珍视的宝贝。《热贡赞》《泽库赞》《尖扎赞》《赞大武滩》等赞歌无不生动地表达了对家乡的热爱之情。

（二）舞蹈中的自然灵性

藏民族有广泛流传于民间的舞蹈，有专供上层社会享用的卡尔歌舞，也有专为宗教仪式服务的羌姆舞，以及众多门派的藏戏舞蹈。

流行在青海的藏族民间舞蹈有依、卓、热依、热巴、锅挂、踢踏舞、小鸟舞、古典舞、狮子舞，以及类似表演唱的"则热"等。"热依"是一种只表演无歌唱的"哑舞"，主要是模仿日常生活中的事物和劳动中的动作，这种舞蹈十分质朴，很少艺术加工。如有舞模仿公鸡踏进热灰时的蹦跳动作，同时伴以鸡受烫时的鸣叫声，动作形象，口技逼真，十分幽默风趣。"小鸟舞"是模仿小鸟起飞、旋转、追逐、下落、寻食、吃水、献哈达等一系列生动活泼的动作而编的，这种轻盈矫健的舞蹈极适合于儿童表演。藏族的民间舞蹈反映了藏族人民对生活的热爱，他们善于观察自然中的动植物，并将他们融入舞蹈之中，形成具有特色的民间舞蹈。

青海藏传佛教中的礼仪舞蹈称为羌姆，是吸收大量藏族民间舞蹈成分而编排的程式性舞段，跳舞时头戴各种神祇面具，成为宗教本身和藏民用来驱鬼求神、造福来世、宣扬佛法天命、解说因果关系和表演佛经故事等的宗教舞蹈。藏传佛教乐舞中的牦牛，原也是苯教所崇拜的主要神灵之一，传说莲花生来到郚部，郚部神变成一种白牦牛立在山头，从嘴和鼻孔里吐出的风雪吹得地动山摇，但法师一下子用金刚杵钩住它的嘴，使它难于发威最后吐血，匍匐于地，被彻底降服，皈依佛法并发誓保护佛法，后来成为佛教密宗的神祇阎魔护法神。在宗教乐舞中牦牛与神鹿同舞或独舞，它以唱腔、念白、表演融为一体，既有原始宗教的祭祀式内容，又有民间歌舞的娱乐性，该舞蹈由7人表演，2人组，扮成两头野牛，演员头戴面具，身披牦牛皮，领舞者1人，伴奏用一鼓一钹，舞蹈热烈、狂放，表现出了神牛的气焰。羌姆中神牛的形象，充分体现出藏族人民的动物崇拜思想，反映出他们对自然的敬畏，以及他们与自然相互依存的密切关系。

（三）祁连片区舞蹈非物质文化遗产

1. 天峻县藏族民间舞蹈

藏族民间舞蹈来源于生活，而又高于生活。藏族舞蹈中，很多动作都是来源于藏族人民平时的生活、劳动，并由此形成了带有不同地区不同特征的舞蹈。比如农区的主要生产活动是播种、收割、打场等，果卓中的"双拉手"和"单手外甩"直接来自播种和收割动作。果卓谐中的"绕袖手"和"上下打手"则是从农区藏民们挤奶和赶羊动作中提炼的。

藏族民间自娱性舞蹈可分为"谐"和"卓"两大类。"谐"主要是流传在藏族民间的集体歌舞形式，其中又分为四种：《果谐》《果卓》（即《锅庄》）、《堆谐》和《谐》。后来增加了简单的上肢动作、原地旋转和队形变换，成为一种男女交替、载歌载舞的劳动歌舞形式。这种劳动歌舞今天已被搬上舞台，成为历史上劳动艺术的纪念。

藏族是歌舞的海洋，藏族的歌舞是雪域高原的一株高贵美丽的雪莲。藏族人民用勤劳智慧创造了一段段经典舞蹈，让世人在惊叹于他们舞蹈动作的精湛和优美之时，也看到了藏族人民生活、劳作的美好画卷。神秘的雪域高原，厚重的文化积淀催生了西藏歌舞艺术，而西藏的歌舞也让这片广阔美丽的土地熠熠生辉，璀璨夺目。

2. 天骏县藏族锅庄

"锅庄"一词由来已久，是"卓舞"的俗称。"卓"是藏语的译音。根据昌都县锅庄的歌词和民间的传说来分析，卓舞这个民间古老的舞蹈形式，早在吐蕃时期就存在了。卓舞早期与西藏奴隶社会和盟誓活动有关，后来逐步演变成为歌舞结合，载歌载舞的圆圈歌舞形式。

锅庄舞是一种无伴奏的集体舞。锅庄舞有许多舞名称，亦即曲牌和词牌，唠叽半步舞、六步舞、八步舞、索例哆、猴子舞、孔雀舞、牧羊曲等。锅内的舞步分"郭卓"（走舞）和"枯舞"（转舞）两大类。锅庄边舞边唱，多为问答对唱比赛。

舞蹈时，一般男女各排半圆拉手成圈，有一人领头，分男女一问一答，反复对唱，无乐器伴奏。整个舞蹈由先慢后快的两段舞组成，基本动作有"悠颤跨腿""趋步辗转""跨腿踏步蹲"等，舞者手臂以撩、甩、晃为主变换舞姿，队形按顺时针行进，圆圈有大有小，偶尔变换"龙摆尾"图案。

藏族锅庄至今传承较为良好，但藏族锅庄包含着丰富的藏族文化内涵，形式完整多样，地域特色鲜明，民族风格浓郁，有深厚的群众基础，其中蕴含着友爱、团结、和谐等传统的人文精神，有较高的艺术和社会价值。因此传承及可行性发展情况极为良好。

二、回族音乐舞蹈

回族创造了十分丰富多彩的民族音乐艺术，尤其是他们的民歌曲目繁多，内容广泛，曲调优美，语言清新，具有浓郁的民族色彩和高原风情。他们演唱的民歌有在婚娶大事中唱的"宴席曲"，有谈情说爱的"花儿"，有各种劳动号子，有家中唱的小调，也有哄儿入睡的"儿歌"等。

（一）音乐中的自然情怀

"花儿"是西北地区的回族、撒拉族、土族、东乡族、保安族、汉族等各民族人民共同创造的宝贵文化财富，有着独特的民族性、自娱性和交融性。青海回族"花儿"是青海回民在漫长的形成过程中传唱的反映自身生活的歌曲，"是一部青海回族'花儿'传播史，也是一部青海回民的形成史。"

"花儿"以情歌居多，回族人民在描写爱情时，通常会以自然环境的描写为铺垫，"菊花湾里的一湾湾水／风刮时水不停动弹哩／毛洞洞眼睛小口口嘴／说话时心不停动弹哩"，用水作引入，与下面的内容相呼应；用自然界中的动植物托物言志，"小鹿羔翻山吃草尖／它不怕猎人的子弹／只要尕妹子你情愿／九座山我当个塄坎"，歌曲中前两句借小鹿冒着性命危险翻山吃草，托物言志，引出中心；最后又借自然表达决心，"万年黄河的水不干／千万年不塌的青天／千刀万剐的我情愿／舍我的尕妹是万难"，借"黄河水不干""不塌的青天"表达对爱情的忠贞不渝。

回族人民唱"花儿"的地点多是野外牧场、田间地头，歌声回荡在山间、林中，这也是一种人与自然和谐共处的享受，一种山美水美歌更美的生活情趣。

（二）舞蹈中的自然灵性

回族把结婚办喜事称为"吃宴席"，宴席曲就是专门在婚宴或其他喜庆场合演唱的曲子。门源回族宴席曲在历史变迁过程中融合了多民族文化与多个时期历史事件，更具有研究价值和文化特色，并于 2008 年入选国家级非物质文化遗产名录。宴席曲除了大传，一般的散曲、季节歌、五更调都可以边唱边舞，从审美学的角度来讲，从民间宴席曲中舞蹈的肢体造型、动作就能看到回族群体性格中哲学思想蕴含着回族人民与自然和谐相处的生活态度。

宴席曲多以方阵队形对舞，舞蹈主要有"鹰舞""鹦哥舞""筛子舞"等。也可以采取歌伴舞的形式表演。其动作特点常与回族的劳动、生活、习俗相关联，由于回族歌曲常用凤凰、蝴蝶、牡丹、鸽子等雍容华贵的形象和羊羔、青草、甘泉等与本民族生活息息相关的事物起兴，所以舞时模仿飞禽的各种形态、漫步、饮泉、追逐、拖翅、抖翅等，手臂动作多变的特点恰似蝴蝶飞舞、凤凰展翅，动作秀而不拘、美而不俗；腿部柔韧地屈伸，似放牧人赶着羊群在云中走，动作起伏稳重，柔中有韧、潇洒自如、头部碎摇和敏捷地摆动，眼神配合巧妙，这些都抒发了宴席中的喜庆欢快之情，也是回族人民在大自然中获取美感和灵性智慧的集中体现。

三、蒙古族音乐舞蹈

（一）音乐中的自然情怀

蒙古族的民歌浩如烟海，假如你到蒙古族聚居的草原参加节日活动、婚礼或到牧民家里做客，常常会听到优美动人的蒙古族民间歌曲，那歌声能使你感受到蒙古族人民宽阔的胸怀和真挚的感情。民歌悠扬奔放，富有草原生活气息，其内容涉及面广泛。

蒙古族民歌与蒙古人的生活环境息息相关。无论他们是歌颂爱情、思念家乡、感谢父母，歌曲中都会歌唱草原的景色。如宴会上的一首祝酒歌："辽阔无边的大地，是万物之摇篮和骄傲。郁郁葱葱的森林，万古长青，充满生机，祝愿平安、美满、幸福！在这吉祥幸福的节日里，我们拿出最珍贵的物品，我们要摆设最丰盛的宴会，拉起动听的马头琴，唱起优美的赞歌。愿这激动人心的时刻万事如意！按照古老的信念，我们聚集到了一块，以我们乳汁般的心，热情的欢乐在一起。祝愿我们的生活幸福美满！"还有诉说对父母恩情的感激的："布谷鸟叫了，该我们回家了，知道该回家后，我们却感到高兴／会集草木的是，急风和暴雨。召集部众的是，婚礼和宴席／移动沙土的是，大风和洪水。使人思念的是，父母双亲大人／骑上漂亮的小黑马，翻越高高的北大山，去拜见白发苍苍的，父母双亲大人／骑上可爱的大黄马，跨越高高的南大山，去拜访恩大如海的，父母双亲大人／愿吉祥如意！祝国泰民安！""大地""森林""大山""草原""马匹"等自然的事物虽然不是歌曲的主题，但却经常出现在歌曲中，可见在蒙古族人心中，生活的幸福安康与优美的环境是分不开的。

在蒙古族音乐中，有一类特殊的文艺形式，是祝赞词。祝词和赞词多在庄重肃穆的场合或节日喜庆的仪式上吟唱，所以色彩绚丽，情真词切，感情奔放，语意激扬。祝赞词以朗诵和歌唱的形式皆可，传达了蒙古族人民对生活的热爱，对喜事的祝福。在祝赞词中，赞马词是赞词中最丰富、最有特色的一类。对各种马从不同角度，用最美丽、最亲切的语言编织出无数的赞词来赞美它们。如：

吉祥如意！

这马俊美的身段像旗帜一样好看，

四肢像兔子的腿一样向前奔驰。

尖长的耳朵机敏地竖立着，

铜铃似的两个眼睛像电光一样闪亮。

四蹄像公黄羊的蹄子一样又直又有劲，

它的每个关节处的毛都有旋子，

它的每根毛上都刻着佛经的字，

它的尾巴又粗又长又大，

它的鬃毛又多又好看，

它的臀部烙有蒙古可汗的印记，

它的脊背上闪耀着月亮的光瓣，

它的额头上闪耀着太阳的光芒。

漂亮的鞍头是坚固的红檀木做成，

平展的鞍板是坚硬的白檀木做成，

结实的肚带又宽又长，

柔软的八根白鞍绳又细又好用，

白色的马镫由纯银子铸成。

突出地描绘了骏马体形的高大，神态的优美。通过对马的细致入微的观察，运用丰富多彩的排比词句，使马的形象光彩照人，淋漓尽致地表现了牧民爱马的真挚的感情，进而展现了蒙古族对动物的爱怜。

（二）舞蹈中的自然灵性

蒙古族发祥在山林之地，最初是以狩猎为主的生存方式，所以最初舞蹈灵感来源就以"拟兽"为主，如：熊舞、野猪舞、鹰舞、鹿舞、《斡日切舞》（天鹅舞）、《聂那肯》（猎犬舞）、《爱达哈西楞》（公野猪搏斗舞）、《巴勒那德》（逗虎）、《恰木巧额日德日》（树鸡舞）等；《萨满舞》中祭祀的英雄神和野神（鹰、蟒、虎、豹等28位野神）；女真人舞蹈《东海莽式》里出现的"抱羊"舞（老鹞抓小鸡），男子舞蹈"单奔马""双奔马""滚龙舞"等等。

"拟兽"的舞蹈形式也受到宗教信仰的影响。萨满教中动物图腾被认为是最古老的神祇。在反映北方古代游牧文化的岩画中，除了描绘人对自然界的敬畏和崇拜外，大多数是人扮鸟兽的舞蹈化的形象。通过这样一些鸟兽舞的形象，以达到"谐人神，和上下"的目的。萨满教观念中，如狼、鹿、牦牛、天鹅、鹰等动物都是被模仿和再现的、具有生命意义和灵性的，它是蒙古族舞蹈的重要内容，同时也能反映蒙古族人民寄托在自然事物上的感情和民族气节。鹰（布日固德）是蒙古族萨满起源的神物，独舞《鹰》以比拟的手法把草原上雄鹰所具有的坚韧、矫捷、迅猛、不屈不挠的品格展现在舞台上，是对蒙古族民族性格和气质的浓缩和放大。由贾作光先生创作和表演的《雁舞》，从雁的形态和动感上获取灵感，以形象、流畅的动态语言，把雁的形象艺术化，给人以美的享受。从飞禽形态的模拟，或以物喻人的表现，可见蒙古族人民不仅是热爱自己赖以生存的自然，更是从自然的事物中在反映出蒙古族的胸襟与情怀。

第十章
手工艺中的生态文化

第一节　手工艺中的自然气息

手工艺是指以手工劳动进行制作的具有独特艺术风格的工艺美术。手工艺品由自然材料制成，能够无限量制作。此类产品实用、美观，具有艺术性和创新性，能传达文化内涵，富有装饰性、功能性和传统性，同时具有宗教或社会象征意义和重要性。研究区域手工艺历史悠久，品类繁多，有着优秀的艺术传统和独特的艺术风格。

一、土族手工艺

（一）刺绣

土族妇女的传统手工艺为刺绣、盘线。土族人民的刺绣艺术明显地表现在对服饰的精心装饰上，土族妇女喜欢在衣服领子、袖头和下边绣上各种花纹，形成一种美丽的图案。土族妇女从小就要学习刺绣，掌握各种针线技艺，并且要用几年的时间为自己准备一套嫁妆，包括精美的服装、绣花枕头、绣花烟包等，同时还要为婆家的老人准备绣花枕头，为家中其他女人准备绣花的长腰鞋等许多女工作品。

每当土族人的传统节日或庙会来到，土族姑娘们都要精心地打扮一番，带上自己制作的各种绣品，聚在一起互相评议，看谁的手艺高超。

土族的刺绣独具一格，不论绣什么图案，都用"盘线"绣成。"盘线"是土族特有的针法，同时运用两根针线，做工精致、复杂、匀称，绣出的图案美观大方，朴素耐久。

（二）雕刻

历史上的佑宁寺是由许多殿宇、经堂、僧舍组成的佑宁寺完整建筑群，吸收了藏、汉建筑的特点和甘肃"河州砖雕"的艺术成就，其精工细作的木刻，陈列的泥塑佛像，充分显示了土族人民的建筑和雕刻艺术水平。

土族群众还在住宅的墙壁上、寺院的栋梁和门窗上都绘画或雕刻着象征牛羊健壮、五谷丰登的图案。

二、回族手工艺

（一）回族民间刺绣

民间刺绣源远流长，早在西汉时期就已经被先民们催生萌芽，之后形成于西晋，发展于隋唐，独立于宋元，普及于明清。它是依附于百姓的民俗，伴随着人们的日常生活而发展起来的古老的民间艺术，传承在回族当中，从唐代以来，渗透了生活的方方面面。

回族妇女凭借一支细小的绣花针尽管挥洒着心灵和创意，形成了平针、插针、掺针等多种针法，把各种图案绣在衣领、衣袖、口袋、腰带、袜子、鞋、鞋垫、钱褡、荷包、针扎、辫筒、枕头、枕顶、门帘、被罩等物件上。她们设计的图案，结构严谨、节奏分明，既有给人以安定、活泼、大方视觉感受的几何形图案，也有以花、果、草木、人物、动物为题材，在自然基础上进行装饰变形的纹样，巧妙应用点、线、面结构和色彩效果，使绣品充满了浓厚的装饰味。

代表性作品：钱褡、荷包、针扎、辫筒、枕头、枕顶、门帘、被罩、鞋垫、鞋邦、被单等。

（二）门源剪纸

剪纸在门源流传历史久远，它渗透于人民生活的方方面面，喜爱剪纸艺术的人代代相传，如窗花中的"双囍"、蝶、蜂、牡丹、喜鹊。许多女人都能剪，奶奶剪，姑娘、儿媳剪，小孙女也能剪。

剪纸的流程包括，构思：按实际生活的需要和用途进行作品大小、图案等的构思，在脑子里形成作品开始操作；选料：根据作品的构思和使用场合，选用纸型和颜色；操作：凡复杂讲究及画面较大的作品，先用铅笔或彩笔在纸背面画好图案，然后按图案剪出作品；一般的作品，将纸折叠后，随手剪出所需图案。

代表性作品包括《鱼跃》《金门源》《双牛图》。取材大都是生活中所熟悉和热爱的事物，有花草树木，五谷丰登，有反映吉庆的《喜鹊探梅》，有反映爱情生活的《鸳鸯戏水》，有反映现实生活的《喜迁新春》。作品种类有窗花、帘花、炕墙画、箱柜花等。

（三）毛绳的制作

在漫长的历史当中，勤劳的劳动人民发明了劳动工具——毛绳。它在生活生产当中无时不有，无处不在，独自承担着其他工具无法替代的作用。毛绳是将牛毛、羊毛用手工拧集在一起，细毛绳用捻和搓的方法形成，粗毛绳是将几根细毛绳合拧在一起。在生产力落后的农耕社会，毛绳是人们常用的工具。在科技发达的今天，人们在生产生活中仍常用毛绳。毛绳主要用于畜牧业、农业运输、农耕。

扁形的毛绳叫"毛编"，有两种做法：一种是把几根搓成的绳用细毛线并排缝在一起。另一种是用特制的木架编制，有上线、下线、过线，有架子、剁刀等工具。还用黑、白线在毛编中间设计一些图案，有大豆花、拱花、剪子花等。毛绳种类很多，从股数上分，有两股毛线、三股毛线；从粗细上分，有粗毛绳，中号毛绳，细毛绳；从毛类上分，有牛缨毛绳，羊毛绳，山羊毛绳；从色彩上分，有黑毛绳、白毛绳、花毛绳；从形状上分，有圆的，有扁的，也有四棱的。

（四）拧皮绳

拧皮绳是游牧文明和农耕文明的产物，门源拧皮绳历史悠久，但无考究拧制皮绳的确切年代。

皮匠把"熟"好的牛皮用锋利的刀均匀地裁成二指宽的皮条，根据所拧皮绳的长短，分三根均匀地挂在绳搅子的铁勾上，另一头栓在一个特制的木桩上绷紧，抹上青油，叫作"吃油"，在夏天的太阳下曝晒 3～4 小时。再转动绳搅子，将皮条紧个半松半紧，再曝晒 1～2 小时。然后，在三股皮条中间放上"码子"，皮条分别卡进复线状的槽里，防止皮条互相缠绕。最后再把三股皮绳拧得很紧很紧，再合成一股，反方向拧紧。在紧绳时，由一人用手控制"码子"，绳边紧"码子"边向后移动，于是一根三股皮绳拧成了。也有的皮匠裁皮条不刮毛，皮条连毛，这种绳更耐磨。

还有一种皮绳叫"板子绳"就是皮匠把牛皮当中最厚实的部分载成二指半宽的皮条，也经过暴晒，"吃油"，再经过揉搓就成了"板子绳"。

三股皮绳结实，主要用来在各种马车上作车绳，捆木头、捆柴火、捆庄稼梱子等；"板子绳"一般用于家庭使用，如在马、牛上驮东西时捆绑用。皮绳越使用越柔软，如遇到雨淋或浸入水中会变硬，晾干后在上面抹些青油会柔软如初。牛皮绳使用起来绵软柔和，是农牧民们理想的劳动工具。

（五）擀毡

门源是农牧结合地区，每年生产大量牛毛和羊毛，手工擀毡的历史很久远。

以前来门源擀毡的工匠大多为甘肃人，后来有些本地人也学会了此门技术。后来毛类价格大涨，做毡成本高，再加上工业革命的冲击，此项技术基本失传了。毡匠的劳动工具有弓把、竹廉、椎枷、剪刀和木尺。毡匠擀毡的程序是：先把羊毛、山羊毛（有的掺和些杂毛）在平地上摊开，用一种木制的枷枷连续抽打，打一阵后用手拢合再抽打，把锈毛疙瘩基本抽散，再用手撕，再把较长的羊毛用剪子剪碎，最后用弓弹。弹毛的弓把是毡匠的主要工具，弓把长约七尺，弓背呈四棱形，两头稍圆，粗约四寸，弓弦用特制的牛筋，大多为三股合拧而成。弹毛时，把弓把吊在房梁上，下面支上木板或门扇，上面堆上毛。毡匠赤裸着右臂，臂上套着特制的半截皮筒，皮筒系着一截木棒，毡匠左手握着弓把，右手用木棒拨动弓弦，发出"嘣，嘣"的响声。毡匠哈一下腰，弓弦就探入毛中，再一直腰挑起毛，不断拨动的弦，把毛弹得纷飞。毡匠哈腰，弓弦发出"嘣"的声音，毡匠直腰发出"嘚"的声音，毡匠哈腰、直腰，弓弦"蹦——嘚"弹奏出一部优美动听的劳动旋律。随着不断拨动的弓弦，成堆的毛变得松散绵软。

弹好的毛被拢起，用竹爪均匀地摊在铺开的竹廉上，喷洒上清水抚压平展卷起来用绳捆紧，由两个匠人用脚来回滚动，滚动一阵后再松开再捆紧再滚动。滚到毛坯毡基本成形，就去掉竹廉，滚上边子，上面泼上沸沸的开水，用毛线单子或麻袋片卷起。

两个毡匠坐在凳子上，前面置一块本板或门扇，呈三十度斜度，上面放上毡楋，用绳子控制，用脚来回踢蹬滚动。匠人手中的绳子一放一收，双脚一伸一屈，动作默契，配合恰当，这叫作"洗毡"。约半小时后，再把毡卷松开，稍作整理，再泼上开水卷起再洗，如此三次，一条新毡成功了，这个过程就叫"擀毡"。毡的颜色有白毡、青毡、沙毡三种。白毡用纯白的羊毛擀成，青毡用黑绵羊毛或山羊毛，沙毡为杂毛。毡上还有饰文图案，有花草也有福寿图等，白色的毡用黑毛线做图案，青毡用白毛线做图案，十分精美。毡的尺寸有三五（三尺×五尺）、四七（四尺×七尺）的。后来出现了机械制作的毡，但无论从原料到加工，远不及手工制作的毡好。毡匠还用专用工具擀制毡袄、毡靴、毡窝、毡帽等。广泛用于农牧区家庭。

（六）丁氏布鞋

丁氏布鞋是门源的一大祖传民族手工业，它的制作历史源远流长，现任"雪梅鞋业有限公司"经理丁雪梅为第四代传承人。丁氏布鞋造型美观质量上乘，穿着舒适大方，绱缝不开线，鞋底不裂断，很受广大客户欢迎，产品远销省内外。

一双布鞋，从制作到成形，千针万线，有多少辛苦的劳动在里面。丁氏布鞋，手工制作，质量上乘。它适用于在炎热的地方穿着，隔热、防热、防脚汗；轻便，耐用，不伤脚；它适合休闲穿着，显得朴素文雅；它适用于劳动人民穿着，经济，实惠。丁氏布鞋，人们穿着它，是一种美的享受。广泛应用于社会上各种人群穿着。丁氏布鞋属于家族式传承，虽受现代机械化加工的冲击，但手工制作的布鞋很爱广大消费者欢迎。现继续传承生产。

（七）窝窝药枕制作技艺

回族"窝窝药枕"与回族迁徙到门源有直接关系，"窝窝药枕"形成已有几百年历史。门源"窝窝药枕"既保留了回族妇女刺绣艺术特征，又大量吸收了其他民族的造型艺术。最初。枕芯用其他原料制作，后来利用了当地盛产的中药材当原料，久而久之形成了具有保健和药疗相结合的独特产品。

"窝窝药枕"是门源回族妇女中保存相对完整的传统工艺制作技术。"窝窝药枕"专门为老人而制，呈六角琵琶形，厚度10厘米左右，中间镂有防止侧卧时耳朵被挤压的扁形洞眼，与普通枕头相比，"窝窝药枕"具有工艺精湛、外形美观、色彩斑斓、舒适、药用价值高等五大特点。工艺精湛指的是它的裁制十分精细，四面枕顶的刺绣，既讲究对称，又富于变化，外形美观指它是琵琶形的独特造型；色彩斑斓指"窝窝药枕"枕头制作时的选料和用线的颜色丰富多彩，华丽着色，强烈对比中又进行协调和搭配，保证了构图上的统一；舒适指它切合了人侧卧的习惯和科学的睡眠方式，为了防止人们尤其是老年人在侧卧时压痛耳朵，专门在枕面上镂空出扁形梅花耳洞用于放置耳朵；药用价值则指枕芯的中充填了一些降血压、镇静、醒脑的中药药物。

采集当地盛产的各种药材，按照不同年龄，不同的病历，制作不同药枕。枕面布料和枕顶用线的色彩，包括各种颜色，华丽名贵的织绵缎或其他布料，主要突出协调和搭配，保证构图上的统一。

据专家考证，"窝窝药枕"中装入不同的中药材，对不同病历的人有一定的疗效，特别是对中老年人失眠、高血压有一定的疗效。

（八）马富腰刀

古人说"西域回回多工匠"。据有关记载，早在元朝时期，从西域而来的工匠颇有名气，有擅长制作扇子的、有擅长制作官帽的、有擅长做皮货的、有擅长制作银器、铜器、铁器的，其中有许多"善锻刀"者。到民国时期，西北多个回族聚居地区，都有许多铁匠铺，有打马掌的、打镰刀的、打铲子的、打腰刀的……在《中国回族史》中，当时门源就有制卖铁艺品的，其中就有门源马富腰刀。

马富腰刀从原料到成品，要经过锻、铲、锉、淬、磨等28道工序，要达到刚柔齐全，锋利上乘。其中的锻、淬是绝招，手工刃口活的优势，全凭工匠的心悟、眼观到达的真功夫，这是机器活所无法可比的。宝刀锋利磨砺，马富腰刀除非门源干沟石不用，用此石的马富腰刀如虎添翼。千锤打铁，一淬成功，可见淬火这道工序在锻刀工艺中所起的举足轻重的作用。

马富腰刀非常精致，它造型优美，线条明快，工艺精湛。银白色铁皮做的刀鞘，包着三道红铜箍儿，刀鞘上端有个小孔，插着一把锃亮别致的铜镊子，刀柄的护手处用黄铜铸成，柄身由光洁、温润的白色牛角制作，柄尾层叠式地镶嵌着红、黄、蓝、绿、橙五色柔质有机玻璃，最后面一层是黄铜做的裹底。抽出双刀，两把腰刀式样、规格，色泽不差毫厘，刀面用黄铜嵌着制作者姓名。刀背厚重适宜，刀锋锐利，寒光闪闪。马富腰刀种类有单刀、双刀、折刀、鱼刀等十余种，规格有七寸，大五寸，小五寸等。

在门源及周边地区，尤其在牧区，腰刀是日常生活的必需品，是主要家什之一。屠宰畜生、吃肉、剃刀、削制农具等都离不开腰刀。在门源及周边地区的农村牧区，家家户户都置有腰刀，无论是哪个民族，其日常生活都与腰刀紧密相关。旧时，牧区的小伙喜欢在腰刀上连上红穗子，精心装饰一番后，系在腰带上显摆。

三、蒙古族手工艺

（一）皮革

皮革是蒙古族最普遍的手工艺品。在皮革手工艺品中，有衣服、被褥、容器、工具等。其中，衣服最具代表性的是皮袍、大衣、坎肩、马靴等。被褥则以皮被、皮枕头最为典型。容器更是多种多样，例如皮洒脱、褡裢、皮箱等。绳有车用绑绳、日常用绳、皮粗绳等。

（二）牛羊毛织口袋技艺

牛羊毛口袋是草原游牧民族的一种日常生产生活用具，由于游牧民族的生产生活资料较为单一，主要以牛羊的皮、毛、肉为主，在游牧迁徙或草场流转时，以牛羊毛加工制作成盛装东西的用具，便于运载和装卸。随着社会的发展，牛羊毛口袋的制作工艺向简便、快速方向发展，至今在祁连有的牧户人家还在使用这一传统方便快捷的用具。

牛羊毛口袋的制作：先将适量的牛毛或羊毛手工捻成线，如要制作帐篷则捻的线要粗，家中用具捻的线要细。制作分为经线和纬线，经线要捻线，纬线要用羊毛撕成，而且编制时不能拽得太紧（可以防水）。最后用骨头磨成的骨锥、穿上细羊毛绳缝制而成。

牛羊毛口袋的用途主要为牧民在搬迁帐房时用来盛装粮食、生产生活用具，是游牧民的生产生活中重要的必需品。牛羊毛口袋主要是游牧民自制、自用的用具，一般用羊毛、牛毛缝制。

（三）皮口袋的制作技艺

皮口袋是草原游牧民族的一种日常生产生活用具，从古至今由于游牧民族的生产生活资料较为单一，主要以牛羊的皮、毛、肉为主，在游牧迁徙时以皮口袋为主要的盛装东西的用具。随着社会的发展，制作工艺向简便、快速方向发展，至今在祁连有的牧户家还在使用。

皮口袋有两种。一是将动物的皮子剥成筒状，然后用水煮，煮到一定程度后，再用动物的脂肪，抹在皮子上，在太阳下暴晒至皮子上面的油渗入皮子为止。因皮子是筒状式剥皮，皮子上有一小洞，然后找一圆形石头，堵住洞口，用羊毛绳扎住。它是用来盛放酸奶、水、奶子等食物的用具，制作这种口袋要用生皮子。二是从动物后腿的大腿内侧剥皮，然后将皮子放在水中脱毛，在皮子上放入海碱、皮硝、盐，待其充分渗透至皮子，鞣至软。然后裁成口袋形状（一般一张牛皮缝制成两大、三小的皮袋），然后用骨头磨成的骨锥、穿上细羊毛绳缝制而成。为方便封口，口沿部分一般用宽约20厘米的用毛剁成的毡子缝制，它是用来盛放面粉等生产生活用品的。制作这种口袋春天的皮子为最好，要用熟皮子。

游牧民在搬迁帐房时用皮口袋装粮食、生产用具，生活食物是游牧重要的必需品。皮口袋主要是游牧民自制、自用的用具，一般用羊皮、牛皮缝制。由于皮口袋的制作方法耗时耗工，皮口袋现被塑料编织袋逐步取代，手工制作的很少，只有少数的老一辈牧民会制作。

（四）马尾巴毛"雪镜"制作技艺

祁连地区、冬季比较漫长，雪后的草原一片白茫茫，在雪地上生活、放牧，眼睛受到阳光下白雪的反射，就会造成雪盲。生活在高寒牧区的游牧民族在漫长的生产生活历史中，发挥聪明才智，发明了用牛或马的尾巴毛制作的雪镜，雪镜是先辈们流传下来的一种防雪盲的用具。

取适量黑马或黑牛的尾巴毛。将尾巴搓成线或绕成线（线的粗细要一致）。根据眼睛的大小，确定主线、竖线的股数。编制眼眶的大小一般为成人的三个指头（大约6厘米）左右，鼻梁为成人大拇指的直径（约2～2.5厘米）。然后按照主线、竖线的股数进行编制，编制的线可以是斜的也可以是方的。用四边多余的线头编成镜框。

（五）骨角器

骨角器通常有两种作用，适用和装饰。适用类通常是用骨角器的坚硬特点来服务蒙古族人的生产和生活；而装饰类则更多的是用于造型和雕刻，具有很好的艺术价值。

（六）木器

木器是蒙古族人非常普遍的使用工具。木头经过特殊的处理后，可以改变色泽以及形状，从而更加美观和适用。

（七）蒙古刀

蒙古刀形成的因素主要有生产及生活方式、民族交往及宗教信仰等。蒙古刀是蒙古族牧民的生活用具。吃肉、宰牛羊用它，有时也当作生产工具。经常戴在身上，既是牧民不可缺少的日用品，又是一种装饰品。刀身一般以优质钢打制而成，长十几厘米至数十厘米不等。钢火好，刃锋利。

刀柄和刀鞘很讲究，有钢制、木制、银制、牛角制、骨头制等多种，有的还镶嵌银制、铜制和铝制的花纹图案，有的甚至镶嵌宝石，也有的还配有一双兽骨或象牙筷子。它既是实用的工具又是非常具有装饰意味的工艺品。

（八）刺绣

蒙古族刺绣，是蒙古族人民在长期生产生活中形成的一种手工工艺。蒙古族刺绣不但在软面料上绣花，而且要用骆驼绒、牛筋等在羊毛毡、皮靴等硬面料上刺绣。蒙古族的刺绣艺术以凝重质朴取胜。其大面料的贴花方法，粗犷匀称的针法，鲜明的对比色彩，给人以饱满充实之感。蒙古族自己所用的一毛、花鞋、靴子、针扎、碗袋、枕套、鞍具、门帘等所有生活用品都是资金精心设计和刺绣出来的。

四、藏族手工艺

（一）羊皮鞣制技艺

藏族传统羊皮鞣制技艺最古老，是吐蕃前期就有的。指动物生皮经脱毛、鞣制等物理（揉搓）和化学（酸奶水）方法加工，再经涂饰和整理，制成具有不易腐烂、柔制、透气等性能的皮革生产活动。第一，将羊皮放入倒满酸奶水的本桶内，浸泡一周左右；第二，捞出羊皮沥去污物；第三，阴干至不硬为准；第四，手工揉搓，并将羊皮内部脂肪等物剔除；第五，继续揉搓至能使用的标准为宜。

（二）皮具制作

皮具，虽然在当今社会已经渐渐消失在藏族人民生活的舞台，但它还摆在每一个家庭里，在某个阳光好的日子里，被主人摩赏一番，带到外面享受"生活"。早在吐蕃王朝时期，藏族受外界文化的影响，已开始使用代表他们身份、地位、财富和审美情趣等的生活皮具制品。藏区一些皮匠开设的家庭作坊也有零星生产，这一时期的产品主要是藏式皮鞋、箱包、钱包、马具、皮鞭皮带等，及其他也有家庭生活用具。

（三）藏族木雕制作技艺

藏族民间木雕历史悠久，应用广泛，是藏族优秀的民间艺术之一。本雕在藏区民间多作门窗、桌柜佛龛、器具用品和工艺品装饰，广布每个家庭，已形成多种风格。作为一种民族民间文化艺术，国内外藏学家，民族民间文化艺术研究家以及民俗学家，都对藏族民间本雕艺术给予了很高的评价。藏式木雕家具便是藏族特有的民间传统工艺之一。藏式木雕家具和楼窗梁柱雕刻的内容丰富，题材广泛，有经文、人物、花卉、虫鱼、鸟兽图案、海波云花纹等等，无所不包。其中《红连怒放》《龙凤呈祥》《白鹤寒松》《菩提翠叶》《莲台金座》《舒云卷彩》《吉祥图案》等等，则是藏族民间木雕艺人表现的传统主题。

（四）藏族石刻

藏族石刻艺术品有别于单纯的藏族石刻。它不仅包括青海地区的作品，也包括其他地区具有藏族文化内容的石刻。藏族石刻艺术属于一种民间艺术，是藏族文化的一个缩影，它包括藏族的日常生活用品，器物装饰，原始宗教——苯教诸神及万物有灵崇拜的诸神、民间传说、历史人物以及丰富的藏传佛教内容。至今可见的早期原始崇拜石材"艺术品"是佛教传入前的泼彩石，这些实物在藏区的山谷之间随处可见，它具有悠久的历史。

藏族石刻的用途可分为两大类：世俗的与宗教的。作为世俗用途的石刻有石碑、石柱、石梁、装饰性动植物等，它反映了藏族独特的审美趣味；用于宗教的石量很大，也极为常见，以玛尼石和崖刻为流行样式。

（五）藏族妇女辫套制作技艺

藏族妇女辫套是藏区妇女以藏族装饰图案为中心内容的传统手工技艺。它代表着一个家庭中妇女的悲欢离合生活场景，它具有独特的民族民俗意义。很早以前就有藏族妇女辫套套装，后来慢慢随着新事物的出现日益消失，天峻藏族妇女辫套装饰与其他藏区妇女辫套装饰相比具有浓郁的时代特色和传统内涵的艺术风格。辫套的传统针法有平针、串针、跳针、回旋针等十余种针法。有各种图案色彩艳丽，线条流畅，人物活灵活现，做工精美绝伦，具有很高的艺术观赏价值和收藏价值、民俗价值。

（六）藏族酥油花制作技艺

藏传佛教格鲁派创始人宗喀巴学佛成功后，为纪念佛祖释迦牟尼，于

1409 年在拉萨大昭寺举行了万人祈愿大法会。法会期间，宗喀巴梦见荆棘变成明灯，杂草化作鲜花。宗喀巴认为这是仙界在梦中的显示，为使大家也能看到仙界，就组织人用酥油塑成各种花卉树木、珍禽异兽，再现他梦中的情景，连同酥油供灯奉献在释迦牟尼佛祖之前。这个宗教艺术活动沿袭至今。

油花的制作者就将纯净的酥油切成薄片，加上冷水，像揉面团一样揉匀。在制作艺术品时，根据需要加进不同的矿石染料，制作出来的作品色泽鲜艳，久不褪色。一件件作品都是用灵巧的手指捏成，酥油花的作者也就是雕塑高手。酥油花寓意的题材十分广泛、花样繁多、形象生动。从简单的月星、草木、龙虎象，到复杂的佛教故事、人物传奇、历史盛会、节日焰火都在它所表现的之内。

（七）黑牛毛帐篷制作技艺

藏族的黑牛毛帐篷的历史渊源可追溯到隋朝之前。敦煌石窟藏卷古藏文文献记载中有"六父王天神"的后代聂赤赞普做了"六牦牛部的首领"，被尊为赞普悉补野（约公元前 810—557 年）。赞普悉补野提倡和鼓励牧民用牛毛制作屋宇。起初只是编织粗糙的毛席，制作简易的帐穹，以后逐渐演变成为现在的帐篷。帐篷用料主要是牛毛，而且是牦牛毛，牦牛大都是黑色的，所以黑牛毛帐篷成为古代藏民族传承下来的适应游牧生活的活动性住房。历史上藏族的先祖宕昌羌"织牛毛及羊毛覆之"，党项羌人亦"织牛尾及山羊毛尾屋"。至今，除将古代羌人用山羊毛和牛毛混合织帐改变为纯牛毛织制外，帐篷的形状仍然沿袭着一千年前的古代风韵。黑牛毛帐篷承载着藏民族的文化和历史。

汪什代海藏族部落是天峻县藏族的主体部落，这个部落一直沿用最典型的黑牛毛帐篷。汪什代海藏族部落有史记可查的历史有一千多年，帐篷的历史比部落历史更久远。这种藏语称为"巴"的黑牛毛帐篷在青海藏族部落的历史中普遍存在。他们的起居栖身之所"黑帐篷"在《敦煌吐蕃历史文书》《智者喜宴》《白史》《红史》《安多政教史》等书籍中多有记载。

汪什代海部落从黄河流域迁移到环青海湖地区，迄今有 500 多年历史，这种传统民族手工技艺在天峻地区代代传承，有了很大的发展。

帐篷是牧民家产的象征，历史上一户人家的帐篷大小、帐篷多少都反映着一个家庭的经济实力。现在，制作帐篷仍然是当地老百姓增收致富的一项好营生，除制作牧民家庭用帐篷外，随着青海旅游事业的发展，旅游景区需用帐篷与日俱增，为帐篷制造业带来了生机。有了帐篷，藏民族居住民俗随之诞生。帐篷形质的选择、搭建地址的选择、门口朝向的选择，都有一定的习俗要求。从一个人的出生到成长，从衣食住行到婚嫁丧葬，都离不开帐篷，它记载了千百年来藏民族一切生活习俗，包容了"家"的所有民俗内涵。

（八）藏族皮袄缝制技艺

藏族服饰最久远的实物资料是昌都卡若遗址出土的少量装饰品，有璜、珠、项饰、贝饰等。研究西汉前后的青铜器图像及古代壁画，发现古羌人与今天的藏族服饰极其相近，都是肥腰、长袖、大襟、右衽、长裙、束腰、露臂等，惊人的相似，说明藏族服饰有着很强的稳定性。据史料记载和考古发现，藏族服饰的这种基本特征约在战国以前已形成，至今仍保留了浓郁的高原民族特点。海西蒙古族藏族自治州都兰县出土的大批吐蕃服饰文物，真实、生动地反映了吐蕃服饰的工艺水平。服装的织物纹样多为连珠动物纹，装饰品的金质首饰、佩饰的精美，无不令观者叹为观止。吐蕃时期，对于在战争中立功的勇士，人们会将虎皮、豹皮敬献给英雄，搭在他们的脖颈处，久而久之，便演化成藏袍衣领处的虎皮、豹皮纹饰。名画《步辇图》反映的是唐与吐蕃关系的一段重要历史，其中一位重要人物便是藏族历史上赫赫有名的禄东赞，画中的禄东赞头上环系一黑带或窄头巾，颈后半露一个发结，其发式或者是将长发梳成发辫或发髻盘于颈后，着小袖圆领直襟团窠花锦袍，袍长仅过膝，现出半截宽松带褶的裤腿，下穿一种尖端略曲上钩的鞋，凡此种种，均不难看出现今藏族服饰的影子。唐贞观十五年（公元641年），赞普迎娶大唐文成公主。文成公主入藏后，将诸种花缎、锦、绫罗与诸色衣料两万余匹，分别馈赠吐蕃王臣贵族，使他们的服饰变得丰富多彩。

皮袄的制作过程：首先，将年内的羊皮收集起来，凑够了十二张左右，放在盐水桶里，放七天。在盐水的作用下羊皮变成软皮后取出来在太阳下晒干，保存起来。到了秋天把晒干的羊皮埋在潮湿地里放一天左右，再拿出来用双手在皮面上用力揉，同时也将粗糙的面用小石片削，再用古琅和乌和搭在皮面上搓。皮面揉、削、拉、搓到一定的程度，就成为软皮。交裁缝开始制作皮袄。

藏族服装"皮袄"具有宽大暖和的肥腰、长袖长裙，厚重保温。为了适应逐水草而居的牧业生产的流动性，逐渐形成了大襟、束腰，在胸前留一个突出的空隙，这样外出时可存放酥油、糌粑、茶叶、饭碗，天热或劳作时，根据需要可坦露右臂，将袖系于腰间，调节体温，需要时再穿上，不必全部脱去，非常方便，夜晚睡觉，解开腰带，脱下双袖，铺一半盖一半，方便实用。青海藏族服装种类较多，地区差异性大，带有很明显的部落文化遗存特色，不同地域的人，以装束即可识别。藏族是个英勇善战的民族，在松赞干布时期，吐蕃文化得到迅速的发展，其服饰文化亦日渐丰富多彩。

（九）藏族唐卡

唐卡是一种带有浓郁西藏风情的卷轴画，大部分是佛像和菩萨像，也有一些花鸟、山水和医学、天文学方面的挂图。样式有布面彩绘的，有织锦、刺绣、缂丝和贴花的。

藏族唐卡，也叫唐嘎，系藏文音译，是用彩缎织物装裱成的卷轴画。是富有藏族文化特色的一个画种。"唐卡"的画芯和装裱都离不开棉、麻、丝、帛这些农业文明的成果。唐卡起始的准确年代，至今尚无定论，但它源于壁画是毋庸置疑的。有学者认为：最早的唐卡是绘制在兽皮之上的，它应起源于牧业文明的雅砻文化时期。"唐卡"画具有鲜明的民族特点、浓郁的宗教色彩和独特的艺术风格。对研究藏族民间和宗教艺术均有一定的社会价值和学术价值，同时具有可供世人观赏和收藏的价值。藏族"唐卡"画的构图极为别致，整个画面不受太空、大地、海洋、时间的限制，即在很小的画面中，上有天堂、中有人间、下有地界。还可以把情节众多，连续性强的故事，巧妙地利用变形的山石、祥云花卉等构成连续图案，将情节自然分割开来，使它形成一幅既独立而又连贯的生动有趣的传奇故事画面。其题材涉及藏族的历史、政治、文化生态和社会生活等诸多领域，被称作是藏族的"百科全书"。

主要工艺流程为：

1. 花布要经过筛选，选择平滑并且有厚度的白棉布，布上不能够有污点小孔裂缝等。将选好的白布裁剪好后绷在画框上，绷布的线要使用没有弹力的线。

2. 绷好的布要上胶，将胶水均匀地涂在画布两面，这一步决定着后期上色的好坏，待胶干后再用白土汁均匀地涂在白布两面，将布面上的细孔都填塞平整。

3. 打底稿就是先用炭笔在白布上将要画的图案精致地打出线稿，通过打线素描先画出神像、佛像的骨架并确定比例，然后画上衣服、装饰、宝冠及法器等。

4. 画师按顺序先对面积较大的衣饰进行着色，然后是天空、景物、地面，面部要到最后才上色。为使各部位颜色深浅有变化，着完色后就要对各种颜色进行加粉处理，使颜色有深浅明暗变化。

5. 被料覆盖过的底稿进行勾复线，这个步骤很复杂，有时要勾出无粗细变化的"铁线"，有时又要勾出粗细不同、顿挫有致的"变化线"。唐卡中十分喜欢用金、银等金属，一般在神像、佛像面部铺金，并用金线勾勒衣纹。

6. 唐卡画师在最后会对所画的唐卡进行修整，比如调整不均匀的部分，并且对画好的内容用藏文标注，并编制序号。

藏族唐卡主要内容都以表现宗教文化为主，纯宗教内容的唐卡占了唐卡总量的80%左右。有表现佛、菩萨、罗汉、护法神、著名宗教人物、佛教建筑、宗教故事等方面的内容。除此之外，它反映的内容还包括了藏族传说中世界的形成，藏族的起源，量理学，工巧明，医学，天文，历算，文学，诗歌戏剧，美术，民间传说故事等等。

（十）藏族骨雕

骨雕的历史悠久，1982年于陕西西乡县何家湾出土的骨雕人头像距今约6000多年，是目前我国发现年代最早的骨雕作品，它以牛、羊、马、骆驼等动物骨骼为原料进行雕刻。

骨雕作为用动物的骨制成的工具和饰品是人类最早的手工制品之一。古人早就用骨做成针、刀，并把图案或文字刻在骨上。随着历史的变迁，骨雕从日用品逐渐演变为装饰品。我们现在看到的骨雕已经是非常精美的工艺品，骨上不仅刻有文字，还有用不同的刀法雕刻出来的栩栩如生的立体人物，花鸟及仿真建筑等作品。

加工过程包括：

1. 进料：用牛、马等动物的大腿骨；

2. 选料：剔除骨料两头关节疏松部位，只剩下中间的坚实骨料；

3. 除脂漂白：高温除脂，化学方法除脂漂白，抽出油脂，防止变色、发霉；

4. 开料：按照需要加工的作品类别将骨料切开；

5. 分工种加工：按照人物、山水、花草、动物以及建筑等类别分类加工。

骨雕是流传已久的具有招财纳福，带来幸运，辟邪保平安等意义之吉祥物，据说能给人带来福运、财运、事业、爱情、幸福、学业等一切好运。

（十一）马辔头编织技艺（藏族）

从公元七世纪中叶，据说华热藏族从青海省果洛州阿尼玛卿雪山下来到现在的门源、互助、乐都、天祝等广大的安多华热地区，其中以牧为主的门源及天祝等地的华热藏族因以牧为主，便开始了编织马辔头的技艺。马辔头在门源的东部牧区运用广泛，颜色多种多样，深爱广大牧区骑手们的喜爱。

马辔头是控制马的主要工具，马辔头中最重要的两部分是马嚼子和马扯手（马扯手是拴在马扎环上，用来拽马嘴使其服从骑手的绳子，故又称马扯手）。

马嚼子也叫马叉子，由两个形似鸡大腿的铁件相互连在一起，让马含在口中，马叉子两头套两个大铁环，叫马扎环，这两个马扎环起着固定作用，即将马叉子紧紧地固定在马的嘴中，让它不左不右。再用绳子（为了牢固一般用熟制的牛皮）穿在两个马扎环里从头顶固定好上下位置，让马叉子正好固定在马的嘴中，让它不上不下。

马扯手是操在骑手手中，两端拴在两个马扎环里的一根绳子，是控制和促使马服从骑手的主要工具，相当于汽车上的方向盘。它与马缰绳完全是两回事。华热藏族平常使用的各种各样的马扯手中，有一种"扳纽马扯手"集民族特色和宗教艺术为一体，很有传承价值。

华热藏族用黑白两种颜色（或用颜料染成多种颜色）羊毛捻成非常均匀的细线，再将细线重复捻成该线的三股以上，叫股儿线。把股儿线一般分成两部分（三部分也行），从中间开始，采用一种黑白或多种颜色之间有规律的穿插编织，使之形成在圆杆状上出现缠绕状的蛇形图，并且这种图形来回出现九次，这种工艺叫作"纽"，这种图形藏语叫"牛勾玛"，在藏语中"牛"是眼睛的意思，"勾"是自然数九的称谓，意思是九只眼睛的物件。完成这九只眼睛的图案后，将两端所有股儿线合在一起，分成两部分，采用一种编织牛毛单子的方法，将黑白两种或多种颜色有秩序编织，使其出现一种类似箭头的图案，箭，在藏语中叫"哒"。当这种箭头图案出现一次时，又将两部分股儿线穿插编织，让这种箭头图案重复出现七次，这种编织方法叫作"扳"，整个形状是：在约四指宽的片状编织物上显示着七支箭头图案。

这样，一条中间是圆杆子编织物上呈现来回缠绕的九只眼睛的"牛勾玛"，两侧是四指宽的片状编织物上显示着的七支箭头图案，最后将剩余部分又每四根为一组编织成穗子，既拴住了马扎环又起到了装饰作用。

握住这中间有九只眼、两侧有七星箭的马扯手，预示着当骑手骑上自己心爱的坐骑行进在夜间或者经过陌生险要的地方时，可以起到化险为夷，神鬼不拦挡的作用。现在随着各种颜料及各种化工纤维绳的出现，华热藏族的马扯手更是五彩斑斓，美不胜收。

（十二）门源华热藏毯编织技艺

门源华热藏毯起源于明清时期。明朝时期门源佛教开始盛兴，很早时在藏传佛教寺院开始编织和使用藏毯。后来随着手工技术的逐步发展，使用藏毯成为显贵家族的体现和象征。但是编织手工藏毯工艺复杂，在生产力极为落后的年代，不能大规模生产。

新中国成立后，在20世纪70年代海北州工交局组织成立了海北第一家藏毯厂，古老的藏毯编织技艺得到了长足进步，后来在改革开放的大潮中，海北藏毯厂因经营不善而破产倒闭，从90年代末期至今，现传承人吴娃玛吉对藏毯技艺不断进行创新，使古老的藏毯编织技艺青春焕发。

藏毯原料是藏羊毛，特点是细度均匀，有毛辫。毛的强度大，弹性好、光泽好、长度长。织毯的操作主要包括：栓头、撩边、过纬、剪荒毛四个步骤。藏毯的制作方法有好几种，有抽绞毯、拉绞毯。藏毯主要用于生活、商业。

（十三）氆氇绣技艺

氆氇，藏语音译，是青海省海北州藏族人民用羊毛做主要材料制作成的佛像、唐卡、藏八宝、衣服和坐垫等制品。唐书《吐蕃传》记载，氆氇是唐朝进藏后，手下工匠们根据中原地区用蚕丝制作绸缎的工艺技法，将草原上盛产的羊毛制作成了氆氇，当时吐蕃语称"拂庐"。

海北州藏族氆氇绣画质大气，针法细腻，以平绣为主，采用独特针法绣出实用的图案，面料细密平整，质软光滑。为了丰富的图案花色，常常用天然绿色的茜草、大黄、荞麦、核桃皮等做染料，将毛线染出赭、黄、红、绿等色彩。

毪氇绣技艺的基本要求要有一定的刺绣技巧和技能，了解毪氇的特性，手工完成整个作品，这是机器无法替代的纯手工技艺。完成一件作品，需要一个月左右的时间。

毪氇绣作品色彩极其鲜艳，其代表性作品有佛像、唐卡和藏八宝等等。毪氇绣传统题材都赋予了深刻的寓意，这与藏族人民的宗教信仰和生活习惯相联系，如藏传佛教中诸神的佛像，用于祈祝平安、吉祥如意。藏八宝是藏族人民生活中必不可少的用物，适用于生产生活等。

毪氇绣技艺是一项传统的民间手工技艺，只在藏族妇女间传承，这为研究古代藏族社会、文化艺术和民俗提供了有效的途径。

第二节　自然元素的体现

手工艺品是祁连山劳动人民创造的灿烂文化之一，他们在进行物质生产实践的同时，也在进行着精神生产的实践。随着人类社会的发展，几千年来，古代的工匠们在其劳动实践中逐步发现了各种各样的物质材料。在生产技术不断发展和审美水平不断提高的基础上，创造了无数制作精美、千姿百态且带有浓厚的自然气息的手工艺品。

一、源于自然制作原料

祁连山地区自古以牧业为主，各种皮毛资源十分丰富，毛绳、皮绳、毡子、药枕、皮革、牛羊毛织口袋、皮口袋、马尾巴毛"雪镜"、骨角器、木器、木雕、石刻、黑牛毛帐篷、皮袄、骨雕等手工艺品，无不直接或间接地体现出草原文化的特征，多数资源都能够在草原上找到。经过上述工艺加工后，在充分利用草原畜牧资源的同时，减少了这些物品由于利用不及时而污染环境。世间本来不应存在大量垃圾，只有放错地方的资源，经过工艺品制作，将随处可见的毛发、石头、骨头等转化为工艺品，既满足人们物质生活需要，也满足人们精神生活的需要，更增加了工艺品的自然气息。

二、工艺品给人以回归自然的感觉

祁连山各民族制作使用的工艺品实际上是将自然中的美好事物搬进了我们的日常生活中，用羊毛、牛毛制作的衣物、帐篷、鞋帽，在体现物尽其用的同时，又很好地诠释了充分利用自然给予我们的生产生活资料，为我们的生产生活服务的宗旨。动物毛皮被充分利用是人类的一大智慧，既利用了资源，又清洁了环境，在彰显民族文化的同时展示了生态文明的内涵。民族手工艺品在制作过程中很少使用化学制剂，制作出来的工艺品美观实用，整个制作过程完全由人工操作完成，虽然从时间和效率上较机器制作效率低，但制作中需要大批劳动力又解决了就业问题，同时制作过程不产生垃圾和废水，不会对河流和周围环境造成污染。祁连山民族工艺品处处透露着自然的气息，给人以回归自然的感觉。

三、自然图案精美绝伦

祁连山各民族在工艺品制作过程中，工艺品上有很多自然类图案。工艺品制作者以他们熟悉的自然物为题材，例如在织绣上主要有植物、动物以及自然类纹样。如回族刺绣花草图案和几何图形，是回族妇女刺绣的绝技。在回民家里，我们看到她们的枕头、坎肩、挂图、围裙等处绣的花卉，形象非常逼真，形似蝴蝶的花朵，娇嫩的花瓣，淡雅恬静，仿佛使人感到散发着暗香。有些刺绣作品，很注意变化装饰，给人以整体美。她们往往撷取大自然中各种不同的植物叶，构成自己想象中的花草树木，枝与叶、花与蔓和谐地统一，有点像汉族人刺绣图案中的百花百果一棵树的创作方法。在剪纸中也会出现动物、花草树木的造型，自然美在剪刀下成为艺术美，剪纸又把人们喜爱的动植物带进千家万户，喜庆、丧葬、祭祀等都会剪出精美的图案。

第十一章
思想领域的生态文化

习近平总书记在全国生态环境大会的讲话中指出，"绵延5000多年的中华文明孕育着丰富的生态文化，生态兴则文明兴，生态衰则文明衰。"生活在祁连山地区的各民族对高原生态环境的脆弱及自然资源的珍贵有着深切的感受，他们以特有的民族生存方式在脆弱、有限的生态环境中生存和发展，基于他们的价值判断、宗教观念、社会习俗、政治关系、生产和生活方式去理解当地的自然环境，管理自然资源，孕育出与生态环境相关的特有民族生态意识，这些生态意识在各民族长期历史生活中积淀形成的思想烙印，具有地域性和民族特色，也与习近平习近平新时代中国特色社会主义生态文明思想有契合性和一致性。

第一节　汉族的"天人合一"

祁连山汉民族崇尚自然、热爱自然，在利用自然的过程中，不是无休止地掠取，而是对自然怀有敬仰之心，人与自然的相处是相互的，人类爱护自然，自然会加倍回馈人类，给人类绿水青山、风调雨顺；反言之，人类大肆破坏自然，自然也只会以泥石流、沙尘暴、厄尔尼诺等怪异的现象回报人类。区域生态文化表现出人与自然和谐相处的鲜明特征，这与我国传统文化中

"天人合一"的思想是一致的。

一、"天人合一"的内涵

中国古代关于人与自然的基本思想是"天人合一"。先贤哲人虽没有直接讲述生态文化这一概念，但他们探讨的许多内容都涉及生态伦理的思想。庄子认为"天地与我并生，而万物与我为一"，主张消除人为的差别，达到"天人合一"的境界。老子提出"是以万物尊道而贵德。道之尊，德之贵、夫莫之命而常自然"的观点。老子认为宇宙间的万事万物都遵循各自的规律，人类不能将自己的力量强加于它，否则就会打破自然规律。"道"所以被尊崇，"德"所以被尊重，就在于它们不干涉万物而任其自由发展。只有顺其自然，尊重其内在规律，让万事万物任其自然而然，发挥各自的优势、长处，这样，"天人合一的境界才能达到。总体来说，"天人合一"的精旨在于人与自然和谐相处，相感相通。中国著名学者钱穆先生对"天人合一"思想也加以赞美："天人合一"是中国文化对人类最大的贡献。他认为中国传统文化精神，自古以来即能注意到不违背天，不违背自然，且又能与天命融合一体。他满怀信心地展望"世界文化之归趋，恐必将以中国传统文化为主"。"不违背天，不违背自然"，精辟地道出了古代生态文化的精髓。

二、"天人合一"的主要表现

中国古代"天人合一"思想主要表现在两个方面：

（一）利用自然资源时要尊重自然规律

管子、孟子、荀子等思想家都有大量这方面的论述。管子从法治的高度认为："山林虽近，草木虽美，宫室必有度，禁发必有时"，"山林梁泽以时禁发"，概述了在合理利用山泽资源的同时，要遵循自然界生物的生长规律。强调"毋断大木，毋斩大山，毋戮大衍，灭三大而国有害也"。管子认为不要大量的砍伐树木，不要毁坏山林沼泽，这对自然生态有很好的保护作用。孟子认为"不违农时，谷不可胜食也；数罟不入洿池，鱼鳖不可胜食也；斧斤以时入山林，林木不可胜用也。"荀子从植物生长的规律得出见解，"草木荣华滋硕之时，则斧斤不入山林，不夭其生，不绝其长也"，以达到"山林不童而百姓有余材"，在鱼类繁殖时，"网罟毒药不入泽"，以期"鱼鳖优而百姓有余用"。

在《吕氏春秋》中，从夏历正月到十二月如何开发利用山泽资源都有详细规定：正月"禁止伐木，无覆巢，无杀孩虫胎夭鸟"；二月"无竭川泽，无漉陂池，无焚山林"；三月"命野虞，无伐桑柘"；四月"毋起土功，毋发大众，毋伐大树"。五月"令民无刈蓝以染，无烧炭"；九月"草木黄落，乃伐薪为炭"。可见，古人们在利用自然资源的同时。为求得自然生存的平衡，还制定出一些约束限制人们行为的规定。

（二）在尊重自然规律的前提下，改造和利用自然

如流传到后世的《夏小正》所书，是对农业生产与气候季节关系的科学总结；《诗经·七月》生动地再现了西周时候的劳动人民已经掌握了全年季市变化的规律，并按照季节的变化安排生产和生活的情景；春秋时医学提倡的"六气"，即阴、阳、风、雨、晦、明和自然现象紧密结合；大禹治水、李冰开凿都江堰等都是先人们因势利导，造福人类的典例。

"天人合一"的思想重视人与自然和谐相处，强调人在尊重自然规律的前提下利用自然规律，以求得生态的可持续发展。农业生产得根据气候、季节的变化规律以及土壤的实际情况来进行。"生态文化所主张的人与自然的和谐相处，要求人们从事农业生产是按照大自然本身的客观规律来展开自己的活动，而不是在盲目中给自然造成过于严重的破坏。""天人合一"思想是中国古代生态文化的精髓所在，然而这一思想在秦汉以后的时代中，在保护生态方面没有得到普遍推广。吴晓京先生从三个方面分析了古代生态文化衰变的原因：第一，古代生态文化演进中的抽象化与神化，切断了这一文化的生命之源；第二，将调整人与自然的关系置于调整社会关系的道德修养之下，使其逐渐丧失了原有的本质；第三，以自然经济为前提的农耕文化制约了生态文化的发展。但在 21 世纪人类面临生态危机挑战的时候，"天人合一"这一古代生态文化的精神基础必将受到越来越多的关注和重视。

第二节　藏传佛教博大精深的生态环境保护思想

藏传佛教包容性极强，其教义内涵丰富、广泛，对生命的来源、世界的本质以及人生使命等等都有深刻而翔实的论述。藏传佛教战胜了藏区本土宗教苯教，禁止了苯教大规模杀生祭祀所带来的对生态平衡的破坏，强调生命至上，提倡"诸恶莫做"，以至善的慈悲之心来关注一切生命。在祁连山地区，所有的僧俗民众对藏传佛教无不保持着无比虔诚的信仰，他们时时刻刻践行着藏传佛教的教义，藏传佛教的"慈悲为怀""普度众生""因果报应"等理念早已深入当地藏族民众的心中，成为高原藏族公众的思想意识。"戒杀生"、保护一切生命等宗教规范，很好地保护了自然生态环境。

一、藏传佛教生态保护思想对动物的保护

藏传佛教强调平等对待一切生命，提倡一种彻底的平等观，所有民众每时每刻都要用大慈大悲之心去关爱一切生命。在藏传佛教长期的熏陶下，藏区僧俗民众对动物始终持有一种特别的恻隐之心和不忍之心。藏族同胞不仅努力地保护所有生命，为了动物的生存甚至可以为其献身；佛祖舍身饲虎、割肉喂鹰的传说就是这种无私利他精神的生动体现。宗喀巴大师也曾教导说"皈依法宝之后，就要断除伤害众生的心念……我们对其他人和牲畜决不能鞭打、捆绑、囚禁、穿鼻孔、脚踢……"，更不能杀害动物。因此，藏族民众把生态环境视为自己生存的基础和条件，与动物和睦相处，产生了种种保护动物的行为。如，藏族僧俗信众不准损伤鸟类和禽兽，举行放生和祭祀活动，封山以保护动物等；又如，藏族民众普遍忌食鱼类，若遇到外来捕鱼者，就会将他们所捕之鱼买下，重新放回河里。

二、藏传佛教生态保护思想对水、草原和森林资源的保护

在藏传佛教价值观的指导下，藏族民众中产生了保护水、草原和森林资源的观念与行为。藏民族认为水乃生命之源，是具有无量功德的恩泽人类及其一切有情的神圣之物。因此，坚决禁止在泉水中洗头、洗脚或者洗澡、洗衣服，更不允许把污垢之物放置于泉水之中，以维护神泉圣湖的纯洁和神圣。

藏传佛教认为，众生的种类繁多，有的生存于水中，有的生存在陆地上，有的生存于天空中。为了众生的幸福，不仅要保护水资源，还要保护好草原和森林资源。

三、藏传佛教生态保护思想的重要实践

藏传佛教寺院以及周边地区都被看作是神圣之地，也是藏族僧俗民众重点保护之地。不少寺院位于海拔较低的地区，气候温暖，适于林木生长，但很多寺院周围本无林地，当寺院建成以后，僧人们便开始种草种树，并且经数百年坚持不懈的努力和精心保护，终使多数寺院都拥有了一片丰美的草场和茂密的森林。各寺院在植树造林的同时，还制定严格的制度并通过宗教禁忌，妥善的保护和看管林地。譬如，将寺院所在地的山和水封为神山圣水，任何人不得侵占、污染，严禁僧俗民众对树木进行破坏、砍伐。几百年来，为了保护草地林木以及良好的生态环境寺院的僧人们白天去附近村庄劝说，夜间进行巡逻，他们用藏传佛教的教义和一颗虔诚的心，精心捍卫着高原生态的美好和纯洁。

四、自然而然的生存文化

祁连山地区藏族农牧生活的特点，是顺从自然规律、融入自然环境。藏区畜牧生态系统虽然是在自然生态基础上发展起来的人工生态系统，但是它的一切活动都依赖于自然环境，而人对自然生态系统的调整和控制的程度并不明显。高原草场千百年来基本上维持天然草原原貌，没有加以人工投入，不搞人工种植牧草，不使用肥料，没有灌溉设备，也不用药物灭鼠灭虫、防治畜病。草原纯粹成为靠太阳能支持的系统。藏族传统畜牧活动中，对畜产品的提取仅仅满足于牧人最低限度的生活需求，而不求高产丰产。他们限制家畜数量的增长，使家畜数量保持在草原的承载力之内。而且，藏民族竭力保护草原上的所有生物，既养家畜又保护野生动物。既放牧牛羊又保护草地资源，很好地维护了青藏高原生物的多样性。高原农业地区也只限于低海拔的地区。农业实施半农半牧，进行有限的土地开发，同时又限制扩大土地开星，限制产量、限制破坏性的生产工具，维护了低海拔地区的原生生态环境。藏区农业仍然以满足人们日常基本生活需求为准则，而不追求高产量、高效

益、高产值。

藏民族这种自然而然的生存文化与雪域高原生态环境高度适应，其游牧方式、农耕生活都是其生态文化的有机组成部分。这种生态文化观决定了藏区的农牧经济不是纯粹谋利的经济，而是天人合一的、和谐的，也是仅能维持其基本生存需要的经济。藏族人民怀着对自然的感激，注重与自然的融合，极力限制对生态的破坏和对自然资源的开发，使雪域藏地的生态保持在一个良性的状态。

第三节　蒙古族天佑观与天地人整体

生活在祁连山地区的蒙古民族，几百年来以草原放牧为基础，以自己在社会实践创造的生态文化作支撑，延续蒙古民族先民留下的生态文化理念，通过轮牧不断调整放牧压力和牧草资源的时空分配，使大范围的草地利用趋于合理，既保护了草原环境，又保证了放牧畜牧业的可持续发展。

一、蒙古族生态观

（一）宇宙是不断进化的

《勇士谷诺干》开篇就说："在远古时代／在混沌时期；天空昏暗／地面在晨昏；长空还起雾烟／地壳还杂乱。"《阿拜格斯尔》中，也有类似的描述："上古时斯／混沌时期；高耸的天，烟雾时候／高高山脉，尘土时期；广大土地，杂乱时候／五光十色，未分时期；…"这两段诗文，表达了蒙古人心目中宇宙由混沌到清晰，由杂乱到秩序，由小变大，是不断演化的。

（二）宇宙是旋转的

《蒙古秘史》开篇写道："星天旋回焉，…大地翻转焉，…"尹湛纳希的名著《青史演义》中也说："有空二词相反相成，好比是首尾衔接的链条。"

（三）世上万物以天地为根

《江格尔》英雄史诗中"上面是天父，下面是地母。"蒙古族《祭灶词》

中："上有腾格里之熳火，下有额托格地母之热力，以精铁为父，以榆林草木为母。"无论母系社会，认为生命来自"万物肇始之母——大地"，还是父系社会认为是苍天"慈悲仁爱的父亲"，把大地称作"乐善好施的母亲"，以"父母子"的关系，类比"天—地—生命"的关系，形成了天父地母生成观。古代蒙古人这些观念，虽不是用科学语言来表达，但告诉我们一个深刻道理：自然界造就了生命和人类，而不是人类创造自然界，自然界是一切价值之源。

（四）万物皆有灵

古代人还不能对自然万物作出科学解释，于是，对其给予人格化、神秘化，造出许多自然神灵，予以崇拜。《多桑蒙古史》上就说："鞑靼民族…崇拜日月山河五行之属，出帐南向，对月跪拜，奠酒于地，以酹崇日月山河天体……"。蒙古族有星宿崇拜、腾格里崇拜、山河崇拜、树木崇拜、动物崇拜、图腾崇拜等。英国著名历史学家汤因比认为："要将自然从人类的技术活动所造成的破坏状态中拯救出来，需要人们皈依一种广义的'宗教'，回到古代亚洲东部的多神教，即万物有灵论，或者是回到自然界报有崇敬心情的无神论宗教，如佛教、道教等。"

（五）有生之物皆无常

《蒙古秘史》第254节中说："凡有生之物皆无常也。"无常，包含变化、运动之意。游牧蒙古人看到：马群奔驰，牛羊走动，蒙古包拆装，四季轮牧。白天日出日落，晚上星月旋转，一切不停地运动。因此，也用运动的视角观察世上万物。长期的社会实践，悟出一些生态规律：①辕轮平衡论。在蒙古秘史中，成吉思汗讲了车之两辕，两轮平衡关系的道理，牧民在社会实践中也发现放牧不能把一块草场吃光，吃光就要毁坏草场。赶着羊群吃一口就走，留下牧草繁殖，防风固沙，保持水土。②天地人整体论。蒙古族哲学家博明在《西斋偶得》中写道："天地人身，阴阳之火"。尹湛纳希在《青史演义》中也说："宇宙是普遍由阴阳二气结合而成的"。在牧民心目中，水土气、人草畜都是紧密联系在一起的。③首尾衔接循环论。尹湛纳希在《青史演义》中说："有空二词相反相成，好比是首尾衔接的链条。""世间千千万万事物的好坏，都是宇宙阴阳二气首尾衔接而成。"蒙古谚语"被牲畜采食过的土丘还会绿起来，牲畜的白骨不久被扔到那里。"还有多首四季歌，都是用浅显易懂的语言，表达对牧草枯荣，牲畜的生死等自然循环、生物再生道理的描述。在蒙古人的价值观中，认为人类是自然界的一部分，人只有保护自然，合理利用自然的义务，没有破坏自然的权利，从来没有征服自然的奢望。

二、蒙古族生态伦理

蒙古人对自然的伦理关系，虽然概念、范畴很少，但内容十分丰富，在英雄史诗、神话故事、格言中，充分表达了对自然的情感和保护自然的责任。

（一）人对自然的情感

在长期狩猎、游牧生产中，蒙古人领悟到自然给人以生存，给人以财富，给人以幸福。发自内心热爱自然、尊重自然、感恩自然。

1. 天佑观：天神佑人类

成吉思汗曾对周围臣子说："在长生天的佑护下，靠我们自己的力量。"又说："如果我们忠诚，上天会保佑的。"于是，祈求天神助战取胜，祈求天神保丰收，祈求天神除病去灾，在古代蒙古社会则是十分普遍的。

2. 感恩观：诚报自然恩赐

在蒙古人的心目中，风调雨顺，水草丰美，牛羊肥壮，人丁兴旺，都是大自然的恩赐。一旦得到就顶礼膜拜，真诚的感谢。蒙古民间祭词《午时》唱道：午时／和风的苍天／祝福，祝福！群马给牧民的恩赐／献给你阿尔泰山／祝福，祝福！物质的恩赐／回报其主人；食物的恩赐／回报其盘器／祝福，祝福！

3. 理想观：宝木巴天堂

蒙古人的理想中，不仅有人间幸福、延年怡寿，还有富饶美丽的生态环境。这在英雄史诗《江格尔》中表现得相当充分。在其序诗中宝木巴理想国是：江格尔的宝木巴地方／是幸福的人间天堂。那里人们永葆青春／永远像二十五岁的青年／不会衰老、不会死亡。江格尔的乐土／四季如春／没有炙人的酷暑／没刺骨的严寒／清风飒飒吟唱／宝雨纷纷下降／百花烂漫／百草芳芳。把优美的生态环境作为本民族理想中重要内容，这在各民族文化中是罕见的。尽管《江格尔》创作于古代奴隶社会，但追求优美生态环境的思想境界，对现代人也具有启迪作用。

4. 善恶观：保护环境是善，破坏环境是祸

在蒙古人心目中，保护草原、保护森林、保护野生动物，从来就是有道

德，是善事；而破坏植被，开垦草原，残害野生动物是缺德的恶事。在《江格尔》诗句中，对英雄江格尔居住的地方是四季如春，百花烂漫，百草芬芳。而蟒古斯居住的地方却是：炙人的热风／越吹越热，越吹越猛。萨纳拉和红沙马／找不到润喉的一滴水／找不到充饿的一棵草／红沙马瘦弱疲条／咬了一棵地构叶／摇晃倒在路旁的荒坡。无论古代还是近代，在蒙古族文化中英雄与恶魔、好人与恶人总是和草原与荒漠联系在一起，并产生对应关系。

5.审美观：自然美是真正美

自然美是生物与环境共同进化的结果。自然美是最初的美、天真的美、野生的美，不是人类创造，人类只能享用和保护。蒙古族许多谚语都是歌颂自然美的。诸如：花卉是草原的装饰／妇女是家庭的光辉。茂密的森林／是山上的装饰；漂亮的姑娘／是家里的装饰。无日月天际空旷／无花卉草原空旷。若无太阳／宇宙黑暗；若无牛羊／草原空虚。

可以看出，自然神灵佑护人类的天佑观、诚报自然的感恩观、爱自然为美德的挚爱观、宝木巴天堂的理想观、丰美与荒漠的福祸观、保护与破坏的善恶观、自然美的审美观基本上囊括了蒙古族对自然的道德情感。

（二）人对自然的责任

蒙古人从自然赐给人类财富的认识出发，很早就感知到自己保护自然的责任。这虽不是理性智悟，就是简单的情感回报也是了不起的。

1.天赐圣责

民间诗歌《十三匹骏马》的宇宙无际中，就提出了保护宇宙的责任。牧人爱宇宙／宇宙赐给我们幸福，牧人保护宇宙／苍天交给我们的任务。《十三首阿尔泰之歌》中，牧人主动提出保卫阿尔泰的誓言：吉祥安康的阿尔泰山啊／所有宝物、资源供牧人享用，辽阔无边的美丽壮观／富饶的阿尔泰山啊／牧人永远保护您安康。

2."至诚""应天"

成吉思汗在同竞争对手斗争中，提出人心诚实，才能得长生天的佑护的"以诚配天"思想。这里把人与人之间的诚实、诚信延伸到人对自然的关系，实际是生态伦理的创造。忽必烈在改元诏书中提出："应天者惟以至诚，拯民者莫如实惠。"至诚应天与以诚配天是一脉相承。古代，蒙古人信奉自然神灵，那时，人与人是诚实的，人对天神也是诚实的。随着历史的推移，神灵的迷雾慢慢散去，而人诚实地对待自然仍然延续着，没有人监督，没有人指派，牧民诚实地保护森林草原，维系野生动物繁衍，成为牧人保护自然的传统习惯。

蒙古人的生态伦理，以生态世界观和生态价值观为哲学基础，以生态实践为价值标准，感染人的精神，指导人的行为。

第四节　回族的生态文化内涵

回族是国家公园青海片区分布空间广泛的少数民族，信仰伊斯兰教。伊斯兰教的自然生态观、生态价值观，对回族生态文化的观念和行为方式，具有重要的塑造和导向作用。

一、自然生态观

自然生态观是指人们对自然界的总的认识，大体包括人们对自然界的本原、演化规律、结构及人与自然的关系等方面的根本看法。自然生态观在伊斯兰教中主要体现的是人与自然的和谐统一。在伊斯兰教的思想体系中，真主创造了自然万物，自然界也和人类一样都是真主创造的，并且和人类形成互相依存和制衡的关系。伊斯兰教认为，是真主的安排使万物各得其所、井然有序、保持平衡。从日月星辰、高山大川、江河湖海、矿藏田园，到空气、阳光、水分以及地球上的人类、生物，共同构成了一个协调有序，人与自然和谐发展的生态系统。主要体现在：一是人不能离开环境而生存，不能离开环境而发展，彼此是唇齿相依的关系。二是自然资源是有限的，应珍惜真主赋予人类的生存条件，并须努力防止地球资源，包括生物、能源资源的衰竭和灭绝。三是发展人类文明不一定以损坏自然环境为代价。伊斯兰教关于自然生态观的理论，既是对穆斯林群众的教导，也是对社会发展和生态环境保护具有远瞻性的主张。

二、生态伦理观

生态伦理观是关于人们对待地球上的动物、植物、生态系统和自然界其他事物行为的道德态度和行为规范的知识体系。生态伦理观是在伊斯兰教自然生态观的基础上，人们对待自然界的道德态度和行为规范。

（一）仁爱万物

伊斯兰教为了维系世界的和谐统一，要求人类对自然物心存博爱情感。在伊斯兰教看来，自然界的草木、鸟兽等同人类一样，都是真主创造的生命体，都是在真主普慈之爱哺育下茁壮成长的，仁爱万物就是对真主的爱，"见一物就见真主了，伤一物就伤真主了"。伊斯兰教将爱护自然万物视为"善行"，反之则为"恶行"。圣训明确指出："谁砍掉一棵酸枣树，真主就让他进火狱。""对任何有生命的东西，仁爱都有报酬。"《古兰经》告诫人们："图谋不轨，蹂躏禾稼，伤害牲畜。真主是不喜作恶的。"因此，在真主创造的生机盎然、协调有序的大自然中，人类应该以公正、友善、平等的态度对待自然界的其他物种。

（二）尊重自然规律

伊斯兰教在强调爱护自然物，保持与自然界和谐平衡关系的前提下，主张把握自然的本质和规律。根据伊斯兰教教义，自然界的运动变化、太阳东升西落、天地刮风下雨、大海潮起潮落、四季交替变换，都是真实的存在，都遵循着真主的"常道"，没有神秘可言，人们不应对此恐惧或产生崇拜心理，而应通过仔细观察，探索和领悟其中的奥妙。《古兰经》中说："天地的创造，昼夜的轮流，在有理智的人看来，此中确有许多迹象。"正是在《古兰经》的启发下，回族穆斯林没有对纷繁复杂的自然现象产生恐惧心理，没有树立崇拜的偶像，而是通过观察和探索，领悟自然的奥妙，把握自然的规律。

（三）合理开发、利用自然

伊斯兰文化在要求人们领悟自然奥妙，遵循自然本质和规律的同时，鼓励人们合理开发利用自然，有节制地向大自然索取，以满足自身的需要。《古兰经》中指出："他以大地为你们的席，以天空为你们的幕，并且从云中降下雨水，而借雨水生出许多果实，做你们的给养"。还明示："他制服海洋，以便你们渔取其中的鲜肉，做你们的食品；或采取其中的珠宝，做你们的装饰。"但是，人类在开发自然的同时，却不能滥用自然。伊斯兰教认为，真主是洞悉一切的万能的主，是宇宙的主宰，人类只是真主在大地上的代理者，在真主面前，人人平等、人物平等，自然万物只遵从真主赋予自然界的固有"秩序"，不受人为的限制。因此，人类开发自然的自由是有限的，不能为满足自身不合理的私欲而超越和违背真主的法度，破坏世界的和谐与自然的平衡。为了有效规范人类开发自然的行为，防范人类破坏世界的和谐平衡，伊斯兰教主张用"中道"的方法处理人与自然的关系，既肯定人类具有与自然物相区别的本质属性，又强调人与自然的和谐共存；既主张人类有利用自然满足自身生活欲求的权利，又反对毫无节制的纵欲；既提倡在认识自然规律的基础上合理利用开发自然，又反对在开发自然的过程中，对森林树木乱砍滥伐，对动物乱捕滥杀。这些具有生态学意义的思想，对于治愈人类生态危机具有深刻的启示意义。

三、生态保护思想

在回族文化中历来就有珍惜自然资源，保护生态的思想。伊斯兰教认为，地球上的资源是有限的，应当合理的开发利用，努力防止地球资源的枯竭，在开发自然的同时，却不能滥用自然。穆罕默德圣人禁止人们对树木乱砍滥伐，禁止对野生动物乱捕滥杀，他号召人们多植树，多造林，并把植树造林当作一项善功看待。《圣训》中说："任何人植一棵树，并精心培育，使其成长、结果，必将在后世得到真主的赏赐。对待动物的善行与对人的善行同样可贵，对一只动物之暴行与对人之暴行有同样的罪恶。"早在伊斯兰教初期，教法学家就规定必须在人类生活的区域内保留"喜玛"（相当于现在的自然保护区）和"哈拉穆"（相当于现在的公共保护区）。有意识地限制人们放牧、伐木、狩猎和汲水，目的在于防止各种野生动物和植物品种遭到灭迹的危险。正是在这种生态保护思想的影响下，回族群众通过观察和探索，认真领悟和把握自然规律，形成了珍惜自然资源，保护生态环境的良好习惯。

第五节 习近平生态文明思想

习近平生态文明思想是习近平总书记站在人类发展命运的立场上作出的战略判断和总体部署，是建设中国特色社会主义中标志性、创新性、战略性的重大理论成果，既具有强烈的现实针对性，又具有深厚而系统的哲学基础，其内涵丰富、博大精深，创新和发展了马克思主义生态观，传承和延伸了中华民族传统生态思想，蕴含着马克思恩格斯生态文化思想和中华优秀传统生态文化思想，彰显了中国共产党人高度的文化自觉和坚定的文化自信。

阐释习近平生态文明思想中蕴含的生态文化，不仅能够为生态文明建设提供更为清晰的理论参考和方法论指导，而且对人与社会的自由全面发展和我国文化软实力的提升具有重要意义。

一、中华民族传统生态文化思想

中华民族传统生态文化是生态文明思想的"根"与"源"，是习近平生态文明思想形成的沃土。2017 年 4 月，习近平总书记在广西南宁考察时指出，顺应自然、追求天人合一，是中华民族自古以来的理念，也是今天现代化建设的重要遵循。"天人合一"作为中国哲学最为重要的思想之一，几乎是儒释道各家学说都认同和主张的精神追求，虽然在各学派、各时期的释义不同，但总的概括起来就是追求人与人之间、人与自然之间，共同生存，和谐统一的关系。同时，习近平总书记也高度重视"道法自然"的哲理思想。2014 年 4 月 1 日在比利时布鲁日欧洲学院的演讲里、2014 年 9 月 24 日在纪念孔子 2565 周年诞辰国际学术研讨会的讲话中都提到了"道法自然"，并指出中国优秀传统文化的丰富哲学思想、人文精神、教化思想、道德理念等，可以为人们认识和改造世界提供有益启迪，可以为治国理政提供有益启示，也可以为道德建设提供有益启发。"道法自然"是道家思想中最为核心的思想观点，也是中华民族传统生态文化观的重要内容，出自老子《道德经》中"人法地、地法天、天法道、道法自然"这一论述，将"道"看成自然规律，认为天地万物产生、发展、轮回、运行都必须遵从自然规律。2019 年 4 月 28 日，习近平主席出席中国北京世界园艺博览会开幕式时号召大家应该追求热爱自然的情怀，并指出"取之有度，用之有节"，是生态文明的真谛。"取之有度、用之有节"是古代先贤面对自然资源与生存发展的矛盾提出的生态思想，语出《资治通鉴》，原句为"取之有度，用之有节，则常足"，在此之前，孔子提出"钓而不纲，弋不射宿。"孟子提出"不违农时，谷不可胜食也；数罟不入洿池，鱼鳖不可胜食也；斧斤以时入山林，材木不可胜用也。"等，都旨在说明只有"取之有时、用之有节"，才能"用力少而成功多"，达到"天不能贫"的目标。

二、马克思恩格斯生态文化思想

马克思主义理论是无产阶级政党建设兴旺发达的社会主义事业的指导思想，是今天中国特色社会主义事业稳步前进的理论基石和指路明灯。马克思恩格斯生态文化思想作为马克思主义理论重要的有机组成部分，对于实现生态文明的"美丽"中国建设，达到"天人合一"的人与自然和谐的理想状态，最终实现中华民族伟大复兴的中国梦具有现实的指导意义。马克思恩格斯生态文化思想是在面对资本主义机器大工业生产时代工业文明社会带来日益突显的生态环境问题的初期，试图寻求消解人与自然之间紧张的对峙状态的实现路径，以期达到人与自然之间的协调统一，最终实现人类解放这一大背景下渐渐发展和形成的，具有资本主义发展初期的鲜明时代特征，但其所蕴含的丰富生态文化思想和构建的方法论基础具有恒常价值，对破解当前人类社会面临的全球性生态环境这一难题起着基础和关键作用。马克思恩格斯生态文化思想来源于实践付诸实践，在其中国化的过程中党的历代领导人都从实践论、整体论出发，紧密结合中国的生态实际丰富和发展了马克思恩格斯生态文化思想，形成了具有中国特色的生态文化思想。新中国成立 72 年以来，历代中国共产党人不断推进马克思主义生态文明思想的中国化。建国初期，毛泽东非常注重生态环境的保护与建设，他在《论十大关系》中详细地论述了经济、社会和环境之间的统筹发展思想，强调要协调好环境保护与工业、农业发展之间的关系；指出了盲目搞工业化的危害，强调要以环保事业为抓手、以环保工作为依托，遵循自然条件的发展规律，坚持绿色崛起。此外，毛泽东心怀"绿色中国梦"，强调要维护好森林系统，积极开展绿化造林和水土保持工作，搭建了环境保护会议、水土保持委员会等生态文化交流平台，不断促进东西、南北生态文化之间的交流与互鉴。改革开放后，邓小平注重自然资源的保护，修建了独具特色的生态防护林工程——"三北工程"。强调将生态文化观念融入法制建设，制定了与环境保护相关的法律法规，确定了环境保护的基本国策，启迪了民众从内而外的生态保护意识。二十世纪末，江泽民指出"发展主义"的实质是不可持续的发展模式，其严重破坏了人与生态的平衡，基于严峻的"发展主义"形势以及当前和未来发展的需求，他提出"可持续发展观"新模式。21世纪初，胡锦涛在继承前任领导人生态思想的基础上提出了"以人为本、全面协调……统筹兼顾"的科学发展观，愈加重视生态文化产业的发展，不断丰富生态文化公共产品与服务。党的十八大以来，习近平总书记将生态文明建设融入"经济领域、政治领域、社会领域、文化领域"中，助力生态文化、生态小康与生态执政等建设。十九大更是将"美丽"与"富强、民主、文明、和谐"并重，提出了"美丽中国建设"、"绿色发展理念""两山论""生命共同体"等生态理念和论断。此外，党中央坚持把培育生态文化作为推进生态文明建设重要支撑，制定了《中国生态文化发展纲要（2016—2020年）》，以促进人们对生态文明的价值认同。

三、生态哲学文化

当下生态哲学已演变成以人与自然的关系为哲学基本问题，以追求人与自然和谐发展为目标，为可持续发展提供理论支持的一种哲学基础。生态哲学文化认为，自然先在于人，人是自然存在物和自然的一部分，人靠自然生活；人与自然是内在关联的有机复合生态系统；人类只有尊重并善待自然、与自然和谐相处，才能获得自然的馈赠和可持续发展。习近平总书记以生态哲学思维方式，以辩证自然观和历史观为基础，科学地阐明了人类和自然的辩证关系，提出了"自然是生命之母"的重要论断，并由此产生了"人与自然是生命共同体""山水林田湖草是生命共同体"以及"人类是命运共同体"等重要观点。

在他看来，生态环境没有替代品，用之不觉，失之难存。"天地与我并生，而万物与我为一""天不言而四时行，地不语而百物生"。当人类合理利用、友好保护自然时，自然的回报常常是慷慨的；当人类无序开发、粗暴掠夺自然时，自然的惩罚必然是无情的。人类对大自然的伤害最终会伤及人类自身，这是无法抗拒的规律。"万物各得其和以生，各得其养以成"。他指出"山水林田湖是生命共同体"，生态环境各因素是一个相互联系、相互作用的有机生命共同体，这就决定了我们只有坚持有机论和系统论的观点看待和处理人类与自然的关系，才能使人类在利用和改造自然的过程中避免生态问题的产生，从而保持人与自然的和谐共生关系。同时，他从辩证互动和共存共生共荣关系的角度深刻地揭示出保护生态环境是全球面临的共同挑战和共同责任，任何一个国家都不能置身事外，过去的国际生态治理模式已经不能满足解决当今日趋严重的环境问题的需要，坚持"人类命运共同体"，团结世界各国，构建全新的全球生态治理模式是维护地球生态系统原有循环和平衡的新模式。而我国作为最大的发展中国家推进生态文明建设，其影响也必将是世界性的。

四、生态经济文化

社会的经济建设与发展，决不只顾获取更多的物质产品而不管其他方面的单纯经济问题，期间必然伴随、渗透、融贯生态和文化的问题，即是说，必然由其自身独特的生态经济文化予以支撑引领。生态经济文化要求人们在从事经济活动时，必须自觉运用系统论的思维方式，将经济活动置入自然生态的系统整体中，考量人与自然的相互依存、相互制约、相互影响，将人与自然和谐共生作为经济活动必须遵循的行为准则和追求的终极价值目标，以谋求经济效益与生态效益同时双赢。

基于过去"大量生产、大量消耗、大量排放"的粗放型经济增长方式，习近平总书记立足保护生态环境就是发展经济，提出"绿水青山就是金山银山"科学论断和创新、协调、绿色、开放、共享"五大发展理念"。在他看来，生态环境保护与经济增长实际上并不存在不可调和的矛盾冲突，二者在满足人民美好生活需要上，是相辅相成且能相互转化的辩证统一；实践也证明了"绿水青山就是金山银山""生态本身就是经济，保护生态就是发展生产力"的正确性。保护聚自然、生态、社会和经济等财富于一身的"绿水青山"，就是"保护自然价值和增值自然资本"，能为经济社会发展的"金山银山"提供潜力和后劲，是生态效益和经济社会效益双赢的必要选择。因此，坚持"把绿水青山建得更美，把金山银山做得更大"，让"生态效益更好转化为经济效益、社会效益"，是"坚定走可持续发展之路"的必然要求与不可逆趋势。同时，习近平总书记将贯彻落实新发展理念作为根本，推进加快形成绿色发展方式和绿色生活方式，他指出，解决污染问题必须以"加快形成绿色发展方式"作为根本之策，要抓源头、抓重点。尤其要建立健全以绿色产业为支撑的绿色低碳循环发展的经济体系，其重心就是加快建立健全"以产业生态化和生态产业化为主体的生态经济体系"。

五、生态政治文化

生态政治文化是生态政治的文化影射，是人类在遭遇了环境问题压迫后所做出的基于文化价值观的政治导向。党的十八大以来，以习近平同志为核心的党中央站在战略和全局的高度，将生态环境保护贯穿社会发展战略目标制定、执政管理监督、创建公众参与社会基础的全方位全过程，推动全面深化改革，不断加快推进生态文明顶层设计和制度体系建设。把生态文明建设摆在"五位一体"总体布局、新发展理念、新时代坚持和发展中国特色社会主义基本方略以及中国特色社会主义制度建设的重要位置；在党章和宪法中也都增添了"生态文明建设""绿色发展"以及"美丽中国"等，使其成为了党和国家长期坚持的执政理念和统一意志。同时，习近平总书记针对生态文明制度、法治建设尤其是执行力度问题给予强调，他认为生态文明建设的可靠保障就是将"最严格的制度"与"最严密的法治"同时并用。由此相继出台的几十项涉及生态文明建设的意见、改革方案以及制修订的环境保护法，从"总体目标、基本理念、主要原则、重点任务、制度保障"等方面，全面系统部署安排了生态文明建设，使生态文明制度的"四梁八柱"得以建立，也使生态文明体制中"源头预防、过程控制、损害赔偿、责任追究"等基础性制度框架得以初步形成，并进一步向纵深推进，继续健全完善。他要求，各级党委和政府要尽职尽责，自觉统筹经济社会发展与生态文明建设，通过构建"党委领导、政府主导、企业主体、公众参与"的全员环境治理体系，以形成强大保护与治理合力。

六、生态社会文化

中国特色社会主义进入新时代，社会主要矛盾已经转化为人民日益增长的美好生活需要和不平衡不充分的发展之间的矛盾。建设生态文明，关系人民福祉，关乎民族未来。习近平生态文明思想以人民的利益诉求为价值导向，把生态环境问题作为关系民生福祉的重大社会问题，党的十九届五中全会通过的《中共中央关于制定国民经济和社会发展第十四个五年规划和二〇三五年远景目标的建议》，将"民生福祉达到新水平"作为"十四五"时期我国经济社会发展的主要目标之一。在中国共产党第十九次全国代表大会上，习近平总书记向全党提出开启全面建设社会主义现代化国家新征程的两个阶段，向我们描绘了每个阶段的光明前景和美好未来。第一个阶段，从 2020 年到 2035 年，在全面建成小康社会的基础上，再奋斗十五年，基本实现社会主义现代化。从生态上看，到那时，生态环境根本好转，美丽中国目标基本实现。第二个阶段，从 2035 年到本世纪中叶，在基本实现现代化的基础上，再奋斗十五年，把我国建成富强民主文明和谐美丽的社会主义现代化强国。从生态上看，到那时，我国生态文明将全面提升。要实现这一目标，必须始终坚持发展为了人民、发展依靠人民、发展成果由人民共享。坚守惠民、利民、为民的立场，排环境问题之忧、解环境问题之难，顺应人民群众对良好生态环境的期待，提供更多优质的生态产品。紧紧依靠人民，要把"顶层设计"与人民群众的"首创精神"相结合。归根结底，人民群众才是实践的主体，要"进一步加强生态文化建设，使生态文化成为全社会的共同价值理念"。通过长期不懈地开展各种形式的宣传教育，将"尊重自然、爱护自然、保护自然、顺应自然"的生态价值理念，内化成为全民的"节约意识、环保意识、生态意识"，培育全民良好的"生态道德和行为准则"，进而外化为全民推进建设生态文化、生态文明和美丽中国的自觉行动和强大社会合力。

第六节　各民族生态思想与生态文明思想的相通相承

一、生态兴则文明兴的文明观

在短暂的人类历史时期，祁连山地区经历了由游牧文化向农耕文化、天然草原生态环境向半人工农田生态环境的变迁过程。各时期生态环境的变化与人类思想发展、生产活动密切相关，是"生态兴则文明兴，生态衰则文明衰"的生动实践。

据 20 世纪 80 年代考古挖掘证明，在三万年前的旧石器时代晚期，祁连山片区的气候比现在温暖潮湿，有适宜于成群食草类动物生活的疏林草原环境，正是先有良好的生态条件，青海的先民才考虑在这片广袤的土地上繁衍生息。到新石器时代，青铜生产工具广泛使用，处于祁连地区的青海先民以牧业为主，开始形成利用草场和森林的思想，但未成规模。公元前 8 世纪至公元 16 世纪末，据《史记·匈奴列传》司马贞《索隐》引《西河旧事》："（祁连山）在张掖、酒泉二界上，东西二百余里，南北余里，有松柏五木，美水草，冬温夏凉，宜畜牧。"《西河旧事》亦云："（祁连山）宜放牧，牛羊充肥，乳酪浓好，夏泻酪不用器物，刈草著其上，解散，作酥特好，一解酪得酥斗余。又有仙树，人行山中饥渴者，食之即饱。"由此可见，当时在祁连山一带，不仅松柏五木、"仙树"生长良好，而且水肥草美，牛羊赖之充肥，为匈奴等游牧民族所依依眷恋。清人梁汾所著《秦边纪略》云："其草之茂为塞外绝无，内地仅有。"藏族史诗《格萨尔》中说该草原是"黄金莲花草原"；而蒙古人称之为"夏日塔拉"，意为"黄金牧场"。正是由于祁连山地区得天独厚的自然条件和天然屏障作用，使各游牧民族充分意识到良好生态所给予生存、生产、生活的益处，故经常为了争夺草场而相互征战，中原各封建王朝也常对这些民族政权发动征剿，片区内多次出现牧业和半农半牧经济与文化交替变换的现象，人类活动给祁连山生态环境带来的负面影响也开始显现。公元 17 世纪至明清以来，随着回、汉民族不断移入祁连山南麓，人类对自然的改造思想开始加剧，垦殖业逐步发展，至民国末年，形成了半农半牧、农牧结合的生产状况，生态环境发生巨大变化。解放至今，各级政府虽然采取了"不分不斗，不划阶级，牧工牧主两利，全面发展生产""草场公有，承包经营，牧畜作价归户，户有户养"的联产承包责任制等政策和围建草库伦围栏等措施，但近几十年来，祁连山区仍出现水源涵养功能减退、草地退化严重、沙漠化面积扩展、荒山秃岭面积增大、水土流失加剧、生物多样性遭到严重威胁、种群数量不断减少等生态环境问题，不仅影响周边各族人民的生产生活和地区经济社会可持续发展，而且对我国西部地区生态安全构成了严重威胁。

祁连山地区的生态环境问题，也是中国生态环境面对的问题，党的十八大把生态文明建设纳入中国特色社会主义事业五位一体总体布局，明确提出大力推进生态文明建设，努力建设美丽中国，实现中华民族永续发展。2018年5月18日，在全国生态环境保护大会上，习近平总书记指出："生态环境是人类生存和发展的根基，生态环境变化直接影响文明兴衰演替。古代埃及、古代巴比伦、古代印度、古代中国四大文明古国均发源于森林茂密、水量丰沛、田野肥沃的地区。奔腾不息的长江、黄河是中华民族的摇篮，哺育了灿烂的中华文明。而生态环境衰退特别是严重的土地荒漠化则导致古代埃及、古代巴比伦衰落。我国古代一些地区也有过惨痛教训。古代一度辉煌的楼兰文明已被埋藏在万顷流沙之下，那里当年曾经是一块水草丰美之地。河西走廊、黄土高原都曾经水丰草茂，由于毁林开荒、乱砍滥伐，致使生态环境遭到严重破坏，加剧了经济衰落。唐代中叶以来，我国经济中心逐步向东、向南转移，很大程度上同西部地区生态环境变迁有关。"习近平总书记的重要论述，点出了生态文明建设的重要意义，更为持之以恒推进生态文明建设，为祁连片区的发展指明了方向。

二、人与自然和谐共生的自然观

　　自古以来，祁连片区各民族对自然环境就有较大的依赖性，与自然共生的生态环境塑造了各民族与自然和谐共生的生态观念。他们通过自然崇拜、图腾信仰等精神路径，培养了与自然的亲近情感，建立起与自然共生的和谐秩序。如藏族人民秉承着人与动物和谐相处的朴素自然观和宗教观，保护自然的观念深植内心，对生态环境的索取有度，至今仍然保持着较为传统的生活方式蒙古族人在长期狩猎、游牧生产中，领悟到自然给人以生存，给人以财富，给人以幸福，从而发自内心热爱自然、尊重自然、感恩自然。回族人认为自然界和人类都为真主创造，从日月星辰、高山大川、江河湖海等，到空气、阳光及人类、生物，共同构成了一个协调有序，和谐发展的生态系统。汉族人"天人合一"等思想作为习近平生态文明思想的重要源泉，也体现出人与自然的统一性。

　　习近平总书记在党的十九大报告中强调："坚持人与自然和谐共生。建设生态文明是中华民族永续发展的千年大计。"并明确指出，"我们要建设的现代化是人与自然和谐共生的现代化，既要创造更多物质财富和精神财富以满足人民日益增长的美好生活需要，也要提供更多优质生态产品以满足人民日益增长的优美生态环境需要。"总书记的重要讲话将人与自然和谐共生上升到国家战略性目标层面，为并为人与自然和谐共生作出路径指引。2018 年 8 月 25 日，祁连山山水林田湖草生命共同体高峰论坛举办，论坛围绕"天地人和·和谐共生·生命共同体"主题进行交流，旨在把实践中形成的好经验上升为理论，把理论成果不断运用到生动的实践之中，进而大力推进生态环境的整体保护和系统修复、生态产业的培育壮大和生态惠民的持续丰富（尼玛卓玛致辞），积极探索青藏高原山水林田湖草生态保护与修复的"青海经验"，这是贯彻落实习近平生态文明思想的务实举措，是推进祁连山片区人与自然和谐共生的盛会，更是祁连片区各民族实现生活方式、发展模式根本转变的科学实践。

三、良好的生态环境是最普惠的民生福祉的价值观

祁连片区的生态资源能够满足片区内各民族生活的共同需求，是保障生存和发展的重要物质基础，清新的空气、洁净的水、安全的食物、丰富的物产及优美的景观等，都是生产生活所必须的公共产品，各民族都可以平等消费、共同享用。纵观祁连片区历史沿革，如魏晋南北朝至隋唐时期，蒙古草原的鲜卑吐谷浑人来到了祁连山，他们不仅引进了蒙古草原先进的游牧方式和生产经验，也引进了蒙古草原的主要畜种蒙古马，引波斯种畜，改良牲畜质量，培育出良种马种"龙驹"和"青海骢"。至隋唐之际，这里成为隋唐政府马匹的主要供应地。但随着人畜数量的大幅度增加和民族间战争的频繁发生，该地区的草原生态遭到严重破坏，草原承载力下降，大多数吐谷浑人和羌人无法正常生产生活，迫使内迁。

基于生态和民生的关系，习近平总书记指出："良好生态环境是最公平的公共产品，是最普惠的民生福祉。"这一科学论断，既阐明了生态环境的公共产品属性及其在改善民生中的重要地位，同时也丰富和发展了民生的基本内涵。他多次强调："人民对美好生活的向往，就是我们的奋斗目标""环境保护和治理要以解决损害群众健康突出环境问题为重点""要把高质量发展同满足人民美好生活需要紧密结合起来"等等。青海作为生态大省，在习近平

生态文明思想的指引下，广大人民群众已经逐渐富裕起来，人民的期盼已经从不愁吃、不愁穿演变为追求生态良好、居住环境优美的心愿；近年来，片区内坚持以水源涵养和生物多样性保护为核心生态功能定位，以创新生态保护管理体制机制为突破口，以保护祁连山自然生态系统完整性和原真性为目标，推动跨区域跨部门统一管理，实施山水林田湖草整体保护，加强退化生态系统修复，推动形成人与自然和谐共生新格局，努力实现祁连山重要自然资源国家所有、全民共享、世代传承，促使百姓真真切切享受到更加优美的生态环境、更加丰富的生态公共产品、更加完善的民生福祉和更加幸福的美好生活。

四、绿水青山就是金山银山的发展观

祁连地区的各族人民在绵绵的祁连山草原腹地生活，"靠山吃山"是在这里生存的惯性思维，对自然的依赖和亲近养成了他们"取之有度"的生态经济观，这与习近平总书记关于"绿水青山就是金山银山"的生态价值观以及"保护生态环境就是保护生产力"认识论相统一。如藏族人民坚持"日常物质生活资料只要满足基本生理需求即可"的观念，绝不会牺牲生态换发展。蒙古牧民在长期的社会实践，悟出的"辖轮平衡论"等生态规律。回族人遵循自然本质和规律，鼓励人们合理开发利用自然，有节制地向大自然索取以满足自身的需要。汉族人遵从"钓而不纲，弋不射宿""草木荣华滋硕之时，则斧斤不入山林，不夭其生，不绝其长也"等与自然环境相互协调适应，同时顺应自然、保护自然、寻求发展的思想。正是因为各民族生态文化思想对适度开发利用做出了要求，才使丰富多样的生态系统得以保护，获得了可持续发展的可能。

党的十九大将"必须树立和践行绿水青山就是金山银山的理念"写进报告，《中国共产党章程（修正案）》中增加了"增强绿水青山就是金山银山的意识"表述，全国第八次生态环境保护大会把"绿水青山就是金山银山"理念列为推进新时代生态文明建设六大原则之一，"绿水青山就是金山银山"已家喻户晓，对于科学认识保护生态环境和经济发展之间的关系，与中国实际相结合推进生态文明建设及绿色经济发展提供了思想指引。2016年8月，习近平总书记在青海视察时强调，"青海最大的价值在生态、最大的责任在生态、最大的潜力也在生态",高屋建瓴地指出了青海在国家发展全局中的战略地位、发展定位,高度凝练了青海经济社会发展和生态文明建设的基本理念、政治要求和实现路径,也为筑牢祁连山国家生态安全屏障,祁连片区各民族创造良好生产生活环境指明了方向。

五、坚持用最严格的制度保护生态环境的治理观

出于对大自然的敬畏,出于天然的生态保护心理,生活在祁连片区的各民族依托生态伦理制度和相关道德规范,形成了与保护生态环境理念有关的习俗、禁忌乃至习惯法。如藏族有对神山圣湖、天地、鸟兽的禁忌等,发挥了"趋利避害、超然脱俗"的生态功能,对于保护区域生态具有重要作用。回族中也有先知穆罕默德禁止人们乱砍滥伐树木,乱捕滥杀野生动物的道德规范。蒙古族在历史积累和传承的过程中沿袭下来的对于放牧草地的利用和保护有着合理的方式和习惯法。汉族各村各寨在制定的村规民约中都有严格的明文规定与惩罚措施来制约伐林毁林、滥捕野生动物等。各民族对待自然的禁忌与习惯法与习近平总书记关于"实行最严格的制度、最严密的法治,才能为生态文明建设提供可靠保障"的生态法治思想内在统一。

祁连山作为我国西部重要生态安全屏障和重要水源产流地,也是我国重点生态功能区和生物多样性保护优先区域,在维系西部地区脆弱的生态平衡和经济社会可持续发展,在全国生态文明建设和生态安全保护上发挥着重要的作用。如果没有"防患于未然"的生态忧患意识,即使地理位置再重要也抵不过偷猎、乱砍滥伐、盲目开荒等不合理开发带来的破坏生态平衡的行为,也就不会获得可持续发展,更不可能有赖以生存的美好家园。党中央、国务院高度重视祁连山的生态保护,习近平总书记对祁连山生态保护多次作出重要指示,李克强总理等中央领导同志多次批示部署祁连山生态保护修复工作。2016年8月,习近平总书记在青海调研时询问雪豹等野生动物情况,非常关心生态环境保护情况,并希望各级党委和政府进一步探索和完善国家公园体制试点,切实保护好生态环境。伴随着祁连山国家公园(青海片区)试点工作开展,青海省持续加强监督和巡查管控,2020年3月25日,青海省第十三届人民代表大会常务委员会第十五次会议审议通过了《青海省人民代表大会常务委员会关于禁止非法猎捕、交易和食用野生动物的决定》,明确规定禁止猎

捕、杀害、食用、出售、购买、利用国家和本省重点保护野生动物及其制品。同时青海省各级政府紧紧抓住以地方政府为主体的综合执法检查和以多部门为主力的联合督查两条主线，重点对国家公园内的高山、峡谷、冰川、森林、湿地、草原、河湖等重要地域进行全域巡查，全面落实最严格生态保护制度，切实保障国家公园生态安全，有力促进生态保护体制机制的日趋完善，不断筑牢生态安全屏障。

总而言之，习近平生态文明思想，有着渊深博大的马克思恩格斯生态文化思想和中国传统哲学的基因，其系统性和现实性、操作性都升华到了一个前所未有的境界，而青海高原民族文化是在与中华民族主流文化的相互交流、相互吸收、互融共生中得到不断的丰富和发展的，只要我们认真体悟，就会深深地感到青海高原民族生态文化与中华民族文化血脉的畅通和跳动的力量，就能更进一步的理解尊重自然、顺应自然、保护自然的理念，更加自觉地推动绿色发展、循环发展、低碳发展，更加树牢"四个意识"、坚定"四个自信"、做到"两个维护"，把生态文明建设融入经济建设、政治建设、文化建设、社会建设各方面和全过程，形成节约资源、保护环境的空间格局、产业结构、生产方式、生活方式，以新发展理念更好地促进祁连片区可持续发展，为建设美丽中国、实现人与自然和谐共生的现代化贡献力量。

第十二章
自然保护地中的生态文化

　　祁连山国家公园青海片区内包含有国家公园、自然保护区、国家森林公园、国家湿地公园四种类型的自然保护地，保护对象、保护措施、保护价值不尽相同，但各类自然保护地与生态文化却具有共同的保护价值、保护范围，保护地建设对生态文化建设作用巨大。自然保护地优化整合为国家公园后，原有保护地类型所蕴含的生态文化价值在国家公园内得以留存。

第一节　保护地类型及概况

一、祁连山国家公园青海片区

（一）基本情况

　　祁连山国家公园青海片区位于青海省东北部，北接甘肃省酒泉、张掖、武威等市境，东与青海省的互助、大通县相邻，南抵海晏县、刚察县，西与甘肃肃北县、青海大柴旦行委毗连。祁连山国家公园青海片区涉及青海省东北部的祁连县、门源县、德令哈市、天峻县 4 县所属的 18 个乡镇，总面积158.39 万公顷。

（二）建设目标

整合建立跨区域统一的自然保护机制，提高自然资源和生态系统保护能效，稳步推进山水林田湖草综合保护管理和系统修复，改善雪豹等野生动物栖息地质量，增强栖息地连通性，减少有害生物灾害，降低人为活动干扰影响。建立已有矿业权分类退出机制，祁连山国家公园内商业探矿权退出全部完成，商业采矿权基本退出，逐步解决历史遗留生态环境破坏问题。妥善处理国家公园内自然资源保护和居民生产生活关系，结合精准扶贫，协调推进国家公园及周边林（牧）场职工和居民转产转业，与当地政府相互配合积极发展生态产业，绿色发展方式成为主体，国家公园内居住点减少、一般控制区居住人口有所下降。

通过建立国家公园，使祁连山典型的寒温带山地针叶林、温带荒漠草原、高寒草甸复合生态系统得到完整保护，水源涵养和生物多样性保护等生态功能明显提升，自然资源资产实现全民共享、世代传承，创新生态保护与区域协调发展新模式，构建国家西部重要生态安全屏障，实现人与自然和谐共生。

二、祁连山省级自然保护区

（一）基本情况

青海省祁连山自然保护区于 2005 年 12 月 30 日成立，位于青海省东北部、青藏高原边缘，行政区域包括海北藏族自治州的门源县、祁连县的全部乡镇，刚察县的部分乡；海西藏族蒙古族自治州德令哈市、天峻县的部分乡。祁连山自然保护区是以保护湿地、冰川、珍稀濒危野生动植物物种及其森林、草原草甸生态系统为宗旨，集物种与生态保护、水源涵养、科学研究、科普宣传、生态旅游和可持续利用等多功能于一体的保护冰川、湿地类型的自然保护区体系，是由相对独立的八个保护分区组成的自然保护区网络。

（二）主要保护对象

主要保护对象有：冰川及高原湿地生态系统，包括祁连县托勒南山、托勒山，门源县冷龙岭，德令哈市哈尔科山、疏勒南山等高山上的现代冰川和湿地；青海云杉、祁连圆柏、金露梅、高山柳、沙棘、箭叶锦鸡儿、柽柳等乔、灌木树种组成的水源涵养林和高原森林生态系统及高寒灌丛、冰源植被等特有植被；高寒草甸、高寒草原生态系统；国家与青海省重点保护的野牦牛、藏野驴、白唇鹿、雪豹、岩羊、冬虫夏草、雪莲等珍稀濒危野生动植物物种及其栖息地。

（三）保护区类型

祁连山自然保护区是以保护黑河、大通河、疏勒河、托勒河、党河、石羊河等河流源头冰川和高寒湿地生态系统为主要保护对象的自然保护区，兼有保护水源涵养林和野生珍稀濒危动植物物种及栖息地。根据保护区主体功能确定为以保护冰川及高寒湿地生态系统为主的自然保护区群体。

三、仙米国家森林公园

仙米国家森林公园位于门源回族自治县东端，也是祁连山国家公园（青海片区）东部，公园覆盖门源县东川、仙米、珠固三个镇，1996 年该公园被批准为省级森林公园，2003 年升级为国家森林公园。

仙米国家森林公园是青海省面积最大的林区，公园内古松苍柏，风光迷人。春夏之际，林木扶疏，繁花似锦；秋季，硕果摇金，层林尽染；及至冬季山头白雪皑皑，山坡松柏苍翠挺拔，堪称一块人间圣地。有雪龙红山、二郎神藏剑洞、三道峡及东海五色神湖等传说和藏族"华热"民俗风情以及仙米、珠固古寺。

这里是一片自然的雄奇与柔美、艺术的多元与纯真交相辉映、完美结合的神秘土地，深入其中，展现在人们眼前的是奇异神秘的冰川雪峰，高大雄浑的群山峻岭，色彩纷繁的大地色相，古老苍劲的原始森林，广袤绚丽的高原草甸，风光旖旎的高山湖泊，深邃幽险的沟壑，汹涌湍急的溪流江河，历史悠久的藏传佛教，博大精深的华热文化，古朴奇特的民俗风情，令人心醉神迷、流连忘返。为开展生态旅游，顺应人们回归自然、融入边地文化提供了得天独厚的条件。是开展观光，游憩，休闲度假，科普教学，登山探险，游乐健身等活动的理想场所。

四、祁连黑河源国家湿地公园

祁连黑河源国家湿地公园于 2014 年 12 月经国家林业局批准设立，位于青海省祁连县西北部的野牛沟乡，地处祁连黑河源头区。黑河是我国第二大内陆河，流经青海、甘肃、内蒙古三省（自治区），其流域南以祁连山为界，北至国界，东西分别与石羊河、疏勒河相邻，黑河是青海、甘肃、内蒙古三省（自治区）的重要生命河，战略地位十分重要。祁连黑河源国家湿地公园主要以河流湿地、沼泽湿地为主体，是祁连县及其中下游地区重要水源地，湿地生态系统独特，野生动物栖息地优良，湿地生态文化特色明显，是以高寒湿地生态保护为主体，集科研监测、宣传教育等功能为一体的国家湿地公园。主要保护对象为高寒沼泽湿地生态系统及水源、水质安全，珍稀野生动植物及其栖息地等。

第二节　景观与文化资源

一、祁连山国家公园青海片区

（一）景观资源

祁连山国家公园青海片区地处青海省祁连山系，区内地貌繁杂，景观独特，具有青藏高原北部所独有的高原森林草原风光。主要景观资源包括地文景观、气候天象景观、水域景观、生物景观四类。其中地文景观中有高山景观（雾山）、雪山景观（岗什卡雪峰）、风沙地貌景观；气候天象景观中有气候景观、降水景观、天象景观；水域景观中有江河景观（黑河源）、湖泊景观（五色神湖）、飞瀑流泉景观（达摩禅音瀑布）、冰川景观（八一冰川）；生物景观中有森林景观、草原景观、古树名木、珍稀植物（桃儿七、红景天等）、珍稀动物及其栖息地（雪豹、黑颈鹤、白唇鹿等）。

（二）自然生态质量

1.生态系统自然性高

区域内森林、草地、湿地等植被主要为天然起源，基本保持原生状态，自然生境较好，且区域内人为活动稀少，同时当地居民的宗教习俗具有敬畏自然的传统，对自然的干扰程度低，生态系统的自然性高。

2.生物多样性丰富

区域内物种多度极丰，高等植物达 1000 种以上，脊椎动物将近 300 种；物种相对丰度极丰，区域内物种数占四县行政区域内物种总数比例相对极高，大于 50%；生态系统类型多样性多，区域内生境及生态系统的组成成分与结构极为复杂，且有存在很多类型。

3.典型性强

区域内有祁连圆柏、青海云杉等典型的顶级群落和嵩草高寒草甸、紫花针茅高寒草原等由青藏高原隆起所引起的高寒气候产生的草地群落，极具典型性，同时区域内分布有雪豹、黑颈鹤、野牦牛、白唇鹿等极具代表性的野生动物，在全球范围或同纬度区内具有突出代表意义，典型性强。

4.稀有性极强

区域内保护物种稀有性突出明显，有国家重点保护脊椎动物 52 种（国家级一级保护野生动物 14 种、二级保护野生动物 38 种），国家级一级保护野生植物 1 种、二级保护野生动物 40 种；省重点保护野生动物 27 种；被列为极危级的动物 2 种、濒危级的动物 12 种、易危级动物 13 种；中国特有动物有 35 种。

5.稳定性较低

区域生境严酷，群落结构简单，群落内物种较为单一，生物量低，稳定性低；一旦遭受自然或人为的破坏，其恢复难度较大，脆弱性强。

二、自然保护区自然与动植物景观

保护区地域辽阔特点，自然环境和自然资源状况、主要保护对象的空间分布各具特色，各保护分区自然与动植物景观既有相同之处，又有区域特点。

（一）团结峰保护分区

团结峰保护分区位于疏勒南山北坡，疏勒河南岸。由六个相对高差不大的山峰团聚在一起，组成一块状山体，故名"团结峰"。疏勒南山深大断裂发育，山地南陡北缓，是祁连山系中现代冰川最发育的一条山脉，共有 14 条山谷冰川，冰舌下伸到海拔 4600 米处，形成弧形终碛缓丘。北坡冰川较南坡规模大。在 14 条冰川中，最长者达 5 公里。海拔 4800 米以上，角峰、刃脊广布，冰川下面有明显冰蚀 U 形谷。冰川是主要保护对象。区内草地季相单调，冷季一片枯黄，夏季呈黄绿色。

（二）黑河源保护分区

黑河源保护分区位于祁连县西北部野牛沟乡洪水坝，有冰川78条。冰川夏季消融较强烈，对河流补给量较大，融水时间一般在5月至9月，约150天，冰雪融水量呈洪峰特征。冰川融化形成黑河西岔，流经野牛沟乡和扎麻石乡，于狼舌头山与八宝河汇合，是祁连山内陆主要水系之一，是仅次于塔里木河的全国第二大内陆河，跨青海、甘肃、内蒙古3省（自治区）。黑河枯水季节清澈见底，洪水期间挟带大量黑沙，故名黑河。黑河源有冰川、积雪、河谷，有沼泽、草地、山岭，阳坡有原始森林覆盖，植被较好，水土流失轻微。黑河流域有广阔的草原牧场，可开垦的肥沃荒地，有种类繁多的野生珍稀动物。湿地是主要保护对象。

（三）三河源保护分区

三河源是指托勒河源、疏勒河源和大通河源。托勒河源位于祁连山托勒南山，属内陆流域祁连山水系，发源于祁连县托勒山南麓的纳尕尔当。托勒河两岸有优良天然牧场，栖息有马鹿、麝、熊、野牛等多种野生珍贵动物。疏勒河源位于天峻县木里乡中北部。疏勒河在天峻县境内，经花儿地、卜罗沟出境，流入甘肃河西走廊消失于沙漠。该区植被以草地为主，为高寒干草原。大通河源位于天峻县木里乡的东部，大通河上游——由多索曲及唐莫日曲、阿子沟曲、江仓曲三条支流汇成的木里河流域。大通河发源于天峻县境内托勒南山的日哇阿日南侧，有泉眼108处，以大气降水和冰川消融为补给来源，河源海拔4812米。因冻土作用，大通河源区形成了较大面积的沼泽土、泥炭沼泽土、高山草甸土。

（四）党河源保护分区

党河源保护分区位于德令哈市戈壁乡西北部、党河南山以北，最高海拔5216米，最低4200米。海拔4500米以上地区积雪终年不化，发育着现代冰川。在冰川寒冻的剥蚀风化作用下，形成风化碎石为主体的表面覆盖，植被稀少，在河流两岸平缓地带有少量水草，人为活动稀少。

（五）油葫芦沟保护分区

油葫芦沟保护分区位于祁连县野牛沟乡油葫芦沟中。油葫芦沟因沟口狭窄，中上部宽阔，形似葫芦而得名。沟内地广人稀，灌草茂密。主要灌木为金露梅、银露梅、高山柳、鲜草花、沙棘、锦鸡儿等。沟内主要分布为高原草甸类，植物种类较多，多为中生、湿生地面牙、地下牙草本植物。沟内水资源丰富，出沟后注入黑河。由于独特的地理环境和丰富的自然资源，非常适合野生动植物的繁衍生息。

（六）黄藏寺保护分区

黄藏寺保护分区主要包括祁连县林场的黄藏寺营林区。黄藏寺营林区位于祁连县中部八宝镇北部，黑河下游的峡谷地带，该区是峡谷山地水源涵养林区。经过历次的造山运动而形成的地貌，在长期的河流冲刷下形成沟谷切割明显，地势陡峻的特点。该区土壤因受气候地形的影响，同样具有明显的垂直地带性。属高山地貌，气候变化显著。气候干燥，气温寒冷，植物生长期159天，对植物生长极为不利，随着海拔升高，生长期更短，是该区森林生长较缓慢的主要原因。

（七）石羊河源保护分区

石羊河源保护分区位于门源县北部的冷龙岭和岗什卡两座高峰的北坡。区内冷龙岭冰川是我国分布最东段的现代冰川发育区。每当湿润年，山区大量固态降水储存在这一天然水库中；每当干旱年，气温升高，冰雪消融，大量融水补给河流，起到旱年不缺水和调节径流年际不均匀性的作用。近几年，由于受全球气候变暖和过度放牧等原因的影响，冰川末端上升很快，严重影响到冰川储量，从而影响了该区永安河、老虎沟河、初麻沟河等外流河的水量供给。区内分布有雪豹、雪鸡、白唇鹿、岩羊等野生动物和丰富的高寒植物种群。

（八）仙米保护分区

仙米保护分区是门源县国有仙米林场仙米营林区的一部分，属门源县东部峡谷主要的水源涵养林区。区内下部阴坡土壤以山地淋溶灰褐土为主，生长有青海云杉、桦木、山杨等乔木混交林，主要下木有金露梅、忍冬、高山柳、花楸。地被物苔藓类、蕨类、草本等。山顶部为高山寒漠土，生长有垫状植物。

三、国家森林公园景观

（一）自然景观

仙米国家森林公园复杂的地貌，奇异的高原气候酿就的天象景观丰富而又绚丽。由于公园海拔高，因此天格外蓝，蓝得使人心醉，云特别白，白得让人眩目，星星分外亮，亮得不能直视。深蓝的天空，洁白的云朵，灿烂的繁星构成了公园最美的天象景观。

公园高寒半湿润气象酿就了丰富壮丽的高原冰雪景观，除终年不化的冰川雪岭外，每年11月中旬至次年3月中旬，整个公园均可欣赏到雪域风光。高原河湖"千里冰封"，高阔草原"万里雪飘"，神山冰雕玉琢，坡麓丘峦"原驰蜡象"，好一派奇特的"北国风光"。

盛夏薄云舒卷，细雨如丝，陡峭峰峦被雨雾所掩，远远望去，云海中偶现峰峦倩影。如一幅清淡雅致的画卷。雨住天晴，一碧如洗，广阔的草原鲜花怒放；山峦坡麓林木葱茏，村落原野金黄的油菜花透着丰收的喜悦，到处一片生机。

在绿草如茵、鲜花盛开的春来夏初，偶遇寒流便呈现出奇丽的六月飞雪景观，山上晶莹的雪花漫天飞舞，树冠枝头形成洁白的雪松、雾凇，可谓"忽如一夜春风来，千树万树梨花开"，成了一个童话世界。而山下却是花红草青，万物峥嵘，生机盎然。这种"一日分四季，十里不同天"是高原特有的天象景观。

（二）人文景观

仙米森林公园地处仙米乡、珠固乡和东川镇境内，是华热藏族中仙米、珠固两个部落世代生息的家园。这里历史积淀雄厚，民俗民风古朴，宗教气息浓重，人文景观奇异。

1.纯朴的民俗风情

境内居民以藏族为主体，称其为"华热巴"，意为英雄部落，勤劳勇敢，淳朴豪放，诚信友善。"华热巴"视白色为吉祥，白牦牛、白山羊是独有特产，白色的民居、白色的服饰是建筑和服装的特色。他们粗犷豪放，能歌善舞，"会走路就会跳舞，会说话就会唱歌"是他们生活的写照。他们尚礼好客，家中来客全家到门前迎接，并请坐上席，双手敬茶、敬酒。他们尊老爱幼，走路时要让老人先行，路途中遇到长者要下马问候，对幼儿不分男女精心抚育。

2.绚丽的民间艺术

"华热巴"的方言别具一格，说唱艺术独具风采，他们创造的华热藏戏主要演绎民间故事、历史传说、歌舞、艺术服饰等民俗文化，被誉为藏戏艺术中的"一条奇葩"。"祭俄博"是"华热巴"的一个重要节庆，仙米部落七月十五日祭雪龙红山俄博，珠固部落七月初三祭抓夫哑豁俄博，点灯咏经，礼拜、赛马、射箭等独特的民间艺术一览无余。

3. 神秘的藏传佛教

宋代西藏佛教传入园区，15世纪宗喀巴创立格鲁派，僧人戴黄色帽，俗称黄教。著名的藏传佛教寺院有仙米寺和珠固寺。仙米寺位于仙米峡谷的讨拉沟，建于明天启三年(1623年)，清雍正三年(1725年)重建，由大经堂、小经堂、佛殿、僧舍、花园等组成别具一格的建筑群；珠固寺位于珠固峡的解放村，建于清顺治三年(1644年)，1911年遭火灾，1916年重建。仙米寺和珠固寺历经沧桑屡遭破坏，改革开放以来政府出资进行复建，至今仍凝聚着建筑、宗教、雕塑、绘画等不朽的艺术精华，是园区藏传佛教活动的集中场所。

4. 厚重的历史文化积淀

在这块神秘的土地上历史的兴衰嬗替，留下了丰厚的积淀。黑岭子卡约文化遗址，证明了早在青铜时代就有先民在这崇山峻岭中生存。巴哈古渡，诉说着隋大业六年，隋炀帝这个暴君斩杀造桥大臣黄亘的血淋淋的故事。克图的三角城、宁缠营盘台、初麻古城遗址为灰飞烟灭的西夏王国的研究提供了实证。晋代所凿的岗隆石窟、石塔、石佛与敦煌莫高窟遥相呼应。

四、湿地景观与文化资源

（一）湿地景观

黑河古称黑水，据《穆天子传》和《楚辞·天问》载："黑水源，流昆仑，北流为弱水"。黑河有东西二源，主流（西源）称黑河，为第一大支流，东源为八宝河。祁连黑河源国家湿地公园距黑河源头的八一冰川不到40公里，流经湿地公园后，因这里地形开阔、地势平坦，河水蜿蜒徜徉在广阔的草原之间，犹如碧毯上镶嵌的一条晶莹丝带。河流两岸支流汇集，河水干净清澈；区内水草丰美，沼泽湿地生态良好。高原河流、高寒沼泽湿地是青藏高原湿地生态系统的典型代表。

（二）草原景观

湿地公园内广袤的草原一眼望不到边，因其良好的生态环境，也被誉为

"中国最美的六大草原之一"，清朝人梁份所著的地理名著《秦边纪略》中说："其草之茂为塞外绝无，内地仅有"。每年7、8月间，与草原相接的祁连山依旧银装素裹，而草原上却碧波万顷，马、牛、羊群点缀其中，微风吹来，会使人产生返璞归真、如入梦境的感觉。草原上绿草萋萋，开满了各色野花，牛羊悠闲地吃着草儿，白色或者黑色的帐篷散落在绿草地上，清澈的黑河潺潺流过，气候凉爽，水草丰茂，宛如人在天境。

（三）天象景观

湿地公园地处祁连山地区，这里四季不甚分明，春不像春，夏不像夏，所谓"祁连六月雪"，就是祁连山气候和自然景观的写照。祁连之美，美在山清水秀，更美在奇峰云雾，"暮雨朝云几日归，如丝如雾湿人衣"。夏季的祁连多夜雨，次日清晨，这浓云厚雾像一缕缕银丝萦绕在山腰间，忽而又变成滚滚青烟，在山际间飘逸。不经意中，它会滑过你的脸颊，落进你的心田，身临其境，恍如梦中。天空放晴和山际间的浓雾消失得无影无踪，深蓝的天空中白云朵朵，心态各异，与这绿草如茵的大草原和成群的牛羊交相辉映。

（四）文化资源

文化资源主要有祁连原生态的藏族歌舞、非遗文化项目、"花儿"歌会、草原民族体育活动、"六月六"花儿会、"锅庄"、部落民族风情展演、那达慕大会、野牛沟民族民间传统体育运动会等，极具高原藏族及游牧民族特色。

第三节　功能分区

一、国家公园功能分区

（一）核心保护区

核心保护区是国家公园的主体，实行严格保护，维护自然生态系统功能。是将祁连山冰川雪山等主要河流源头及汇水区、集中连片的森林灌丛、典型湿地和草原、脆弱草场、雪豹等珍稀濒危物种主要栖息地及关键廊道等区域划为核心保护区。

管控目标是以强化保护和自然恢复为主，逐渐消除人为活动对自然生态系统的干扰，长期保持生态系统的原真性和完整性，严格保护冰川雪山和多年冻土带、河流湖泊、草地森林，保护雪豹等珍稀濒危野生动植物重要栖息地的完整性和连通性，提高水源涵养和生物多样性服务功能。

（二）一般控制区

一般控制区是祁连山国家公园内核心保护区以外的其他区域。是以生态空间为主，兼有生产生活空间，是居民传统生活和生产的区域，以及为公众提供亲近自然、体验自然的宣教场所等区域，也包括祁连山国家公园青海片区内生态系统脆弱或受损严重需要通过工程措施进行生态修复的区域和集中建设区域，是国家公园与区外的缓冲和承接转移地带。

管控目标是通过必要的生态措施逐渐恢复自然生态系统原貌，以自然恢复为主，人工修复为辅，稳步提升森林覆盖率和草原植被盖度，提升水源涵养生态功能；扩大野生动物生存空间，推动雪豹等野生动物种群复壮；推进居民生产生活方式转变，坚持草畜平衡的原则，减轻经济发展对资源消耗的压力，形成绿色发展模式。

二、保护区功能分区

保护区分为三个层次：第一层为核心区，为严格保护区域；第二层为缓冲区，为重点保护区域；第三层为实验区，为一般保护区域。实验区是保护和经营二者相兼顾的区域。

（一）核心区

禁止任何人进入核心区，因科学研究的需要，必须进入核心区从事科学研究观测、调查活动的，应当事先向自然保护区管理机构提交申请和活动计划，并经青海省林业和草原局批准。核心区主要任务是保护和管理好典型生态系统与野生动植物及栖息地。以封禁管护为主，开展禁牧、禁猎、禁伐和禁止一切开发利用活动，通过封禁管护等措施恢复林草植被。由保护区为主负责管理和建设，建立完善的管理体系和巡护制度。

（二）缓冲区

禁止在缓冲区开展旅游和生产经营活动。因教学科研的目的，需要进入自然保护区的缓冲区从事非破坏性的科学研究、教学实习和标本采集活动的，应当事先向自然保护区管理机构提交申请和活动计划，经自然保护区管理机构批准。缓冲区主要任务是缓冲或控制不良因素对核心区的影响，对轻微退化生态系统进行恢复与治理。缓冲区内以草定畜、限牧、轮牧，通过封禁管护等措施恢复林草植被，同时作为科研、监测、宣传和教育培训基地。由保护区和各级政府、各行业主管部门共同负责管理与建设。

（三）实验区

在实验区内开展参观、旅游活动的，由自然保护区管理机构编制方案，方案应当符合自然保护区管理目标。在自然保护区组织参观、旅游活动的，应当严格按照前款规定的方案进行，并加强管理；进入自然保护区参观、旅游的单位和个人，应当服从自然保护区管理机构的管理。严禁开设与自然保护区保护方向不一致的参观、旅游项目。

主要任务是作为核心区与缓冲区的自然屏障，大力调整产业结构、优化资源配置、开展退化生态系统的恢复与重建，发展生态旅游等特色产业和区域经济，促进社会进步。全面实施以草定畜，重点实施退牧还草、退化草地治理、森林植被保护与恢复、湿地与野生动物保护、能源建设、水利建设以及科研监测等项目，对超过天然草地承载能力的人口实行生态移民，对天然草地承载能力以内的人口实行集中聚居，减少草地的放牧压力，促进草地自我恢复。集中建设管理、执法、科研、宣教，以及生产、生活服务等基础设施。主要由地方各级政府指导和协调区域的社会经济发展，按照符合环保与生态要求的产业政策或社会经济发展规划安排建设项目。

三、森林公园功能分区

按照生态环境特点和旅游项目的功能差异，规划将园区划分为景观生态保护区、山地生态恢复区、河道景观恢复区、森林游憩区和旅游服务度假区五大功能区，将景观与生态保护、恢复、风景游赏、旅游度假、服务接待划分为相对独立的功能分区，便于公园管理和分区开发建设。

（一）景观生态保护区

为保护生态环境，保证公园开发建设和森林旅游可持续发展，将公园生态敏感地带和背景景观区域，划定为景观生态保护区。该区以保护园内生态环境，维护生物多样性和生态系统平衡为目的，主要功能是涵养水源、保持水土，预留发展空间。

（二）山地生态恢复区

针对生态退化和资源遭到破坏的区域，需要通过人工调控措施进行恢复和培育。恢复措施主要包括林业工程措施（包括人工造林、封山育林等）、生物多样性措施、环保措施（污水处理）等生态恢复措施，以及历史遗址、文物建筑、古树名木等专项修复措施。

（三）河道景观恢复区

公园内金矿富集，人工采金现象非常普遍，由此造成了园区河道环境和景观的极大破坏。恢复措施包括：平整消除河道沙山，疏浚河道保证河流的行洪能力；稳定并加固河堤，恢复河道原貌，严禁采砂和采金行为；绿化、美化河道景观，形成特色滨河景观带。

（四）风景游赏区

风景游赏区为景点集中的旅游资源富集区，是旅游开发的核心区域。规划开展森林游憩、山水休闲度假、田园农耕渔猎、民俗文化体验、宗教文化观光以及水上运动游乐等旅游项目。

（五）游憩度假区

位于环境优美，风景秀丽的河谷、湖泊等滨水地段，规划开发建设度假村、休闲中心、民俗文化中心、湖滨别墅等休闲度假项目，配套建设休闲、健身、娱乐、演艺、运动等文化娱乐设施。

（六）旅游服务区

为妥善解决开发建设与生态保护的矛盾，规划建设布局科学，设施完善，结构合理，交通方便的旅游服务区，为游客提供旅游接待、商贸、餐饮等旅游服务。

四、湿地公园功能分区

祁连黑河源湿地公园是祁连县乃至青海东北部、甘肃及内蒙古自治区重要的生态屏障，维护着区域水生态安全，在黑河湿地保护中是一个重要的节点，是调节区域生态系统平衡之源；是祁连县生态文明建设的载体，促进美丽中国建设、传播湿地生态文明的催化剂，海北藏族自治州生态文化宣教基地，青海省生态旅游示范点。

（一）湿地保育区

保育区是湿地公园的主体区域，主要包括湿地公园西北及中部黑河干流、两岸河谷滩地及草本沼泽湿地。保育区地形平坦，河道较宽，水流较为平缓，两岸有溪流汇入，除局部河谷滩地分布以黑刺为主的灌木林外，区域绝大部分以草本沼泽为主，草本植物茂密，长势良好。该区夏季作为当地牧民的季节性放牧草场，其他季节封禁，人员活动较少，但存在局部沙化和草原鼠害危害现象，生态环境质量总体良好。

湿地保育区是湿地公园的生态基质和生态敏感区域，主要开展湿地生态系统、水资源、珍稀野生动物及栖息地和其他湿地动植物资源的保护、保育、恢复，保持湿地生态系统自然状态，最大化发挥其生态功能。重点对河流水系予以疏通，营造水生植被，恢复黑河河流湿地生态系统；建设水源、水质、水岸以及其他生态保护设施，进一步恢复河流沿岸植被及两岸沼泽植被，形成完善的植物生态屏障和沿河环境优美的湿地生态景观廊道，构建黑河源安全、可靠的生态保护体系，确保区域的水质安全，同时也使得珍稀野生动物及栖息地、区域的湿地动植物资源得到有效保护。

（二）湿地恢复区

湿地恢复区地势较保育区稍高，地形开阔，省道S204从其边缘穿过，人员活动较为频繁，生态环境受到干扰，植被盖度较低，黑土滩鼠害危害严重。湿地恢复主要针对高寒湿地的自然环境和气候条件恶劣，植被恢复和土壤涵养蓄水功能修复难度较大的特点，在充分调研退化湿地性质、类型和范围的基础上，根据水文条件、地形地貌条件、土壤条件、生物因素等综合条件规划恢复重建区的建设内容，借鉴国内外先进的湿地修复理论、技术和成熟的实践经验，采用自然恢复与人工恢复相结合的方式，本着最少干预的原则，强调景观的自然属性，选择科学合理的湿地生态恢复技术和措施，减少人工修复痕迹。

（三）合理利用区

合理利用区位于省道S204以南，沿省道从管理服务区一直到阳山双岔沟，生态景观独特，高寒草甸、草原与水景交相辉映，适宜开展湿地科普宣教、游憩体验活动。目标是围绕"生态、水"两大主题，展现湿地生态景观，建设湿地生态旅游目的地，丰富祁连旅游产品，提高旅游质量，让大众进一步了解湿地、关注湿地，提高大众的湿地保护意识，打造青海省湿地文化旅游目的地。

（四）管理服务区

管理服务区位于省道 S204 向西北进入湿地公园的入口区域，根据保护和管理的需要，建设相应的保护管理设施，配置保护管理设备，实现良好的保护管理和服务功能。

第四节　保护工程

一、国家公园保护

（一）生态系统保护

1.重要生态系统保护

采取抚育、人工辅助促进森林植被更新和低质低效林提质增效，构建健康稳定优质高效的森林生态系统。严厉打击偷采偷挖、毁林开荒、乱砍滥伐、乱占林地等破坏森林资源和生态环境的违法行为。

积极推进草原禁牧休牧，落实草原生态保护补助奖励政策，开展草地生态补偿。对生态脆弱、退化严重、不宜放牧以及位于水源涵养区的草地实行禁牧。采取季节性休牧、以草定畜、草地退化治理修复等方式，促进草地植被恢复，恢复草地生态功能和生产能力。

对高海拔，靠近冰川，人畜活动稀少的区域沼泽湿地，采取自然休养保护，封泽育草，控制人为活动，提高植被自我恢复能力；对靠近草原，人畜活动相对频繁，沼泽湿地有明显退化区域，采用减畜禁牧、封育等措施，减少或停止对沼泽化草甸资源的过度利用和对原生植被的破坏；对河流湿地，要因地制宜营造护岸林，加强水源地的保护，合理利用水资源，恢复植被；对水土流失严重地段，通过工程措施，降低河流对沟谷的侵蚀。湿地内严禁狩猎、毒杀鸟类，禁止干扰鸟类觅食、繁殖，为黑颈鹤等稀濒危水禽和珍稀水生野生动物创造良好的繁殖、栖息环境。

严禁在冰川雪山进行采矿及其他设施建设。对已停产的尾矿要进行综合治理，加强山地植被的保育、恢复和重建。对冰川雪山景区人员流量最大承载量进行规范，停止一切探险等活动，尽量减少人类活动对冰川雪山周边环境的污染和破坏，维持和稳定冰川雪山及周边生态环境。

2. 重要动植物种群及其栖息地保护

加大对雪豹种群及其栖息地的巡护工作，集中力量组织开展巡山清套和巡护看守，彻底清除非法捕猎工具。逐步开展雪豹受损栖息地修复，改善栖息地条件，扩大野生动物生存空间。对生活在偏远无人区域的受损不严重的栖息地，采取封山育林育草等保护措施，使其通过自然途径恢复到最适宜的状态；对受损较为严重的栖息地，分析其生态系统连通性、景观破碎程度，采用以自然恢复为主、人工促进为辅的方法进行修复。同时推进雪豹栖息地廊道的联通。

采取有效措施，减少人为干扰，不得在鹤栖息地和繁殖地范围内进行设施建设、放牧、挖草皮、采挖湿地泥炭等活动。禁止在黑颈鹤栖息地和繁殖地周围的耕地、草地、湿地上施用剧毒、高毒、高残留农药等化学物品。对黑颈鹤栖息地及繁殖区采取保护、修复的措施，使其逐步恢复湿地原貌；减少人类活动干扰，当工程建设和放牧威胁到黑颈鹤繁殖时，应停工或禁牧至繁殖期结束。同时要加强巡护工作，禁止捡蛋掏窝、投毒及其他捕捉、伤害黑颈鹤的活动。

3. 野生动植物保护设施

根据主要珍稀野生保护动物现有的栖息地和分布情况，开展生境廊道建设，同时在廊道周边应设立界碑、界桩等标志物和宣传和警示标牌。

为保证野生动物能够穿越铁路、公路、草原围栏、水渠等建筑物和构筑物，利用不同地形地貌在关键节点留出专用通道，包括建设天桥和涵洞、逐步撤除草场围栏和降低围栏高度。

在国家公园核心区，允许已有合法线性基础设施的运行和维护，以及经批准采取隧道或桥梁等方式（地面或水面无修筑设施）穿越或跨越的线性基础设施，在阻碍野生动物迁移的关键地段增设动物通道；在国家公园一般控制区新建的铁路、公路等工程应严格符合相关法律法规要求，结合行业有关规范要求，合理确定动物通道方式，为雪豹、白唇鹿等野生动物预留通道。

（二）生态系统修复与综合治理

1. 森林修复

开展森林抚育，抚育对象主要为林分郁闭后，目的树种幼树高度低于周边杂灌杂草、藤本植物等，生长发育受到显著影响的有林地。主要采取修枝、割灌等抚育措施，清除妨碍林木、幼树、幼苗生长的灌木、藤条和杂草，进行局部割灌，并注意保护珍稀濒危树木、林窗处的幼树幼苗及林下有生长潜力的幼树、幼苗。

人工促进天然更新，选择立地条件好的半阳坡、阴坡、半阴坡进行森林改造更新，通过松土除草、整地、补植或补播等措施，促使种子能够顺利触土发芽，促进目的树种幼苗幼树生长发育。补植或补播树种选择以乡土树种为主，阴坡以青海云杉、祁连圆柏为主，半阴半阳坡以桦树、杨树为主。

对残次林进行改造，对林相不良，残破稀疏、生长不良，无培育前途，生产潜力未得到优化发挥，生长和效益达不到要求，郁闭度低于0.4的有林地进行补植改造。通过补植改造，采用调整树种改造的方式、栽针保阔的方法进行。以此调整林分树种（品种）结构，补植树种宜用乡土树种，以青海云杉、祁连圆柏为主，通过补植形成针阔混交林。

2. 草地修复

对核心保护区生态极为脆弱、退化严重、不宜放牧以及位于水源涵养区的草原实行禁牧，对一般控制区采取休牧面积，实现草畜平衡。对一般控制区中度、轻度退化的草原区实施休牧。通过休牧使优良牧草得到充分的生长发育，制约毒杂草的生长，达到快速恢复高寒草甸退化草地植被，持久性维护草地生态系统平衡。

在地形平坦的地方进行人工种草，人工种草的地点选择要求地形较平坦，坡度在25度以下；土层厚度30厘米以上，有机质含量3%以上，盐渍化程度较轻，含盐量不超过0.3%，沙漠化危害不严重，年≥0℃积温1500℃以上，年降水最少350毫米以上或具有灌溉条件的区域。草种选择主要有冷地早熟禾、紫花苜蓿、垂穗披碱草、中华羊茅等。

通过补播改良、草地施肥、灭鼠等措施治理黑土滩退化草地，逆转黑土滩退化草地、提高草地水源涵养能力。

3. 湿地修复

开展湿地禁牧封育，重点是保护和修复国家公园内源头滩地其支流中上游滩地的沼泽草甸。一是湿地与高山草甸、草原连为一体人畜活动相对频繁，放牧利用超载的地区；二是湿地有明显退化现象，不保护不能稳定生态的地区；三是野生动物（禽类与兽类）重点栖息地和重点活动区域。

进行岸线修复，保护和修复的主要措施包括修建拦沙坝、生态护岸、河道治理等，以拦截支沟内的碎石、卵石，减少洪水携带的沙石量，对坍塌河岸进行修复，提高河道的行洪能力；构建生物防护设施，采取营造水保林、人工种草，进行河岸植被恢复，有效涵养水源，防止洪水冲毁和减弱径流对河岸线的冲刷强度；稳定河道生态格局，实现流域水生态功能提升。

推进水污染防治，对黑河、疏勒河、石羊河、大通河、托勒河、八宝河、党河等水系源头的重要饮用水水源地实施封禁保护，增强水源区的水源涵养功能。在有条件的地区，营造水源涵养林，保障水质安全和水源供给。加强饮用水安全保护建设，对现有水源地保护基础设施升级，增加建设保护界标、警示牌、防护围栏，严防污染和人为活动干扰，有效修复饮用水水源地。

恢复湿地植被，在湿地禁牧封育范围内，对严重退化的部分湿地要补种草种进行植被修复，增加植被的覆盖度，逐步恢复原有湿地生境；对在水污染防治过程中，水源地及其边缘林草植被稀少的地段，进行乔木、灌木和草本植物补种补栽，既可减少地表冲刷和水土流失，又能提高蓄水能力和提高水质纯净度。补种补栽的树种（草）要选择适生的林草品种。

4. 矿山治理

由于各个矿点的治理恢复情况不尽相同，采取的植被恢复、治理恢复方法也不尽相同，应根据各工矿废弃地、人工设施等土地逆转前的植被及周边环境状况，进行井口封堵、裂缝夯填、采坑回填、平整压实渣堆、修筑松散物拦挡坝、修筑排水渠护堤、刷坡、覆土绿化、植被恢复等工程进行矿区综合治理。采取人工造林、种草的方式进行植被恢复。造林、种草的树（草）种要以适宜祁连山高海拔地区乔灌树种和栽培生长多年生的牧草为主。

二、自然保护区

（一）核心区禁牧、移民工程

根据保护区建设的有关法律和规定，保护区的核心区除从事有关的科研活动之外，应禁止一切有关的经营和生产活动。因此，核心区应禁止放牧，实行禁牧。一方面需要在整个祁连山自然保护区制定统一的政策和措施，给予相关牧民一定的经济补贴，以补偿由于禁牧造成的经济损失。另一方面，需要在一些主要出入路段设立保护围栏，以阻止牲口的进入。

在禁牧的同时，必须对现有核心区的牧民进行迁移。牧民安置，既是基于自然保护区管理工作的需要，也是落实"草原四定"政策的需要。牧民的集中安置将缓解人口对保护区生态环境的压力，恢复植被，防治水土流失及土地沙漠化，有利于改善核心区的生态环境。

（二）水资源及湿地生态系统保护

祁连山冰川、湿地分布广泛，环境复杂，所有河流、湖泊均发源于高山冰川，因此保护湿地就是保护冰川。保护湿地的关键就是要保护好现有森林、灌木和草原，并采取人工措施恢复森林灌木和草原的原有状态，维护区域生态平衡，增强森林灌木和草原的水源涵养功能。由于祁连山自然保护区的湿地均在无人区，部分地区为夏季牧场，人为活动稀少，对河流、湖内鱼类资源及周围水禽和其他湿地野生动物的栖息影响不大。建立核心区保护之后，主要采取以下措施，保护和恢复湿地自然生态系统。

在高海拔地区，不适合人工植树种草来恢复植被，只能通过人工辅助的方式，建立围栏，进行封沙育草，通过减少人畜活动，改善局部地区生态条件，逐年恢复原生植被来遏制沙漠化进程，恢复原有生境。封沙育草工程主要是在缓冲区进行。在实验区采取人工措施，促进草原植被恢复，主要进行人工撒播优良草种。

在冰川、雪山湿地的雪线以下，由于放牧导致植被退化，严重影响了高寒沼泽草甸的水源涵养功能。为了缓解这种现象，迫切需要在湿地退化严重的区域进行禁牧，通过恢复植被，增加植被和土壤的蓄水功能，逐步恢复原有湿地生境。

（三）野生动物及栖息地保护

通过全局性的生态建设工程，遏制草场退化、土地沙化、鼠害泛滥等生态问题，减少或杜绝来自人和家畜种群对栖息地的挤压和侵占，减少珍稀物种野外种群的生存压力，恢复和重建保护区内野生动物的栖息地。建立野生动物救护繁育中心，逐步完善救护中心和推广基地的各种设施，在对野生动物实施救护的同时积极进行野生动物产业化研究和养殖。

（四）草原与草甸生态系统保护

由于分布辽阔，生境条件多样，群落的种类组成比较丰富，区域内高寒草甸为青藏高原所特有。该区的高寒草甸目前保存较好，具有典型性和代表性，但也受到了过牧的潜在威胁，需要尽快加以保护，为使典型的高寒草地生态系统充分发挥其生态功能，尤其是水源涵养及生物多样性栖息地方面的功能，采取退牧还草、退化草地治理与恢复等方式恢复草地植被，以保存其重要的水文功能，为今后开展高寒草甸生态系统研究提供基地。

（五）林业生态保护

主要建设项目为天然林管护、封山育林、造林种草等。将保护区中天然林管护纳入天然林保护工程，封山育林对象主要为疏林地和灌丛地，造林种草主要安排在以森林灌木为主的保护分区，在适合造林种草的地段根据立地条件合理安排造林种草。做好森林病虫害的预测预报工作，掌握森林病虫害的种类、发生规律。严格执行森林病虫害的检疫工作，防止危险性病虫害的传入。科学营造林，加强森林抚育，尤其是林地卫生，伐除病虫害感染木，清理病腐的倒木，保持森林群落稳定。加强森林防火体系的建设，加强森林防火的宣传力度、严防外来火灾，严格进行火源管理，实行联防共治，提高保护区预防和扑救火灾的综合能力。

三、仙米国家森林公园

（一）景观生态保护

为保护生态环境，保证公园开发建设和森林旅游可持续发展，将公园生态敏感地带和背景景观区域，划定为景观生态保护区。该区以保护公园内生态环境，维护生物多样性和生态系统平衡为目的，主要功能是涵养水源、保持水土，预留发展空间。

（二）山地生态恢复

针对生态退化和资源遭到破坏的区域，需要通过人工调控措施进行恢复和培育。恢复措施主要包括林业工程措施（包括人工造林、封山育林等）、生物多样性措施、环保措施（污水处理）等生态恢复措施，以及历史遗址、文物建筑、古树名木等专项修复措施。

（三）河道景观恢复

公园内金矿富集，人工采金现象非常普遍，由此造成了园区河道环境和景观的极大破坏。针对此种情况，划定河道景观生态恢复区，整治与恢复的主要区域位于东海大峡谷景区。恢复措施包括：平整消除河道沙山，疏浚河道，保证河流的行洪能力；稳定并加固河堤，恢复河道原貌，严禁采砂和采金行为；绿化美化河道景观，形成特色滨河景观带。

四、湿地保护工程

（一）水源水质保护

黑河源湿地是八一冰川融化后经多条河流汇集形成的一处高寒沼泽湿地，是黑河源头的主要集水区。黑河源四面青山环绕，人烟稀少，无工业污染，水质可以达到《地表水环境质量标准》GB 3838—2002 中规定的Ⅰ类水质标准。

湿地保育区和恢复重建区是水源、水质重点保护区域，即从红土沟、大疙瘩山到去八一冰川岔道口部分。该区域实行严格的湿地保护管理，进一步加强面源污染治理，保护自然环境和自然资源。水质保护主要在湿地公园保育区、恢复重建区周边开展面源污染治理，选择牧民对其牛羊圈舍进行污染治理，有效控制和治理面源污染。同时在湿地公园范围内规划安置垃圾收集桶，有效制止进入湿地公园内的人员乱扔垃圾，杜绝人为污染。

（二）水岸保护

祁连黑河源湿地公园除一条 S204 省道穿越之外，没有任何人工修筑物，全部为自然状态。湿地公园水岸线以原有自然状态为主，在保障水流畅通的前提下，仅对部分地段实施生物治理，构建优美的湿地生态景观廊道。

在湿地公园合理利用区内选择河流冲刷较为严重的区域，实施河流岸线治理项目，种植适生草本植物，构建植被生态屏障，有效保护黑河源河流岸线与野生动物及其栖息环境。在湿地公园合理利用区内河段两侧，建设水际线景观林带，主要种植黑刺等植物，形成曲线流畅的湿地公园水际景观带。

（三）野生动植物及其栖息地保护

祁连黑河源国家湿地公园有高等野生植物 487 种，野生动物 113 种，其中国家重点保护野生动物 14 种，省级保护野生动物 18 种，省级重点野生保护植物 2 种。

为了有效保护野生动物及其栖息地，一是要依照国家相关法律法规，严厉打击各类破坏湿地野生动植物及其栖息地环境的违法行为。二是要广泛开展野生动植物及栖息地保护宣传教育活动，营造全社会保护野生动植物资源的氛围。三是要在湿地公园范围内全面实施禁猎限牧制度，切实保护湿地动物资源。四是建立完善的野生动植物栖息地保护设施，有效保护野生动植物及其栖息地环境。

采用自然景石制作界碑，在湿地公园主要出入口、牧民点和人为活动频繁地段设置标识牌和野生动物保护警示牌。在湿地公园恢复区内，选择鼠害危害特别严重的地段，采取药物、堵洞等手段，加强草地鼠害防治，大力补植补播草本植被，有效治理黑土滩，扩大植被面积，改善黑河源湿地生态环境。在湿地公园保育区、合理利用区等鸟类相对集中区域，规划恢复与改造鸟类栖息地种植黑刺、建设围栏等。通过观测设备进行鸟类观察，建造与周围湿地环境和谐相融的观鸟屋、观鸟棚等，为湿地鸟类营建繁衍生息的家园。

（四）水体修复规划

黑河源湿地是黑河下游重要的水源保护地，对下游人民的生产生活和区域社会经济可持续发展具有重要作用。在湿地公园恢复重建区内，河道两侧冲刷严重的滩地及沼泽湿地，开展堤岸植被恢复，种植黑刺、草本植被，实现河流湿地堤岸植被恢复。在湿地公园恢复区、合理利用区内，河道开阔、沼泽湿地与滩地草本植被较好的区段，实施景观水体、草本沼泽湿地修复。在湿地公园恢复重建区内，选择自然河道密集、草本沼泽退化较严重地段，实施辫状水系建设，形成连通水系，恢复沼泽湿地面积。

（五）野生动植物及栖息地恢复

结合湿地保护工程及湿地水体修复中的植被保护、恢复，对湿地公园内受鼠害危害严重、生长不良、景观及生态价值欠佳的植被区域进行生态修复及改造，提高湿地植被质量和观赏效果。在湿地公园保育区、恢复区内水鸟主要栖息地，选择湿地环境遭受破坏的区域进行恢复，通过小生境改造，扩大滩地、草本沼泽、灌木沼泽及浅水域等水鸟栖息活动区域，改善水鸟栖息地环境，增加水鸟的觅食、栖息范围，恢复和提高湿地公园内水鸟的多样性。除了增加湿地植被外，还可通过在不同灌丛和草丛放置人工鸟巢，设置食物投放点，吸引各种鸟类来此栖息，恢复和提高湿地公园鸟类资源的多样性。

第五节 自然保护地与生态文化具有共同的保护价值

一、各类自然保护地中与生态文化相关的法规

（一）国家公园

《建立国家公园体制总体方案》指出，建立国家公园体制是党的十八届三中全会提出的重点改革任务，是我国生态文明制度建设的重要内容，对于推进自然资源科学保护和合理利用，促进人与自然和谐共生，推进美丽中国建设，具有极其重要的意义。国家公园的首要功能是重要自然生态系统的原真性、完整性保护，同时兼具科研、教育、游憩等综合功能。

建立国家公园优化完善自然保护地体系，改革分头设置自然保护区、风景名胜区、文化自然遗产、地质公园、森林公园等的体制，对我国现行自然保护地保护管理效能进行评估，逐步改革按照资源类型分类设置自然保护地体系，研究科学的分类标准，理清各类自然保护地关系，构建以国家公园为代表的自然保护地体系。完善自然教育、生态体验设施，建设自然教育中心，构建国家公园自然教育平台，形成生态教育体系。

（二）自然保护区

《中华人民共和国自然保护区条例》规定，自然保护区内保存完好的天然状态的生态系统以及珍稀、濒危植物的集中分布地，划为核心区，禁止任何单位和个人进入。核心区外围可以划定一定面积的缓冲区，只准进入从事

科学研究观测活动。缓冲区外围划为实验区，可以进入从事科学试验、教学实习、参观考察、旅游以及驯化、繁殖珍稀、濒危野生动植物等活动。禁止在自然保护区内进行砍伐、放牧、狩猎、捕捞、采药、开垦、烧荒、开矿、采石、挖沙等活动。

建立自然保护区的条件如下：典型的自然地理区域、有代表性的自然生态系统区域以及已经遭受破坏但经保护能够恢复的同类自然生态系统区域；珍稀、濒危野生动植物物种的天然集中分布区域；具有特殊保护价值的海域、海岸、岛屿、湿地、内陆水域、森林、草原和荒漠；具有重大科学文化价值的地质构造、著名溶洞、化石分布区、冰川、火山、温泉等自然遗迹；经国务院或者省、自治区、直辖市人民政府批准，需要予以特殊保护的其他自然区域。

（三）国家级森林公园

《国家级森林公园管理办法》是为了规范国家级森林公园管理，保护和合理利用森林风景资源，发展森林生态旅游，促进生态文明建设制定的。国家级森林公园的主体功能是保护森林风景资源和生物多样性、普及生态文化知识、开展森林生态旅游。已建国家级森林公园的范围与国家级自然保护区重合或者交叉的，国家级森林公园总体规划应当与国家级自然保护区总体规划相互协调；对重合或者交叉区域，应当按照自然保护区有关法律法规管理。公园内的森林，一般只进行抚育采伐和林分改造，不进行主伐。森林公园是一个综合体，它具有建筑、疗养、林木经营等多种功能，同时，也是一种以保护为前提利用森林的多种功能，为人们提供各种形式的旅游服务，进行科学文化活动的经营管理区域。在森林公园里可以自由休息，也可以进行森林浴等。

（四）国家湿地公园

《国家湿地公园管理办法》规定，湿地公园建设是国家生态建设的重要组成部分，属社会公益事业。国家鼓励公民、法人和其他组织捐资或者志愿参与湿地公园保护工作。建立国家湿地公园条件包括，湿地生态系统在全国或者区域范围内具有典型性；或者区域地位重要，湿地主体功能具有示范性；或者湿地生物多样性丰富；或者生物物种独特。自然景观优美和（或者）具有较高历史文化价值。具有重要或者特殊科学研究、宣传教育价值。

上述四类自然保护地在祁连山国家公园青海片区内统一整合为国家公园，在国家公园范围外保持原状。

二、自然保护地与生态文化有共同保护价值

从各类保护地法规和相关规定看，不同自然保护地包括了自然生态环境与生态文化保护两个方面，二者相互依存，是有机结合的整体。

（一）自然保护地包括生态与文化保护

世界自然保护联盟（IUCN）1994年将自然保护区定义为"主要致力于生物多样性和有关自然和文化资源的管护并通过法律和其他有效手段进行管理的陆地或海域"，并将自然保护区划分为严格的自然保护区、国家公园、自然遗迹、栖息地或者物种管理区、保护景观或海域景观、资源管理保护区等类。这个定义是广义的自然保护区，囊括了几乎所有类型的保护区和保护地，代表了国际上对自然保护区概念的一般观点。

我国对各类自然保护地也进行了界定，国家公园是指由国家批准设立并主导管理，边界清晰，以保护具有国家代表性的大面积自然生态系统为主要目的，实现自然资源科学保护和合理利用的特定陆地或海洋区域。自然保护区是指对有代表性的自然生态系统、珍稀濒危野生动植物物种的天然集中分布区、有特殊意义的自然遗迹等保护对象所在的陆地、陆地水体或者海域，依法划出一定面积予以特殊保护和管理的区域。森林公园是以大面积人工林或天然林为主体而建设的公园，森林公园除保护森林景色的自然特征外，还根据造园要求适当加以整顿布置。湿地公园是指以保护湿地生态系统、合理利用湿地资源为目的，可供开展湿地保护、恢复、宣传、教育、科研、监测、生态旅游等活动的特定区域。

上述自然保护地的功能意义各有侧重，国家公园侧重国家代表性；自然保护区以其突出生物多样性的保护而有别于其他类型的保护地，既强调保护具有全球或区域、地区代表性的生态系统濒危及受威胁状态物种的生境及各类遗传资源，以实现生物的多样性能为不同时代的人类公平地可持续利用的目的；森林公园和湿地公园则重视保护与利用具有观赏、文化或科学价值的自然景观与人文景观以供人们游览或进行文化活动。不论哪种保护地都是对特定自然和文化区域中的物质文化遗产和无形的非物质文化遗产进行保护传

承，以维护区域的生态环境与民族文化的协调与传承。

（二）祁连山国家公园青海片区自然与生态文化保护内涵一致

按国土空间和自然资源用途管制的要求，祁连山国家公园青海片区划分为核心保护区和一般控制区两个管控分区，实施差别化管理。核心保护区是祁连山冰川雪山等主要河流源头及汇水区、集中连片的森林灌丛、典型湿地和草原、脆弱草场、雪豹等珍稀濒危物种主要栖息地及关键廊道等区域。一般控制区是核心保护区以外的区域。

1.生态保护

《祁连山国家公园青海片区规划》将国家公园划分为核心保护区和一般控制区。核心保护区管控目标是以强化保护和自然恢复为主，逐渐消除人为活动对自然生态系统的干扰，长期保持生态系统的原真性和完整性，严格保护冰川雪山和多年冻土带、河流湖泊、草地森林，保护雪豹等珍稀濒危野生动植物重要栖息地的完整性和连通性，提高水源涵养和生物多样性服务功能。

一般控制区管控目标是通过必要的生态措施逐渐恢复自然生态系统原貌，以自然恢复为主，人工修复为辅，稳步提升森林覆盖率和草原植被盖度，提升水源涵养生态功能；扩大野生动物生存空间，推动雪豹等野生动物种群复壮；推进居民生产生活方式转变，坚持草畜平衡的原则，减轻经济发展对资源消耗的压力，形成绿色发展模式。

2.生态文化建设

《祁连山国家公园青海片区规划》在国家公园及其周边区域开展生态文化建设，通过挖掘祁连生态文化、加强文化遗产保护、实施生态文化相关法律、传承非物质文化遗产来传承和创新发展生态文化；将生态文化融入全民教育、加强生态文化能力建设、开展生态文化宣传加强生态文化宣传教育；组织开展志愿者活动、生态文化协会与民间演艺团体演出、举办文化节事等生态文化活动；通过建设生态文化城镇、生态文化村庄、生态文化培训基地、文化广场等，推进生态文化设施建设。

3.生态保护与生态文化建设目标一致

生态保护的主要目标是保持生态系统的原真性和完整性，同时通过必要的生态措施逐渐恢复自然生态系统原貌。生态文化建设是对物质及非物质文化遗产进行有效的保护和健康的传承。自古以来，藏族民众受到苯教和佛教的影响，将祁连山一些高山区与水源区作为神山圣水崇拜区域而加以崇拜，形成了区域特有的生态文化保护形式。

神山是高山加上神灵构成，高山是神灵生存的依托地，神山又是各种生物灵魂的寄托地。由于神山的特殊地位，神山成为许多人、部落或全藏人灵魂的寄托地，大山是那些把它作为先祖的神山而崇拜的魂山。神湖有时也当作一个区域或一个部落的灵魂定居处。这些神话观念实际上已经成为民众普遍的自然信仰观，他们认为山神居住在神山之上，成为区域地方保护神；山神又创造了人，成为部落的祖先；山神能使人与自然中的天、山、水、石、草木发生感情交流，传递自然界的信息于人，成为往来于人与自然界的使者。人依赖于自然和神灵，自然与神灵当然也会保护养育人，人、神与自然就这样成为一体。

在祁连山国家公园及周边区域，藏族将每个部落区域内的一座高山或一组高山奉为神山而崇拜，并作为禁忌之地而加以保护这对高原生态环境保护具有重要意义，神山保护使每一片区域形成了封闭的原生草原保留地，保留地集中了草原多种植物与动物，成为区域内不受人类干扰的自然生态系统。神山区域内保留着不同自然景观、不同植被系统、不同动物种类，是一座"生命之山"。人类通过崇拜活动使神山呈现自然景观与人文景观的高度和谐，具有了审美价值。保护生态环境与生态文化是藏族民众在长期的高原生存过程中自然形成的，生态文化的核心理念是与自然环境和谐共存，保护的主体是藏族民众自身。生态文化保护与建设的地位、功能作用与保护意义与国家公园建设理念具有相同性。

第六节　自然保护地与生态文化一体化建设的意义

一、有利于发挥地方民众的主体性与主动性

祁连山国家公园青海片区生态环境与生态文化的保护，是为了国家公园

及其周边区域作为具有国家层面代表性的生态和文化，得到保护与传承，保护的动力来自民众，保护的目的也是为了民众得到可持续发展，只有从民众长远和根本的利益出发，自然与生态文化保护的目的才能达到，保护成效才能持久。

在研究高原生态环境和生态文化发展时必须牢牢记住，藏族是世居这一区域的主体民族，以藏族为主体的多民族融合发展是这一区域的主要特点。祁连山地区是青藏高原的重要区域，国家公园的生态环境保护就是对祁连山的环境保护，生态环境与文化发展实际上是区域生活的多民族民众的进步发展。将生态保护与生态文化保护作为一体进行保护和建设，有利于当地民众主体性的发挥，有利于地方政府的积极参与，有利于传承发扬寓于文化遗产中的民族价值观。

二、有利于祁连山国家公园的严格保护

目前，我国许多自然保护地，由于人工过度干预和超出环境承载力的过度开发使生态系统受到破坏。经营者往往以自然景观为凭借，以旅游设施为途径，借用自然保护地使自己获得最大的经济效益，而无视环境的保护建设。同时，由于个别自然保护地排除了当地民众的参与，一些地方的民众不但没有成为保护地的主人，反而不断干扰破坏自然保护地的保护。这必然造成各种类型保护地的失控。可以通过自然保护地与生态文化一体化建设，借鉴藏族传统的神山圣水禁忌与严格的保护办法，将保护与建设放在首位。

藏族传统文化中民众中视为神圣的地方，也是禁忌的地方。藏区自古到今，对自然的禁忌已涉及各个方面，例如：禁忌在神山上挖掘；禁忌采集砍伐神山上的草木花树；禁忌在神山上打猎，伤害神山上的兽禽鱼虫；禁忌随意挖掘土地，禁忌捕捉任何飞禽，禁忌打猎等。为此，各地区规定有禁忌法规。同时在藏区，凡修建寺院的地方都呈吉祥状态，都是神圣之地，因而也成为藏族人所重点保护之地。他们将寺院所在地的山水封为神山神水，任何人不得触犯、侵占、污染，僧人严格执行"不杀生"戒律，不宰杀牛羊、不伤害一切生灵；寺院每年举行"放生"仪式，以此来教育感化民众善待一切生物。

藏族自然禁忌是出于对自然的敬畏与感恩，因而对自然的保护性禁忌是

一种非常自觉的行为，一种必须要这样做，否则会引起灾难的心理倾向与道德规范。自然崇敬观念、自然禁忌机制、道德规范与世俗法令共同构成了保护自然环境的生态文化，作为统一的整体而在发挥功能作用。禁忌与法规是建立在对自然的崇敬之上的，没有崇敬信仰法规不可能被执行。今天，国家环境保护法已颁布多年，许多人对它知之甚少或知而不行，除了别的原因外，缺乏对自然的敬畏，亦缺乏对法律的信仰与尊重是很重要的原因。

三、有利于高原生态文明的建设

生态环境是一个民族生存的基础。未来祁连山发展的前提是：保护环境维护民族持续生存的生态环境和生存条件。在此基础上，再谈如何发展的问题。祁连山地区民族文化的传承、发展与创新是促进区域经济、政治、文化与环境协调发展、建设和谐社会的重要保证和条件。没有民族文化的繁荣，就没有民族的繁荣，失去少数民族文化的发展，高原自然环境的保护是不可能的。因此，必须对民族文化的传承和建设给予高度的重视。

党的十八大准确把握时代特征和中国国情，提出生态文明建设的总体目标，这对祁连山地区未来发展具有重要指导意义。党中央提出建设生态文明社会，其实质就是以环境保护的标准去衡量社会、塑造社会、发展社会。而这种观念正是藏族传统文化所提倡的，即实现人与高原自然生态环境和谐共处，共生共荣，把生存环境当作自己生命的组成部分，以生态文明涵养我们的社会，涵养社会中的每一个人，调整我们的精神文明建设方式，形成尊重自然、爱护自然，形成人人积极参与环境保护的社会氛围和社会道德观念，实现环境、文化与经济社会发展相协调。

第十三章

生态文化特征及现实意义

祁连山独特的地理生态环境，形成了独有的祁连山人与青藏高原大自然和谐相处、天人共存、人与社会可持续发展的生态文化特色。高原生态文化是祁连山国家公园青海片区建设的重要组成部分，是实施生态文化战略的灵魂。

第一节　生态文化的基本特征

祁连山是一个多民族聚居区域，自古以来生活在这里的各族人民，对高原生态环境的脆弱与自然资源的珍贵有着深切的感受。如何在脆弱而有限的自然环境中生存，是祁连山人自古以来一直面临的重大问题。如果说，人与自然、人与社会这一重大问题是人类生存的基本问题的话，那么对祁连山人来说，首要的问题就是解决人与自然这个问题。人在自然环境中处于怎样的地位，人应该如何将人与人、人与社会的关系纳入尊重自然的轨道中，对这些问题的思考与解决，形成了青海高原生态文化。

一、民族人口分布的区域性

祁连山国家公园（青海片区）所在的四个县市中，受国家公园影响的社区人口总量为 115797 人，其中：汉族人口 43059 人，占 37.18%；回族人口

48831 人，占 42.17%；藏族人口 18420 人，占 15.91%；蒙古族人口 2578 人，占 2.23%；土族人口 1879 人，占 1.62%；裕固族人口 37 人，占 0.03%；其他民族人口 993 人，占 0.86%。

从四县市人口分布分析，门源回族自治县汉族占 46.41%，回族占 41.16%；德令哈市蒙古族占 98.66%；天峻县藏族占 99.12%；祁连县回族占 49.55%，藏族占 29.18%，汉族占 13.55%。人口分布状况决定了四县市生态文化特征为，如果仅考虑少数民族的生态文化特征，则门源回族自治县以回族生态文化为主，德令哈市以蒙古族生态文化为主，天峻县以藏族生态文化为主，祁连县以回族、藏族、蒙古族多民族融合的生态文化为主。四县市不同少数民族的生态文化或多或少都受到汉族生态文化的影响，不同民族的生态文化具有多民族融合的特征。

二、生态文化的原发性

祁连山是我国西部重要的生态安全屏障，是冰川与水源涵养的重点生态功能区，具有维护青藏高原生态平衡，阻止沙漠南侵，维护河西走廊绿洲稳定，以及保障黄河和内陆河径流补给的重要功能。祁连山由一系列西北至东南走向的高山、河谷和山间盆地组成，属高原大陆性气候，植被地带性分布特征明显，独特的地理环境和特殊的气候条件，孕育了高寒湿地、高寒荒漠、高寒草原等独特生态系统。丰富的草原、森林、河湖、湿地、冰川、野生动植物、矿产、人文等资源，构成了祁连山特有的生态环境和生态文化。祁连山涵养的大量清澈纯洁的源头活水，哺育了河西走廊的大部分人口，支撑了区域内的经济社会发展。

三、生态文化的神奇性

青藏高原是一块年轻的高原大陆，祁连山是青藏高原的重要组成部分。人们对祁连山的山水土地，甚至森林、草原、冰川、沙漠、无人区等生态环境状况，既有自然科学的探险，又有人文心理的探秘。祁连山的生态文化既有自然科学的因素，又有人文科学的因素。这种自然与人文的融合，多民族生态文化融合发展，是祁连山独有的。人们在心理上将祁连山的山水神化了，将某些山尊为神山，将神山上的森林视为圣林，将某些水崇为圣水。到过祁连山的人普遍认为，祁连山是西北一块圣洁之地。这种文化现象也是祁连山生态文化的特殊价值。

四、独特的高原地理文化特点

祁连山生态文化是以保护自然环境、珍惜自然资源为出发点的，人们的精神文化和物质文化都以保护自然环境为前提，并依次为主导而展开延伸。祁连山各民族普遍认为，大自然有其生命特性，不仅具有生物生命特征，而且具有精神生命特征。大自然有其自己的生命权利与生存功能，人类应该尊重自然生命权，顺从自然生存的规律。虽然自然的精神生命与生存意志多以神灵（山神等自然神灵）形式出现，对自然的崇敬也多以崇拜自然神灵来进行，但这种方式却对保护生态起到积极的作用。

五、具有东方民族传统文化的特征

祁连山生态文化是统一完整的生态文化体系，它构建了人、神与自然为一体的宇宙观以及人、神与自然相互依存、同生共存的自然——人文生态系统。人们的社会活动与行为方式也与这个自然——人文生态系统相一致，使社会活动、人文活动与自然环境高度融合。他们总是将人、自然与神灵联系起来，形成一个整体，包括人在内的一切生物，在神灵面前都是平等的，它们同源于一种生命体，在长期演化发展中形成了相互依存、相互感应、互为因果、共生共存的密切关系。这种亲近自然、优化自然，实现人与自然、人与人和谐相处的平等观，注重保护环境、保护生态平衡的价值观，主张使自然资源既满足当代人需要，又不损害后代利益的发展观，提倡简约生活方式的消费观，对污染破坏生态环境和伤害野生动植物的行为进行约束及自控自律的道德观，正是可持续发展原则的体现。

六、呈现出多元化特点

祁连山是个多民族聚居的地区，区域内共有 10 个民族，总人口 115797 人，少数民族 72738 人，约占总人口的 62.82%。生态文化中，无论是土生土长的高原苯教，还是后来传入的道教、伊斯兰教、基督教等，适应高原环境而发展起来的藏传佛教，都已深深渗透到高原民族传统文化的各个方面，影响着各民族的价值观念、伦理道德与生活方式，呈现出多样化的特点。

第二节　生态文化的现实意义

一、生态文化与可持续发展

200 多年前，随着以蒸汽机为代表的机器设备广泛投入生产领域，宣告工业文明时代的到来。机器推动了生产力的迅速发展，人类充分显示了大规模改造自然环境的能力。在工业文明为人类提供日益丰富的物质和精神资料的同时，也造成了严重的环境污染，破坏了生态平衡。于是人们不得不忧虑自己的生存环境。"可持续发展"这一概念应运而生。"可持续发展"首次提出是在 1972 年瑞典召开的国家环境大会上，这次会议有 14 个国家参加，会议通过了著名的《人类环境宣言》，提出了人类只有一个地球的口号。在 1987 年于挪威召开的世界环境与发展委员会会议上，对"可持续发展"做了进一步的阐释："是满足当代人的需要，又不对后代满足其需要的能力构成危害的发展。"

1992 年在巴西里约热内卢召开的第二次世界环境与发展大会，有 183 个国家参加，有 102 位国家元首或政府首脑到会，制定并通过了《21 世纪议程》和《里约宣言》等重要文件，正式确立了"可持续发展"是当代人类发展的主题，要构建全球可持续发展框架。

中国政府对 1992 年联合国环境与发展大会的成果做出积极回应，制定了《中国 21 世纪议程》，对"可持续发展总体战略""社会可持续发展""经济可持续发展""资源综合利用和环境保护"做了规划部署。江泽民同志在党的十四届五中全会的报告中进一步指出："在现代化建设中，必须把实现可持续发展作为一个重大的战略。"这是社会发展的必然选择。

可持续发展包含子孙后代的利益，人与自然共同发展，效率与公平兼顾等丰富内涵，但其先决条件是人与自然和谐发展，失去良好生态环境的支撑，经济社会的持续发展便成为一句空话。21 世纪的中国要稳步前进，坚持可持续发展显得更为重要，有学者提出具有中国特色的可持续发展思想："中国的可持续发展即必须融文化传统和现代技术于一体，吸取前人实现现代化的经验教训，综合产业革命、社会革命和生态环境革命来实现的理想，走有中国特色的可持续发展道路，其目标应是经济繁荣、社会公正和生态安全，使社会经济、自然能够协调健康发展。"这样的可持续发展观是建立在中国生态文化及现代社会发展状况发展基础之上的，是符合中国国情的，具有一定的合理性。可持续发展要求人们必须改变传统的生产观、消费观，树立新的效益观、财富观和发展观，推动人口、资源、环境、经济和社会的协调发展。

二、生态文化在环境保护中的重要作用

（一）生态文化与环境保护

在社会学视野里，环境问题被归为"社会问题"，而不是简单的技术问题或生态事件。环境问题的产生、变化、解决，与社会制度和文化观念有密切的关系。

人既是自然人，因为人是生态环境的一部分，人也是社会人，因为人是社会化的动物，物质上和精神上都要受到文化活动的影响。人并不仅仅以生命体形式进入社会，而是带着浓厚的文化气息出现的。文化因素与生态系统相互影响，某些文化特征打上了生态环境的烙印，但生态环境的变化又会受文化因素的影响。例如道德、风俗、建筑、服饰、饮食、宗教等一系列文化因素都与生态环境相关联。环境保护在文化变迁的进程中运行。人类迄今为止，已经历了原始蒙昧时期、农业文明时期、工业文明时期三个阶段，现在正朝着生态文明的方向努力。在原始社会，人类对许多自然现象和自然物不理解，便产生一种敬畏心理，于是把某些自然物当作图腾加以崇拜，还认为万事万物都有灵魂，不能随意侵犯和破坏。对于原始社会的人类来说，这些生态文化的迹象不一定是出自环境保护的目的，但这恰好构成了生态文化的雏形。图腾崇拜和万物有灵观在某些民族中一直沿袭下来，对环境保护和生态系统的平衡起着重要的作用，这无疑是生态文化的一笔宝贵财富。从农业文明到工业文明阶段，随着人口的增长和人类中心主义的滋长，生态环境承受的压力越来越大，遭受的破坏也越来越严重。在农业文明阶段，环境保护还没浮出水面，但为了农业的丰收和体质的健康等人类的切身利益，人类潜意识里也在做有利于生态环境发展的事情，如休耕、房前屋后栽种花草树木、注意饮食卫生等。到工业文明阶段，社会快速发展是以环境严重破坏为代价，于是人类开始呼吁环境保护。生态文化也在随社会文明的转变而变化，也涉

及风俗、习惯、伦理、道德、宗教、管理学、文学、艺术等精神世界的变化。因为生态文化的变化发展与社会文明密切相关，所以人类的环境理念也必然经历着一个由无序状态到有序状态的文化变迁过程。生态文化的发掘和发扬有利于环境保护的加强。生态文化蕴含于社会文明中，是社会文化系统的一个重要组成部分，与人们的生活密切相关。若能把人类的生态智慧总结出来，加大宣传力度，这对当今的环境保护无疑能起到促进作用。

（二）生态文化对环境保护的借鉴意义

生态文化是人民世代积淀下来的、厚重的文化形态，生态文化中包含的生态观念对当今的环境保护有重要借鉴意义。当生态危机肆虐整个地球时，当大城市生活的人们远离自然，被人造环境包围的时候，而由于历史、生计方式和文化等诸多原因，各民族居住地区的生态环境并没有随着时间的推移而受到巨大破坏，主要因为各民族人民内心有一种强烈的自然生态观，借助语言和文化世代传承。置身于现代洪流中的人们有必要向绿色环抱中的各民族学习，学会怎样与自然和谐相处，理解保护地球家园对人类生存意义的基本道理。

根植于各民族内心深处的生态观可供借鉴。各民族既缺乏先进的科学技术，也没有完整缜密的环保法规，却在保护生态方面取得了令人惊羡的成就，其中一个非常重要的原因，便是各民族的生态保护观是内在的，生态保护行为是自觉的。首先表现在各民族敬畏和尊重自然方面。这种意识实际上是宗教生态功能的体现。钱箭星女士论述道：人类学家认为宗教具有除心理功能、社会功能以外的第三种功能即生态功能，"这种保护生态的功能是在对自然神灵的顶礼膜拜中实现的"。"万物有灵"观使人们对自己的砍树、杀生等行为抱有一种歉疚和敬畏之情，而图腾崇拜，"以生态角度看，各部落供奉不同的图腾，他们保护的动植物就相当广泛，这也有效地防止人们竞相猎杀或采集同一种物种，避免了某种资源的迅速灭绝"。自然崇拜所表现出的对自然的恐惧、尊敬或热爱，亦有助于协调人与自然的关系。祁连山各民族的"万物有灵"观对自然环境的保护意义是值得肯定的，从中可以学到生态智慧，而作为迷信的一面应辩证地看待。

生态保护意识跟人的利益，功利欲望的关系最为密切，而功利欲望驱使人类从事一切活动来满足之，这样生态环境就遭到人类贪欲的威胁和破坏，因此，生态意识的形成和维系，应当通过内在的伦理意识和外在的法律规范来实现。在内在生态意识保护方面，各民族提供了成功的经验。通过法律手段来保护生态环境有一定的效果，但治标不治本，如果人们没有从内心深处认识生态环境对人类生存生活的重要意义，严密的法律、强硬的手段也不可能根治人类对大自然的破坏心理，甚至有时只能是一纸空文。最有效的方法应该是让人类懂得人与自然和谐相处的意义，否则到眼泪变成最后一滴水时就追悔莫及了。正如余正荣先生的论述："……而人类如果不把自己作为地球大家庭中一个负有特殊道德使命的成员，不去自觉地捍卫整个行星的利益，那么单是从自身的立场去看待经济社会发展和生态环境保护的关系，就不会以强大的道德力量来约束人对自然的盲目行为，在许多情况下就不会自觉地限制破坏自然的行为，尤其在那些一时认识不清而又具有长远的自然后果的复杂情况下，人们就更不会主动限制自己可能破坏自然的行为。"可见人能自觉地投入到环境保护中是很重要的，也就是说，要保护好生态，必须"在全民族中培养'内涵调节机制'，使保护生态成为一种世界观和价值观"。要使生态环境得到良好保护，必须塑造和培养强烈的生态意识，可以吸取藏族、回族、蒙古族等一些少数民族的生态经验，特别是可以向一些具有深远生态文化内涵的民族学习，确实做到人与自然和谐相处。

三、生态文化在生态文明建设中的借鉴意义

生态文化是生态文明的基础，生态文明是生态文化的精华，没有生态文化的沉淀和发展，也就无法形成生态文明。生态文化与生态文明的主旨是一致的，都是人与自然和谐相处，二者的交汇点在"绿色"上，生态文化是一种绿色文化，生态文明是一种绿色文明。生态文明作为一种先进的文明形式，必须由一种先进的文化来引领，这种文化就是生态文化。

习近平同志在中国共产党第十九次全国代表大会上强调，必须树立和践行绿水青山就是金山银山的理念。"我们追求人与自然的和谐、经济与社会的和谐，通俗地讲就是要'两座山'：既要金山银山，又要绿水青山，绿水青山就是金山银山。""建设生态文明是中华民族永续发展的千年大计。"习近平同志向全党谆谆嘱咐："生态环境保护任重道远"，"坚定走生产发展、生活富裕、生态良好的文明发展道路，建设美丽中国，为人民创造良好生产生活环境，

为全球生态安全作出贡献。""生态文明建设功在当代、利在千秋。我们要牢固树立社会主义生态文明观，推动形成人与自然和谐发展现代化建设新格局，为保护生态环境作出我们这代人的努力！""建设生态文明是关系人民福祉、关乎民族未来的大计。""生态兴则文明兴，生态衰则文明衰。"

　　生态文明建设是一项需要长期、大量投入的事业，是一项系统工程，是一个互利共生、和谐共存的统一体，不是某一个人的责任，需要全社会人民共同努力、齐心协力才能达到共赢的目的。祁连山地区居住的少数民族，在祭祀天地、草原、雪山、树木、鸟兽、河湖等自然万物的时候，几乎都是全村老少全出动，这表明他们对大自然的尊重具有浓厚的集体性。正是需要这种集体精神，加大生态文化宣传，形成深刻的生态文明观念。祁连山地区生态文化中有生态农业、绿色消费、尊重自然、善待动植物等有利于生态平衡的内容，在建设生态文明的过程中，应该大力宣传有利于生态和谐发展的生态思想智慧，也就是通过在全社会营造生态文化氛围，潜移默化地带给人们观念上的影响，要充分发挥广大人民群众关心环境、珍惜环境、保护环境的积极性、主动性和创造性，让保护生态环境成为每个人的自觉行为，以促使生态文明观念的形成，让每个人都成为生态公民。公民的生态文明观应该包括以下"三观"：一是人与自然共生的生态观。人是大自然的一分子，而不是大自然的主宰，人类在利用和改造自然的时候，并不是恣意妄为、胡作非为，必须保证自然界物质的有序循环和能量的可持续利用，必须保持生态系统的动态平衡。二是社会、经济、自然相协调的可持续发展观。自然资源并非取之不尽、用之不竭，在谋求经济发展的同时，也要考虑到资源消耗和环境成本，不能再走"先污染、再治理"的老路，要用社会、经济、文化、环境、生活等各个方面的指标来衡量社会的发展，真正实现社会、经济、自然的可持续发展。三是健康向上的消费观。高消费、高享受会造成更多的资源浪费和更大的环境污染，勤俭节约实际上就是对环境保护作出了贡献，如果人们有积极向上的消费观念，就不会让珍禽异兽变为翠冠华服或餐桌上的美味佳肴，就不会对环境造成更大的破坏。

　　建设生态文明，弘扬生态文化，保护环境、与自然和谐相处是有利于千秋万代的伟业，然而有的人、有的企业、有的集体总是被眼前利益蒙蔽了双眼，在短暂经济利益的诱惑下，不惜以破坏生态为代价，甚至在有着深厚生态文化底蕴的少数民族中，也有生态被破坏的现象。据调查，在拟建祁连山国家公园青海片区及其外围 2 公里，调查发现水电水利工程图斑 29 个，涉及项目 7 项；探矿采矿图斑 80 个，涉及项目 25 项；养殖业用地图斑 307 个，涉及项目 307 项。这些项目或占用了原青海省祁连山自然保护区的土地，或违规进行修建，对祁连山文化和生态都是极大的破坏。

诸如此类在经济利益驱动下而出现的生态短视行为不在少数。对于这些破坏生态的行为，光靠传统生态伦理道德的约束还不够，还应该结合各民族传统生态文化加强制度和法制建设，加大森林、草原管护力度，严厉打击各种乱砍滥伐森林、毁林开垦、乱捕滥猎野生动物、超载过牧等破坏森林、草原资源的违法行为，保护好森林、草原生态系统，做到传统生态道德和法律体制的双重约束。

四、区域内少数民族生态文化的研究意义

对区域内少数民族生态文化的研究价值至少有以下几个方面：

首先，给农耕经济文化先进论、工业经济文化先进论和单线进化论提供一些"证伪"的材料。

长期以来，汉族农耕经济文化中心主义和西方工业经济文化中心主义的价值观成为绝大多数人进行价值判断的唯一标准，"狩猎—畜牧—农耕—工业"单线进化论经过反复的宣传教育已成为不证自明的"铁律"。那些非农耕经济文化、非工业经济文化。一概视为"前农耕文化"和"前工业文化"，被列入"原始""落后"和予以改造之列。

其实，只要我们能够抛开汉族农耕经济文化中心主义和西方工业经济中心主义的价值观，忘却那似乎已成"铁律"的"狩猎—畜牧—农耕—工业"单线进化顺序，不带偏见地融入少数民族那看似简单甚至原始的文化之中，用心去体悟他们是如何与自然和谐相处、如何关爱被所谓"文明"视为异己力量的自然，则会发现，区域内少数民族传统文化具有其内在的合理性和自身的演进逻辑，并具有农耕文化和工业文化所无法取代的优越性。因而，通过梳理与发掘少数民族维持生态平衡、保护自然的传统文化习俗和举措，也许会引起那些笃信农耕经济文化先进论、工业经济文化先进论的人们一些反思，也许会让那些坚持单线进化论的人们重新思考。

其次，提醒人们在少数民族地区推进现代化的时候对于生态环境与传统文化的内在关联、经济与文化的内在关联以及文化自身的逻辑给予更多的关注。

多年来，我国有关决策部门从上述农耕经济文化先进论、工业文化先进论的价值观和单线进化论的历史观出发，在少数民族地区大力推动"农业化"和"工业化"进程，用于取代少数民族的传统经济模式，其结果是生态环境的破坏和文化多样性的丧失。如 20 世纪 50 年代以后，在研究区域内的牧区推进农业化，进行大面积的农业开垦，在一定区域内取代了传统的畜牧业，致使土地退化、沙化加剧。其深层次的根源便是忽视了少数民族传统生计经营方式与生态环境之间的内在关联性，传统文化与经济类型之间的关联性以及文化自身的逻辑。因此，通过发掘少数民族传统生产生活方式、行为规范、制度设置、价值观念以及思维方式的生态意义与合理性，可以为制定本地区的发展规划、政策和措施提供一个新的思路和视角，以达到实现少数民族地区经济、社会、环境的可持续发展之目的。

最后，为国家公园开展生态文化研究提供一些资料和思路。

我国国家公园建设尚处于试点起步阶段，国家公园内部及周边区域的生态文化研究才刚刚开始，而从浩繁的民族志资料、田野调查材料中系统理出祁连山少数民族传统经济文化有关维护生态平衡、保护自然环境的内容则是一项必不可少的基础性工作。况且，本书研究过程中，除了整理有关文献资料之外，还开展了一些力所能及的有关生态文化专题的田野调查，并对之进行一些阐释与分析。所做的这些工作，对于国家公园生态文化建设与理论研究或许是不无裨益的。

第三节　各民族生态文化的具体表现

祁连山生态文化无处不体现出人与自然和谐相处、自然环境对祁连山生态文化具有深刻影响的特征，这恰好与不同民族原始的生态文化思想内核相一致。

一、人与自然和谐相处

人与自然的关系，自从人类诞生以来就客观存在着。在人类童年时期，对强大的自然力量持敬畏和膜拜态度，认为各种自然物都具有灵魂，人们只能小心谨慎地对待万事万物，才不会激怒对方，这就是万物有灵观念的具体表现。由于各民族"万物有灵"观念的长期存在，祁连山各民族先民以广义生命论的观点来看待万物也就十分自然了，这种自然观为人们在历史发展的进程中逐步确立了热爱自然、怜惜天物的行为标准。既然各种自然物都富有生命力，那么人在向自然界攫取自然资源的时候，就会产生一些顾忌，在人类征服自然的过程中，无形中就有一种约束其任意开发的尺度，防止其极端化，这在某种意义上起到了维持生态平衡的作用。这种原始的、带有宗教神秘色彩的"万物有灵"观念中，包含着原始的生态平衡的深层内涵，实则体现了祁连山各民族与自然和谐相处的特殊文化精神。

区域各民族生态文化能够把道德原则与自然原则统一起来，把人与自然的关系置于一种协调的状态，认为周围环境的各种事物都有存在的意义，不应给予过分的伤害。一切事物皆有情意，鸟语花香、蝉鸣水流、草木荣枯，乃至风云变幻都自有其内在依据，人类不能强行制止、对抗它们，否则将矛盾重重，"只能采取适可而止、和谐相处的准则。因为自然界如果受到严重伤害，某些自然事物的天绝，必然会导致人类生存陷入某种困境之中"。所以人与自然必须和谐相处。

二、具体表现

区域各民族生态文化内容丰富多彩，是各族人民在利用自然资源的过程中逐渐形成的。"文化作为适应生存环境的能动成果，首先维系、调适着人与自然生态的适应，解决着人与自然的矛盾。"即自然环境对文化形态有重要影响，处于相互渗透的关系。区域各族人民的文化打上生存环境的烙印，充分表现出对生存环境的适应性，具体表现为：

一是对生存具有决定性意义的草原文化、耕作文化。牧业、农业生产跟天气状况有直接关系，根据气候变化而制定的历法对牧业、农业生产具有指导意义。如藏族、蒙古族的草场分冬季草场（冬窝子）、夏季草场（夏窝子）、秋季草场（秋窝子），当地主要种植青稞、油菜等作物。

二是具有明显地域色彩和民族色彩的服饰。回族、藏族、蒙古族、土族等式样各不相同的服饰，既体现了不同民族的宗教信仰，又揭示了处于青藏高原特殊地理环境下，受复杂气候和地理条件的影响，不同民族服饰多选择厚重深色的衣物，且制作材料多是就地取材，多选用皮毛等。

三是具有保健功效的绿色饮食。俗话说"吃出来的健康"，各民族的饮食符合高原高寒地区缺乏绿色蔬菜的地方特点。饮酒、喝茶、吃肉也是适应生存环境的饮食表现。

四是各民族居住地通常根据生存方式不同而存在差别，如蒙古族、藏族等多选择以家庭为单位的独居，以适应其游牧生活；汉族、回族、土族等多选择群居，形成村落，以适应其以农耕和经商为主的生活方式。但无论哪种方式，居住地多位于有树林、河水、良田和阳光充足、交通便利的地方，居住地包围在花草树木中，一派生机盎然的景象。不同民族的居住环境尽管有所区别，但整体上通风透气、卫生洁净，既适应寒冷潮湿的气候，又没有城市的喧嚣与繁芜丛杂，展露出质朴、淡雅的韵味。

五是文学作品带有浓厚的高原乡土气息，其间充满了对家乡的讴歌和赞美之情。只有热爱自己的家乡，才会咏叹出爱乡恋土的华章，才会发自内心地热爱家乡的山山水水、一草一木。对乡土怀有眷恋之情，这是构建在对乡土环境适应基础上的。

六是各民族能歌善舞，是高原的歌舞之乡，采用的音乐或粗犷豪放、或柔情细腻，音乐多源于对泉流声、鸟鸣声、兽吼声的模仿，这是各民族亲近自然的见证。各民族的舞蹈也多模仿动植物形象，这又是道法自然的具体表现。

七是工艺品原料就地取材，如骨雕、石刻、皮具、毛织品等，部分工艺品上有自然物纹饰，打上了高原地区自然环境的烙印。

区域各民族生态文化流露出的"天人合一""天人一体""天地人整体"等思想，在各民族适应自然、与自然协调发展的过程中积累下来，成为人类与自然界和谐相处的典范。

第十四章

生态文化体系构建

国家公园建立后，公园及周边区域生态文化必然会出现与公园建设和管理不相适应的问题，需要在多元民族生态文化的基础上，重新构建与国家公园相适应的生态文化体系，以实现占领生态文化高地的目标。国家公园生态文化事业应建立政府主导、财政投入、社会和民众参与的机制，完善生态文化基础设施和公共服务载体建设，为推动生态文化发展和生态文明建设发挥示范、普及和导向作用。生态文化产业选择以普惠性为主，以定向性为辅的发展模式，向公众和社会提供生态文化创意产品与服务的市场性产业化经营。以提供实物形态的生态文化产品和可参与、可选择的生态文化服务为主，完善产业链，提升竞争力，将森林文化、草原文化、花文化、生态体验文化等融入产业发展之中，提升人们的生活品质，促进区域经济绿色增长。

第一节　生态文化的创新、转换与发展

一、传统生态文化的危机

祁连山国家公园（青海片区）不仅社会经济的发展在总体上远远落后于东部地区，而且在自然生态环境上也出现了整体向好、局部退化的势头。公

园内部及周边区域，不同程度地存在着草场退化、林木减少、荒漠化和水土流失等生态环境恶化的现象和趋势，而其中尤其以林草植被减少所导致的水土流失和荒漠化最为典型。

研究表明，区域内各民族传统生态文化从总体上来说是一种能够自我调适，具有可持续发展特征的生态文化。但是与此同时，我们也看到传统生态文化所存在着的某些缺陷。一是区域不同民族传统物质生产方式中，依然存在对自然资源采取竭泽而渔式的掠夺式开发的传统和习惯，这种情况以流动性较强的游耕和矿产开发表现最为突出；二是传统生态文化类型和生态文化模式是建立在一定的生产力水平和一定的经济活动规模下的，在这种生产力水平和经济活动规模下，人类物质生产活动与自然生态环境之间维持着一种低水平、低层次的脆弱平衡，一旦生产力发展水平和经济活动规模超过了这种层次和水平，这种脆弱的平衡状态必然要被打破，生态危机的出现自然也就难以避免；三是公园范围内及周边区域不同民族其宗教信仰决定了其生态文化既相互交融、相互渗透，又各自独立、存在差异或对立，如回族和汉族在饮食上的差异和禁忌。

随着国家公园的建立，区域传统物质生产方式必须进行重大的改变，即由粗放型向集约型转变，从而以最小的资源消耗获取最大的物质产出，不仅要追求生态环境的优化和美化，还要追求和实现经济效益的最大化。而这就意味着，祁连山地区传统生态文化必须在新的历史条件下，实现创造性的转换和发展，也即由传统生态文化转变为现代生态文化，从而实现人与自然之间在新的条件下的平衡与和谐。

二、生态文化的演进与趋向

所谓的生态和环境问题，主要是指由于人类的活动危及自然生态的自我平衡能力及影响到人类自身的生存条件时的自然生态环境的恶化状况。从这个意义上说，只要人类的活动不对自然生态的自我平衡能力和人类自身的生存发展条件产生显著的、严重的破坏性影响或威胁，那么就不能说是产生了生态问题和环境问题。也即是说，生态和环境问题的产生是相对的、有条件的。从理论上来说，生态和环境问题是可以避免的，或者是可以加以控制的。问题的关键在于我们能否对人与环境的关系具有深刻的、科学的认识，并为此而采取正确的切实有效的行动。从这个意义上来说，所谓生态问题实质上是一个生态观或生态文化的问题。任永堂先生在《生态文化：现代文化的最佳模式》中这样写道："如果我们以人与自然关系的尺度考察人类文化史，那么人类文化可以划分为三种类型：以自然中心主义为核心的'原始文化'；以人类中心主义为核心的'人本文化'；以人与自然协调发展思想为核心的'生态文化'。这三种类型的文化，在人类历史上是依次出现和规律性展开的。"这里所说的"原始文化"，即指原始社会完全依赖于自然的采集狩猎文化。而所谓"人本文化"是指农业社会尤其是工业社会里以人为中心的以所谓征服自然、改造自然为特征的人类文化，"人本文化"发展的结果导致了现代社会人与自然的激烈对抗和冲突以及由此而引发的严重生态环境问题。"生态文化"是人类在生态意识觉醒后所形成和追求的以人与自然协调发展为特征的文化类型，"它起于现代，属于未来"。生态文化是人类文化发展的高级阶段，也是人类文化发展所追求的最佳模式。

三、生态文化的创新、转换与发展

祁连山国家公园建立之后，公园及周边部分区域必然会采取一定措施开展生态保护，而生态保护和各项建设措施的实施就意味着区域内各民族的原有生态、生活方式必须进行重大的改变，即由放牧、采挖虫草、种植农作物等，转变为生态管护、特许经营、从事第三产业等，从而以最小的资源损耗获取最大的物质产出。不仅如此，区域内各民族群众必须把生态环境建设和经济发展摆到同等重要的地位，实现生态效益和经济效益的协调和统一。而这就意味着，各民族的传统生态文化必须在新的历史条件下，实现创造性的转换和发展，也即由传统生态文化转变为现代生态文化，实现人与自然之间在新的条件下的平衡与和谐。

一是必须在继承区域民族传统生态观的合理内核的基础上，确立国家公园不同民族科学的生态文化观。科学的生态文化观的核心是科学的自然观。传统自然生态观必须在继承其中所包含的科学性、合理性因素的基础上，实现向现代的科学的自然生态观的转换，使新时期的国家公园生态文化真正建立在现代科学的基础上；二是必须高度重视生态文化现代发展和转换中的制度化建设，以制度化和规范化作为构建区域现代生态文化的重要内容和基本保障；三是必须在物质层面上使本地区的物质生产方式实现由传统的粗放型和数量型向现代的集约型和效益型的转变，发展生态经济和生态产业，建立生态化、环保化的物质生产方式和生活方式；四是必须与国家公园政策、体制、机制相协调，符合区域民族自治相关政策。

第二节　大力推进生态文化建设

一、生态文化作用日趋显著

党的十九大报告明确指出，要牢固树立社会主义生态文明观，推动形成人与自然和谐发展现代化建设新格局。坚决打好污染防治攻坚战，持续改善环境质量，让人民群众在优良环境中生产生活。加快构建以政府为主导、企业为主体、社会组织和公众共同参与的环境治理体系，推动实现生态环境领域治理体系和治理能力现代化。

推动形成绿色发展方式和生活方式，持续改善生态环境质量，是一项系统工程，需要不断提升综合实力。生态环保"软实力"是生态环境保护综合实力的重要构成，相对于行政、法治等"硬措施"，"软实力"具有较强的导向力、吸引力和效仿力。生态文化是"软实力"的核心内容，是生态环境保护不可或缺的强大推动力。

文化是文明的基础，文明进步离不开文化支撑。培育生态文化，是生态文明建设的重要内涵，是生态环境保护的重要抓手。纵观生态环境保护发展历史不难发现，生态环境保护的启迪，源于文化的觉醒；生态环境保护的推动，得益于文化的自觉；生态环境保护的成果，在文化融入中提升。

当前，祁连山国家公园已进入实际建设阶段，区域内各民族群众和当地政府部门已无法回避，动员组织全社会力量共担责任、共同治理，已成为共识。因此，必须依靠文化的力量，通过文化的导向、激励、凝聚等功能，将保护环境变成每个人自觉的社会责任、意识行为。

二、生态文化培育迫在眉睫

不容置疑，祁连山国家公园生态环境问题成因复杂，放牧、农耕、开矿、基础设施建设等都对公园的环境产生了负面影响，而解决方法应是综合的，其中就包含文化要素。将生态文化作为保护生态环境的手段之一，对推动全社会齐抓共管、共同担当，营造人人参与生态环保的氛围产生了良好成效。

但也应清醒地认识到，目前，生态文化培育还处于初级阶段。一方面，政府的系统研究、统筹推进还有待加强，公众参与还不深入，处于低水平层面，或者说尚处于起步阶段；另一方面，社会整体还处于"对环境保护认同度较高、认知度不足、践行度较低"和"对环境需求较多、付诸行动不够"的状态。环境管理模式取决于经济发展水平、公众环境意识和监督管理能力等因素，区域经济社会发展的不平衡性、文化不平衡性和环境问题的复杂性决定了管理模式的多维性。相对于研发技术、完善设施、建立机构、充实人员、扩大投资等方式，先进的生态文化能达到事半功倍的效果。因此，加强生态文化建设刻不容缓，任重道远。

三、生态文化建设急需加强

生态文化建设是一个长期的过程，需要持之以恒、厚积薄发。推进生态文化建设是一项系统工程，需要综合施策，多措并举。一是要根据国家公园建设要求，系统开展生态文化理论和公共政策研究。对于重大环境问题，在加强环境技术、标准的同时，需要深入开展理论和公共政策研究，建立公共政策智库和专业研究队伍，推出理论研究成果；二是与国家公园建设同步推进生态文化建设工程。生产生活方式的绿色化，首先应实现人的思想和追求的绿色化。要构建生态文化传播平台，打造生态文化产品，实现先进文化引领、优美作品感染、良好行为示范、绿色人物带动。通过生态文化的培育引领，实现由"要我环保"向"我要环保"的转变；三是根据国家公园建设进展情况，持续开展生态文化发展状况调查评估。不同的国家公园建设进展、不同的社会发展阶段、不同的文化进步水平，决定着不同的引导政策措施。要持续而准确地把握阶段状态、动态监测变化、预判发展趋势，因地因时因人，持续完善相关策略。

第三节 构建生态文化体系

一、习近平生态文明思想的基本观点

（一）坚持人与自然和谐共生的思想

习近平总书记在党的十九大报告中强调："坚持人与自然和谐共生。建设生态文明是中华民族永续发展的千年大计。"坚持节约优先、保护优先、自然恢复为主的方针，像保护眼睛一样保护生态环境，像对待生命一样对待生态环境，让自然生态美景永驻人间，还自然以宁静、和谐、美丽。这为科学把握、正确处理人与自然的关系提供了基本遵循。坚持人与自然和谐共生，是马克思主义生态观在当代中国的最新发展。

（二）绿水青山就是金山银山辩证发展的思想

绿水青山和金山银山绝不是对立的，保护生态环境就是保护生产力，改善生态环境就是发展生产力。只要坚持正确的发展理念和思路，因地制宜选择好发展产业，让绿水青山充分发挥经济社会效益，就可以实现经济效益、社会效益、生态效益同步提升，实现群众富、生态美有机统一。贯彻创新、协调、绿色、开放、共享的发展理念，加快形成节约资源和保护环境的空间格局、产业结构、生产方式、生活方式，给自然生态留下休养生息的时间和空间。

（三）良好生态环境是最普惠的民生福祉的宗旨思想

从"建设生态文明，关系人民福祉，关乎民族未来"的深谋远虑，到"环境就是民生，青山就是美丽，蓝天也是幸福"的辩证思考，习近平总书记反复强调，良好生态环境是最公平的公共产品，是最普惠的民生福祉。加强生态文明建设、加强生态环境保护既是重大经济问题，也是重大社会和政治问题。要坚持生态惠民、生态利民、生态为民，重点解决损害群众健康的突出环境问题，不断满足人民日益增长的优美生态环境需要。

（四）山水林田湖草是生命共同体的系统思想

山水林田湖草是一个相互依存、联系紧密的自然系统，共同构成了人类生存发展的物质基础，人的命脉在田，田的命脉在水，水的命脉在山，山的

命脉在土，土的命脉在林和草。因此，要像保护眼睛一样保护生态环境，像对待生命一样对待生态环境，在生态环境保护上一定要算大账、算长远账、算整体账、算综合账。

（五）推动绿色发展、循环发展、低碳发展是可持续协调发展的重要途径的思想

习近平总书记指出："中国将按照尊重自然、顺应自然、保护自然的理念，贯彻节约资源和保护环境的基本国策，更加自觉地推动绿色发展、循环发展、低碳发展，把生态文明建设融入经济建设、政治建设、文化建设、社会建设各方面和全过程，形成节约资源、保护环境的空间格局、产业结构、生产方式、生活方式，为子孙后代留下天蓝、地绿、水清的生产生活环境。"从粗放的经济增长方式转变为绿色发展，把循环经济作为推动绿色发展的牵引，以科学技术手段作为绿色发展的支撑伞，弘扬生态文明理念，推动绿色消费发展。

二、构建中国特色生态文化体系的路径选择

（一）构建人与自然和谐的物质生态文化

长期以来，"唯 GDP（国内生产总值）论英雄"一度成为一些领导干部的主流政绩观，于是片面追求发展速度，而不重视生态环保，环境污染和生态破坏成为建设和谐社会的障碍和隐患，严重制约着国民经济持续健康和高质量地稳步发展。不少地区生态环境恶化等问题未得到有效解决，出现了"因污致贫""因污返贫"的现象，这种粗放的经济增长是建立在高昂的环境和生态成本之上的。近年来，国家相继印发了《绿色发展指标体系》《生态文明建设考核目标体系》《生态文明建设目标评价考核办法》，建立了生态文明建设目标指标，将其纳入党政领导干部评价考核体系，这意味着生态责任落实的好坏将成为政绩考核的必考题，将为推动绿色发展和生态文明建设提供坚强保障。我们要从物质生态文化层面大力倡导人与自然和谐的生态自然观，从文化角度深刻反思"唯 GDP 论英雄"的错误观念和行为，通过对全民生态文化的教育和熏陶，引导人们合理节制自己对自然生态环境的物质需求，合理开发、使用自然资源，保持自然系统良性循环，重新回归人与自然和谐发展之状态。一是积极倡导尊重自然、顺应自然、保护自然的理念。在建设生态

文明的基础上培育价值观，以保护好生态为出发点，把美好的环境、正确的价值理念留给子孙后代。二是营造良好社会生态文化氛围。将生态文化发展作为一种行为准则、一种价值理念，从而营造一个人民群众关心、支持并参与其中的良好生态文化氛围。三是积极培育公众生态环保意识。习近平总书记在中共中央政治局第六次集体学习时强调："要加强生态文明宣传教育，增强全民节约意识、环保意识、生态意识，营造爱护生态环境的良好风气。"我们要大力弘扬生态环保意识，加强公众环保理念，培育公众参与意识，构筑生态消费观，将个人发展融入培育公众生态环保意识的整体之中，激发人民群众内心的参与性，树立良好的环保意识。

（二）树立大力弘扬人文精神的生态伦理观

改革开放以来，我们学习西方发展的模式，一定程度上忽视了传统人文精神的关照和关怀，经济高速增长的背后是高投入、高污染，在一定程度上重蹈了西方工业文化"先污染后治理"道路的覆辙。面对现代社会各种层出不穷的新的科学问题、社会问题的挑战，人们逐渐认识到，要想有效应对挑战，必须对这些问题的人文背景进行批判性思考。今天，我们要构建以实现人与自然和谐发展为目的的生态文化体系，重要一点就是要大力弘扬人文精神，加强道德修养，让人们明白科技并不是我们理解世界的唯一方式，在人类文明进步过程中，对解决某些根本性的问题而言，人文精神和人文素养往往起到更为关键和决定性的作用。一是以马克思主义生态观、习近平生态文明思想为指导构建科学的生态伦理观。生态伦理观以爱护、尊重生命和自然环境为宗旨，以全人类的持续发展为着眼点，追求人与自然和谐发展、共生共荣。习近平总书记在全国生态环境保护大会上的重要讲话中指出："共谋全球生态文明建设，深度参与全球环境治理，形成世界环境保护和可持续发展的解决方案，引导应对气候变化国际合作。"生态伦理观的构建要求人的实践活动不能超出生态环境的可承受阈限，还要承认自然的价值与权利，否则必将酿成人与自然"双毁"的悲剧。二是加强生态意识和生态文化教育。让全民确立生态观念，通过对全民开展广泛的生态文化意识教育来强化公民的生态观念，使全体社会成员都能树立起爱护自然、保护自然的生态道德观念。加强对领导干部的宣传教育，提高各级领导的生态文化觉悟，将生态文明思想更好地融入决策程序和日常生活之中；加强对企业的宣传教育，鼓励企业构建新型的生态管理模式，提高管理者的生态自觉性，形成良好的生态文化氛围；加大对公众的宣传教育，让生态理念内化于心，成为全社会的自觉行为，形成生态文明伦理道德观。三是大力弘扬中华优秀传统文化蕴含的丰富生态思想。习近平总书记提出："要加强对中华优秀传统文化的挖掘和阐发，努力实现中华传统美德的创造性转化、创新性发展"。在构建生态文化进程中，大力弘扬体现人与自然和谐的"天人合一"生态思想，"仁民爱物"的生态情怀，"道法自然""自然无为"的生态系统观，"众生平等""慈悲情怀"的人文精神和生态智慧。还应该积极吸收西方关于生态科学、生态伦理学、生态哲学等学科中的合理思想和有益成果，树立和强化人与自然协同发展、人文精神与科学精神相结合的生态观念。四是繁荣生态文化艺术。艺术是对自然之美的再现和反映，它能够陶冶人的情操而使人更加热爱自然、关心自然，更能增强人们保护生态环境的主动性和自觉性。繁荣生态文艺就是要通过创作人与自然和谐的艺术作品，激发人们对生命和对自然的敬畏和理解。

（三）建立健全生态制度机制，提倡科学低碳绿色消费观

推进生态文明建设，构建生态文化体系，单靠道德说教是不可能实现的，必须通过加强生态立法，建立健全执法监督、科学决策等生态机制加以解决。建立健全各项环保法规制度。习近平总书记说："要用最严格制度最严密法治保护生态环境，加快制度创新，强化制度执行，让制度成为刚性的约束和不可触碰的高压线。"因此，必须建立一套与人民生活水平相一致的完整环保司法体系；继续健全环保执法体系，提高环保执法队伍素质；健全生态管理体制，形成政府各职能部门在保护环境过程中既能合理分工，又能彼此配合、相互协调的机制；丰富完善环保执法监督体系和机制，全面完善各种监督管理体系和机制，严格按照有法可依、有法必依、执法必严、违法必究行事。

（四）生态文化建设的核心是追求人与自然的和谐

一是实现生产产品的高产出和环境的低污染，达到经济发展和环境保护的"双赢"目的，实现人与自然的和谐发展。二是提倡科学低碳绿色的消费观，有效解决不良消费带来的生态破坏问题，在全社会积极倡导科学消费、低碳消费。这就要求我们每个人都应以获得满足自身生存发展的基本需求为标准来消费自然资源，而不应以对物质资源的无限占有为荣来消费自然资源。提倡新的绿色消费观，就是要求人们的消费应以不破坏自然生态系统正常物

质循环为前提，在全社会积极倡导节约自然资源、敬畏一切生命、爱护地球家园等生态行为观念以及可持续的绿色低碳生活方式。科学低碳绿色的消费观体现了人们的一种行为观念、一种价值取向，代表着经济社会与生态环境、人类社会与自然环境的一种和谐共生，是生态文化体系构建的重要路径。

第四节　生态文化体系构成

生态文化是与生态文明相适应的一种文化形态，既包括精神要素，如和谐思想、生态道德、生态伦理等；也包括物质要素，如生态产业、生态社区、生态景观等。

一、物质文化

物质文化是生态文化的物质层面，是生态文化的外在表现，指的是人类改造自然，适应自然的物质生产和生活方式及消费行为，以及有关自然和人文生态关系的物质产品，如建筑、景观、古迹、艺术产品等。其主要体现在产业经济生态化和生态资源产业化。它由可感知的、有形的各类基础设施构成，这些物质现象之所以也被纳入生态文化的范围，不仅是由于它们典型地体现了人化自然的特征，更重要的因为它们是一个地区风貌、传统或者说是文化的最生动、最直观、最形象的呈现。任何一种具体的物质现象，都可以使人感受到不同的文化韵味。

二、精神文化

生态精神文化是生态文化的核心内容，是生态文化的灵魂，是生态文化发展的内在推动力，体现了生态文化的深层内涵。精神文化是集物质文化、制度文化于一体的精神文明的总和，包括一个地区的知识、信仰、艺术、道德、法律、习俗，以及作为一个地区成员的人所学习到的其他一切能力和习惯。建设生态精神文化，就是用生态文化新观念、新知识改变传统的思维模式和生产方式，从根本上转变人们的价值取向，树立生态环境是资源、资本的价值观，树立保护生态环境就是保护生产力、弘扬生态文化就是发展生态生产力的理念。

三、制度文化

制度文化是生态文化的支撑，是生态文化制度化、规范化的表现形式，是生态文化建设的保障。文化的变迁必然通过各种制度的变迁表现出来。制度文化以物质文化为基础，但更主要满足于居民的更深层次的需求，即由于人的交往而产生的合理地处理个人之间、个人与群体之间关系的需求。加强生态文化建设，建设生态文明，是一项长期的战略任务，必须以机制创新为动力，通过先行先试，努力探索生态与经济协调发展、人与自然和谐共生的生态文化建设长效机制，使生态文化建设走上法制化、规范化轨道。

第五节　生态文化建设的意义及价值

一、生态文化作用日趋显著

党的十九大报告明确指出，要牢固树立社会主义生态文明观，推动形成人与自然和谐发展的现代化建设新格局。推动形成绿色发展方式和生活方式，持续改善生态环境质量，是一项系统工程，需要不断提升综合实力。生态文明建设"软实力"是生态环境保护综合实力的重要构成，相对于行政、法治等"硬措施"，"软实力"具有较强的导向力、吸引力和效仿力。生态文化是"软实力"的核心内容，是生态环境保护不可或缺的强大推动力。

文化是文明的基础，文明进步离不开文化支撑。没有文化自信，就没有中华民族的伟大复兴，培育生态文化，是生态文明建设的重要内涵，是生态环境保护的重要抓手。纵观生态环境保护发展历史不难发现，生态环境保护的启迪，源于文化的觉醒；生态环境保护的推动，得益于文化的自觉；生态环境保护的成果，在文化融入中提升。

当前，严峻的环境状况和环境风险，已无法回避，动员组织全社会力量共担责任共同治理，已成为共识。因此，必须依靠文化的力量，通过文化的导向、激励、凝聚等功能，将保护环境变成每个人自觉的社会责任、意识行为。

二、生态文化培育迫在眉睫

不容置疑，祁连山国家公园及周边区域的生态环境问题成因复杂，解决方法也应是综合的，其中就应包含文化要素。应当看到，将宣传教育作为保护生态环境的手段之一，经过长期努力，生态文化培育会得到长足发展。要积极探索政务信息公开、政府购买服务、环境公益诉讼、全社会共商机制等，推动全社会齐抓共管、共同担当，营造人人参与生态环保的氛围将会产生良好成效。

但也应清醒地认识到，目前，生态文化培育还处于初级阶段。一方面，公园管理部门和政府的系统研究、统筹推进还有待加强，公众参与还不深入，处于低水平层面；另一方面，公园及周边社区整体还处于"对环境保护认同度较高、认知度不足、践行度较低"和"对环境需求较多、付诸行动不够"的状态。环境管理模式取决于经济发展水平、公众环境意识和监督管理能力等因素，国家公园及周边社区经济社会发展的不平衡性、文化不平衡性和环境问题的复杂性决定了管理模式的多维性。相对于研发技术、完善设施、建立机构、充实人员、扩大投资等方式，先进文化能达到事半功倍的效果。因此，加强生态文化建设刻不容缓，任重道远。

三、生态文化建设急需加强

生态文化建设是一个长期的过程，需要持之以恒、厚积薄发。推进生态文化建设是一项系统工程，需要综合施策，多措并举。一是要系统开展生态文化理论和公共政策研究。对于重大环境问题，在加强环境技术、标准的同时，需要深入开展理论和公共政策研究，建立公共政策智库和专业研究队伍，推出理论研究成果。二是整体推进生态文化建设工程。生产生活方式的绿色化，首先应实现人的思想和追求的绿色化。要构建生态文化传播平台，打造生态文化产品，实现先进文化引领、优美作品感染、良好行为示范、绿色人物带动。通过生态文化的培育引领，实现由"要我环保"向"我要环保"的转变。三是持续开展生态文化发展状况调查评估。不同的社会发展阶段、不同的文化进步水平，决定着不同的引导政策措施。要持续而准确地把握阶段状态、动态监测变化、预判发展趋势，因地因时因人，持续完善相关策略。

四、推进生态文化建设，是孕育生态文明的核心和灵魂

生态文明，是人类文明发展理念、道路和模式的重大进步，它意味着人类思维方式和价值观念的新变化。以人与自然和谐共存、互惠互利为基本特征的生态文化孕育着生态文明，也就是说，生态文明的核心理念是以作为生态文化核心的和谐自然观为前提的。生态文明秉承生态文化的价值取向，批判地吸收了农业文明、工业文明的积极成果，倡导绿色生产和适度消费，节约自然资源，防治环境污染，大力发展环保产业，实施循环经济，使经济增长由传统的粗放型增长方式向集约型增长方式转变，从而促进人与自然的和谐共处，实现经济文明与生态文明协调发展。因此，生态文化是主导人类健康、有序、文明发展的力量源泉。

五、推进生态文化建设，是国家公园建设的现实需要和重要内容

祁连山国家公园建设是集经济、生态、文化、社会为一体的系统工程，生态文化自觉意识的形成，是国家公园建设的现实需要和重要条件。也就是说，生态文化的形成和弘扬会产生巨大的精神和物质力量，对国家公园建设将发挥巨大的推动作用。因为从其本质属性看，生态文化是生态生产力的客观反映，是人类文明进步的结晶，它既是自然生态的有效延伸，更是经济社会发展的重要动力。事实上，生态价值本身含有丰富的经济价值，生态价值的实现可以丰富经济价值。生态优势是祁连山地区最大的优势，建设国家公园，必须突出生态这个特色，以发展为核心，以生态文化理念为引导，通过经济生态化与生态经济化互动互促的有益探索，创新发展理念，转变发展方式，着力提升生态生产力，实现生态的经济价值，把生态优势转化为经济优势，把绿水青山变成金山银山，实现经济文明与生态文明的有机统一，实现人与自然的和谐共生。

第六节　推进生态文化建设对策

一、加大自然资源保护，提高水源涵养功能

祁连山是西北地区的生态屏障和水源涵养地，也是西北地区社会经济发展所依赖的生态基础。目前实施的天保工程、公益林建设等大型生态工程，使祁连山的森林植被得到了很好的保护和恢复，国家公园范围内的绿色面积在不断扩大，生物多样性明显增加。

今后还要继续积极争取工程项目，依托工程项目来带动和支撑祁连山国家公园生态保护的持续发展，通过提高祁连山的生态涵养来保障和促进社会经济发展，同时也为民众提供适宜休闲体验的绿色空间。

二、深入挖掘祁连山生态文化的内涵

祁连山的文化资源十分丰富，有森林、草原、野生动植物、河流、湿地、冰川等多样的自然资源，还有历史遗迹、文化传统、民族文化艺术等人文资源，要充分发挥祁连山区生态资源优势，深入挖掘保护区内历史文化和人文文化的内涵，把生态文化的创作宣扬融合到生态保护、优美风光和特色体验之中，让人们能更多地接纳与共享，产生心灵的共鸣。

三、提高人们对生态文化的认识和关注

在全面建设小康社会的进程中，生态环境承受着前所未有的压力和挑战，在这种背景下，生态文化注重自然因素、自然规律，生态环境对人类社会的价值和影响的特征得以突显，这传承了区域各民族传统文化的生态伦理情怀。在传统文化与生态文化的融合、渗透和发展的过程中，教育人们既要继承和弘扬中华优秀传统文化，又要深刻认识生态文化重要性，从而提高人们对生态文化的兴趣和爱好，以"知者乐水，仁者乐山"的文化思想来推动生态的绿色发展。

四、培育生态文化建设队伍

繁荣生态文化，关键是要培育在保护、抢救、传承和创新祁连山生态文化工作中有所专长的人才队伍。建立人才引进或扶持计划政策，重点培养文化遗产、民族工艺、歌舞乐器等项目的传承人或是拔尖人才。建立文化队伍培训的长效机制，定期将文化工作者送到较先进的地区学习培训，不断引导和带动更多的生态文化爱好者，形成一支强有力的创作宣传队伍。

五、加大资金投入力度

有投入才有产出，资金投入是开展生态文化建设的基本条件和根本保障，这也是祁连山生态文化建设中的不足之处，建议每年按比例划拨一定额度的生态文化建设专项资金，用于支持开展祁连山生态文化建设。

"生态兴则文明兴，生态衰则文明衰"，随着生态文明建设步伐的加快，人们对生态文化的需求也日益加大，推进祁连山国家公园生态文化建设，是贯彻和落实党的十八大、党十九大关于生态文明建设的总体要求，更是全面推动美丽祁连山建设的迫切需要。

第十五章

生态文化建设

第一节　生态文化建设任务

一、挖掘保护生态文化

（一）挖掘祁连生态文化

开展生态文化普查，挖掘祁连山及周边与祁连山国家公园青海片区密切相关的神山圣水，诸如青海湖、哈拉湖、祁连十三神山的生态文化内涵，探索、感悟蕴含在自然山水、动物植物中的生态文化。整理蕴藏在典籍史志、民族风情、民俗习惯、人文轶事、工艺美术、建筑古迹、古树名木中的生态文化。调查带有祁连山时代印迹、青藏高原地域风格和藏族、蒙古族、回族等民族特色的生态文化形态，结合生态文化资源调查研究、收集梳理，建立生态文化数据库，分类分级进行抢救性保护和修复，将祁连山特有的生态文化融入习近平新时代中国特色社会主义生态文化中，使其成为新时期发展繁荣祁连山生态文化的深厚基础。

（二）加强文化遗产保护

对自然遗产、文化遗产和非物质文化遗产，如神山、圣湖、藏包、蒙古包、村落、服饰和宗教、饮食、丧葬、文学、艺术、手工艺等，以及阿柔大寺、南关清真寺等省级重点文物保护单位，还有区域内历史文化名城名镇名村、历史文化街区、民族风情小镇等生态文化资源，进行深度挖掘、保护与修复完善。在具有历史传承和科学价值的生态文化原生地，创建没有围墙的生态博物馆，充分发挥藏族等少数民族对自然崇拜的作用，由当地民众自主管理和保护，从而使其自然生态和自然文化遗产的原真性、完整性得到一体保护，提升保护地民众文化自信和文化自觉。精心打造高质量、有特色、有创意、文化科技含量高的祁连山地区、海西地区的生态文化博物馆。着力落实文化惠民的扶贫政策和生态效益补偿政策，同步实现文化保护与消除文化原生地贫困。

（三）实施生态文化相关法律

1.承接区域传统生态教育方式，普及现代生态法制观

普通民众通过言传身教的方式来教育子女对生命和大自然的热爱，通过格言、谚语、寓言故事、民歌、民谣等多种形式，潜移默化地渗透传统生态文化，要借助各民族不同的传统生态教育方式，普及现代生态环境法治观。

2.发挥村规民约的积极作用，培育守法意识

村规民约属于乡村社区和村民利用当地乡土知识和传统习俗管理社区事务的范畴，在一定程度上是对国家法律、法规的有益补充。村规民约是在村民委员会主持下在法律许可范围内制定的，执行主体是社区全体成员，是全体村民必须遵守的具有法律效力的合约。

3.挖掘区域传统自然禁忌，提升民众守法自觉性

对生态环境保护具有积极意义的自然禁忌内容应加以承认，努力寻求和发掘自然禁忌文化中对环境保护工作的潜在资源，并以民族自治法规的形式使其制度化，让自然禁忌中优秀的东西逐步融入当地民族自治法规中，成为区域生态法律的一部分，以便于群众自觉遵守，更好地配合生态环境法律法规的实施。

4.发挥民间组织在区域生态环境法律运行中的作用

民间环保组织最了解所属区域的生态环境状况，最关心本组织人员的生态环境利益，在区域生态环境保护方面最用心、最努力。民间环保组织是公众参与环境事务的一种最直接最有效的形式，它有助于促进和提升政府生态环境管理水平。

5.通过严格执法树立区域生态环境法律的神圣权威

健全和完善生态环境法律制度，加强执法队伍建设，更重要的是要使这

些法律法规在社会公众心中被尊为至上的行为规则，从而自觉遵守。这就要求除了以生态环境宣传教育等方式提高生态环境意识等方面的综合素质外，必须通过国家公园管理部门和当地各级政府严格执法的示范效应，树立法律至上的生态环境法治理念，体现出生态环境法的神圣权威，使人们不敢以身试法，实现生态环境法在区域内的顺利实施。

二、开展生态文化教育

（一）将生态文化融入全民教育

1.推进生态文化社会认知

依托祁连山国家公园青海片区、各级各类自然保护区和森林、湿地、沙漠、地质等公园，以及植物园和风景名胜区等，因地制宜建设面向公众、各具特色、内容丰富、形式多样的生态文化普及宣教场馆，提高生态文化社会认知。着力打造国家公园示范区，发挥良好的示范和辐射带动作用，通过生态文化村、生态文化示范社区、生态文化示范企业等创建活动和生态文化体验等主题活动，提高社会成员互动传播的公信度和参与度，共建共享生态文明体制改革成果。

2.重视群体生态文化教育

将生态文化教育纳入基层教育体系，让生态文化走入课堂和千家万户。从青少年抓起、从学校教育抓起，着力推动生态文化进课程教材、进学校课堂、进学生头脑，全面提升青少年生态文化意识，启迪心智、传播知识、陶冶情操，培育中华生态文化的传承人。

加强生态文化知识普及，设立培养祁连山地区政府官员和企业高管生态意识的轮训制度，由祁连山国家公园青海片区管理局聘请著名专家主讲生态课程，包括生态学、生态文化、生态保护、碳汇、低碳生活等知识。开展区域全体居民生态文化教育，提高区域居民生态文化素养。开展生态知识竞赛，加深学习印象。展示有关生态的音像、宣传制品。

（二）加强生态文化能力建设

1.知识建设

知识建设以培训方式进行，在民族历史、民间传说、传统宗教节庆文化和传统药材资源利用等乡土知识培训的基础上，引入相关法律法规、旅游市场信息、生态旅游外部经验、社区环境整治与自然环境保护教育、自主经营管理等相关知识，在学校教育中加强环境、生态教育，尤其是在国家公园、自然保护区和自然公园周边的学校。

2. 意识建设

通过社区居民深入参与林草生态保护与建设，建立主人翁意识和责任意识，把生态环境建设和长期持续管理与发展视为己任，利用自己的力量和智慧，摆脱贫困，从生态保护和建设中受益，提高区域各居住民族的生活质量。

（三）规范生态行为建设

1. 公众生态行为

公众是可持续发展行为的执行者和最终受益者，生态文化建设离不开公众参与。公众生态行为一是以参与生态决策、监督政府执法、监测生态环境、参与生态文化、捐助生态公益等方式参与生态建设；二是践行绿色生活，实行食品适量化、用品循环化、能源节约化、垃圾分类化、空间生态化、出行低碳化、节会简单化、休闲健康化、植树义务化。广大群众自发加入各种生态环境组织，有利于保护野生动植物，修缮生态破坏区域。

2. 企业生态行为

企业生态行为是将自然资源转化为人类生产和生活所需要产品并交付给消费者的过程。企业通过实施清洁生产、开展绿色营销、发展生态环保产业等方式展示企业生态文化。

3. 政府生态行为

政府是建设生态文明的首要责任主体，是保护和促进生态文明的社会目标的首要履行者，政府生态行为表现为开展实施生态管理，开展生态工程，实行绿色办公，推进生态事业等方面。

三、组织生态文化活动

（一）志愿者活动

积极与学校少先队组织、团组织，单位党组织、团组织，社会上自然摄影组织、观鸟组织、登山探险组织、自行车骑行组织、自然垂钓组织等开展联系，根据人群年龄、专业特长、关注内容，对有意愿参加自然生态志愿者工作的加以吸纳。

以原组织编队，由公园文化主管部门和相关专业部门进行引导的模式开展活动。一方面，吸引志愿者投入到相关生态保护修复的具体小项目中，另一方面利用志愿者人数多、分布广、专业多的组成特点，向志愿者收集生态环境保护修复工作中的不足和短板，有针对性地开展保护工作。

志愿者组成与适宜工作规划表

人员构成	特点	适宜开展的志愿活动
小学少先队组织	年龄小，活动安全要求高，家庭影响力大	小公园、学校绿地环境简单维护，环保宣传节日演出，家庭环保宣传
中学生团组织	年龄适宜，活动能力强，认知热情高	城市公园绿地环境简单清理，植树节植树活动，野生动植物保护宣传活动
机关单位党团组织	组织性好，纪律性强，素质高，多专业组成	乡镇、郊野公园绿地经常性认养管护工作，湿地、森林节假日巡查工作
自然摄影组织	专业性好，社会影响力大	森林城市、森林绿地、河流湿地摄影素材采集，专题宣传工作
观鸟组织	专业性好，有明显特长	野生动物保护宣传，日常违法行为巡查举报，专业技术支撑工作
登山探险组织	专业性好，活动范围大	森林公园、自然保护区、森林古道保护现状巡查和危险因素上报
自行车骑行组织	体力强，活动范围大	城乡绿道周围环境安全巡查与环境危险因素上报
自然垂钓组织	专业性好，有明显特长	湿地环境整治与巡查，湿地动物保护和违法行为上报

（二）生态文化协会与民间演艺团体

为切实解决好生态文化体系中存在的诸多理论及现实问题，更好地全面推进生态文明和生态文化体系建设，公园管理机构、地方政府部门及相关机构应积极吸纳各方关于生态文明和生态文化建设方面的先进经验，通过发展及支持文化协会与相关文化论坛活动，积极推进生态文化理论研究和经验学习，为弘扬生态文明，促进林业科学发展，发挥推动作用。

生态文化协会应积极筹办文化节会，打造文化特色展示平台，推动"草原风情＋森林康养＋油菜花海＋特色民俗＋文化产业"等高度融合，树立一大批生态文化亮点，依托最美草原、森林康养、百里油菜花海等品牌资源，打造高端节会。借助"一带一路"宣传，利用花海、林海、草海、雪海四大资源做好文化活动创意开发，创新大型文化旅游活动运行机制，造就文化产业领军团队，推进文化引领旅游业转型升级、提质增效。

积极研究利用地方传统文化，借助传统节日，联合省内外文化艺术团体，举办高质量的精品演艺和民间体育赛事活动。培育2～3个具有国内外重要影响力的大型节庆会展活动，联合西宁市、海北州和海西州文化部门共同举办大型文艺演出活动，集中展示绚丽多彩的西部民族民间艺术，在艺术演出中歌颂祁连山生态之美和文化之美，推进民间歌舞艺术发展与繁荣。开展"地域一体 文化一脉"综合艺术展、"丹青异彩谱华章"书画摄影展、"留住文化根脉，托起民族未来"美术绘画精品展、"留住乡愁 弘扬乡风"非遗展等活动，推动优秀文化艺术作品展演推广。统筹剧场（排演场）设施建设和旅游景区资源整合利用，打造有祁连特色的精品舞台剧目和本土特色的精品图书绘画作品，支持文学丛书创作出版，支持戏剧、音乐、舞蹈、美术、摄影、书法、曲艺等艺术门类创新发展，创作一批体现祁连特色的文化艺术作品。促进本土优秀文艺作品多渠道传输、多平台展示，推动优秀演艺作品在核心景区的常态化演出，扩大观众覆盖面。

除在各类场所开展相应的文化活动外，各个社区或村可结合自身居民的兴趣和特长，组建秧歌队、舞蹈队、居民合唱队、时装队、居民健身操队等各种文化队伍，在弘扬祁连传统文化的同时，也要融入现代时尚要素。

四、举办文化节事

（一）门源油菜花文化旅游节

以"以节会促发展"为核心，以"政府支持、企业主导、市场运作"为原则，以"立足县域、面向全省、走向全国、步入世界"为方向，大力弘扬社会主义先进文化，积极培育社会主义核心价值观，扎实推进文化、旅游深度融合发展，丰富全域旅游发展内涵，打造好门源油菜花文化旅游节品牌，努力使门源成为国内外知名的旅游胜地。

门源油菜花节不仅内容新颖丰富、文化内涵深厚、地方特色鲜明，而且在 7 月、8 月两月间，以慢跑、牧民运动会、FKT 速攀赛、乡村美食节、岗什卡滑雪登山大师赛等为代表的精彩系列文体活动，将把门源县各地的特色文化充分展示给外界，让八方游客走进世界绝美花海，尽情领略门源民俗风情，欣赏美丽的田园风光，充分体验门源全域旅游的魅力。

从"2000 祁连山之夏——油菜花节"到"2018 门源县油菜花文化旅游节"，十九年来，门源油菜花文化旅游节不断探索、完善、提升和创新，已成为省内外颇具影响力的旅游精品，树立起了自信、开放、创新的门源新形象。借着这张名片，门源迅速成长为青海实力强劲的旅游热土。

（二）祁连山草原风情文化旅游节

坚持生态文明为统领，深入实施规划引领、精品驱动、环境优化、产业融合、基础配套、服务提升、管理统筹工程，着眼于大思路布局旅游、大投入发展旅游、大远景提升旅游，开创生态、经济、社会与民生同步共进的良好局面。以"天境祁连，生态之旅"为主题，先后举办了摄影师进祁连采风活动暨祁连风光摄影展、全国露营大会、"天境祁连"绿色清真美食以及射箭、花儿会等一系列民俗风情文化活动，让国内外游客在素有"天境祁连·东方瑞士"美誉的祁连风光景区饱览壮美山河，乐而忘返。

近年来，祁连县加快推进文化体育旅游融合发展，扬节庆活动之帆，把祁连旅游逐渐发展成为全省旅游事业新的增长极，让壮美秀丽的自然风光和极具魅力的传统民族民间文化日益散发出摄人心魄的魅力。祁连县在生态文明建设中勇于担当、敢作善为、主动自觉融入生态战略，把保护生态作为经济社会发展的前提，与此同时，生态文明建设也带动了祁连旅游业的发展，为群众增收致富增开新渠道，开创了生态、经济、社会与民生同步共进的良好局面。

祁连山草原风情文化旅游节自 2007 年首次举办，至今已成功举办了十三届，已成为祁连山草原的一件盛事。

（三）天峻"智阁鲁如"文化旅游艺术节

活动不仅有歌舞表演和传统体育比赛项目，还有民俗文化展示项目，内容丰富，形式新颖，全面展示了天峻历史的脉动，高原生态旅游的魅力，藏族传统文化的厚重，群众文化多姿多彩的活力，彰显了天峻文化的独特魅力，丰富了群众的精神文化生活，是一次润泽民心的盛会！

文化旅游艺术节内容丰富、特色突出，充分体现了"弘扬民俗文化、传承民族文脉、推进全域旅游、促进民族团结"主题，集中展示了藏族深厚的文化底蕴和秀美的自然风光；也集中反映了在政府的领导下，全县经济和社会各项事业发展取得的辉煌成就，充分展现了天峻草原儿女良好的精神风貌。

文化旅游艺术节的举办，不仅起到了弘扬优秀文化、促进生态文化旅游、优化产业结构、扩大开放领域、发展"净土"经济的作用，也增强了天峻各族儿女建设幸福和谐小康新天峻的责任感、荣誉感、自豪感，更加坚定了谱写好民族团结进步事业新篇章的决心和信心。

（四）黑河湿地文化节

1. 推出以"高原湿地，和谐之美"为主题的黑河湿地文化节，旨在增强园区全民保护生态的意识，形成全社会亲近自然、爱护鸟类、推介旅游，促进人与自然和谐发展的浓厚氛围。

文化节期间举办"保护湿地、爱护鸟类"为主题的万名青少年签名活动。

2. 举办湿地生态文化研讨会展示黑河湿地的神奇美丽、多姿多彩的自然风光，内蕴丰厚的人文景观，提升公园生态旅游品牌价值。

湿地文化节期间，举办"湿地万花筒"系列活动，包括摄影、绘画、生态导赏、寻宝游戏、讲故事比赛、观鸟比赛等活动。

3. 文化节期间，举办刺绣、剪纸、石刻、舞蹈等一批民间艺术大奖赛，展示湿地人居特色旅游资源。

4. 从湿地科普、湿地民俗、湿地美食、湿地动植物等多方面展现公园及周边区域自然环境、人文环境和创业环境三者相得益彰的和谐之美，让外地的旅游者对公园社区心向往之，让外地的企业对公园社区心向往之，让当地人民对居住环境心向往之，激发人们热爱家乡的真挚情感，通过湿地文化节深化生态文明理念的同时展现高原特色风貌。

（五）森林文化节

1. 在仙米林场开展植树活动，建设环保企业公益林，参加森林文化节的群众每人都要种下一棵树，经过一个植树、除草、培土、施肥、挂牌、合彩留念的过程。

2. 森林文化节期间开展森林生态旅游观光活动，当日所有的森林景区点均免费向群众开放，并配备专门的导游讲解人员。

3. 在节日期间举行门源县县花、县树的评选活动。县政府提供备选名单，之后由群众参与投决定。在节日期间举办森林旅游项目及林产品推介会，为企业间的洽谈和签约搭建平台。

4. 组织中小学生进行"夺宝奇兵"森林寻宝比赛，让青少年在与森林亲密接触的过程中体会森林带给人们的欢乐。

（六）草原文化节

草原文化在经历匈奴、鲜卑、突厥、契丹、蒙元、满清、现当代几个时期的发展，与中原文化长期碰撞、交流、融合后，为中国统一的多民族国家形成、中华民族的凝聚力和中华文化的传承作出了突出贡献。

1. 挖掘、整合各民族各具特色的草原文化，展示草原魅力，体验民族风情，弘扬民族文化，用大历史观认识看待草原文化，使草原文化上升到中华文化主源的层面，其"崇尚自然、践行开放、恪守信义"的核心理念，产生出无法估量的时代活力。

2. 体验藏族、蒙古族传统的游牧生产方式，分群放牧和节制放牧的牲畜承载制度。

3. 在牧民家中学习体验传统民居、毡房的建筑理念和其中蕴含的环境保护思想，并对居住访客提供放牧体验。

4. 访客或体验者亦可在"牧家乐"中居住数日，与牧民同住同劳动，体验牧民放牧、挤奶、做饭、打草、拆装毡房的劳动过程。

五、开展生态文化宣传

（一）宣传标牌

结合对祁连山国家公园青海片区形象定位和形象口号的策划，以国家公园管理局和当地县级政府为主体，以国家公园管理局各分局及管理站点、乡镇政府、村两委为实施单位，在国家公园范围内及周边区域的旅游景区、街心公园、文化广场、入口社区等公共场所以及企业、社区等地，定期设计和更换生态文化、生态建设等有关宣传标语。采用公益广告落款招商方式，由管理局和政府组织规范、企业出资建设进行公益宣传。

宣传标语采用植物雕塑、条幅、艺术壁画、电子屏等绿色环保、艺术典雅、节约资源的多种载体形式，为祁连山国家公园青海片区的面貌增添景观色彩，提升文化品位，展示祁连山生态文化特色。

开展宣传标语征集活动，采用并定期更换获奖标语。对征集活动中获奖群众给予免费参观国家公园特定景区，赠送绿色消费购物券（指定绿色消费品）等优惠。

（二）媒体广告宣传

充分利用多方资源，多渠道、多形式地宣传国家公园的生态文化及特色地域文化，及时报道有关国家公园建设的新闻及活动开展状况，广泛展示生态文化建设取得的新成绩、新经验，深入解析生态文化建设的新理论、新观点，为传播生态文化知识，弘扬生态文明发挥重要作用。

针对国家公园建设，在传统新闻媒体及新媒体两方面同时加强宣传，在报纸、广播、电视、网络等新闻媒体开设专栏，同时积极利用微信、微博等新媒体宣传平台，广泛宣传国家公园建设成果、国家公园建设的目的、意义和部署安排等。出版国家公园建设专刊，定期向各县市区发放。完善国家公园专题网站、微信平台、微博等建设，及时更新国家公园新闻和动态，使国家公园建设深入人心。

每年应根据情况，开展以国家公园建设为主题的公众参与性活动，如："聚焦国家公园，情系美丽祁连"摄影比赛、"绿色祁连，在我心中"征文比赛、"留住自然之美"植物标本制作大赛、"魅力祁连，青山绿水"微电影征集活动、"与绿色同行，与森林为伴"青少年绘画比赛等，设置一定奖励，鼓励周边群众积极参加。结合植树节、世界地球日、湿地日等节日开展相应的宣传活动，调动广大农牧民和职工参与国家公园建设的积极性，扩大国家公园建设影响力。

通过开展形式多样的生态文化建设，宣传国家公园建设的重要意义，将祁连山的自然地理、历史与风土人情、景观资源特征、道路交通等相关信息传播给公众，提高公众对国家公园建设的知晓率、支持率和满意度。

第二节 生态文化建设行动

一、打造生态文化城镇

建设美丽国家公园，首先要保护和建设历史底蕴厚重、时代特色鲜明、生态文化品质高尚的智慧城镇。在城镇化建设进程中，尊重自然格局，依托现有山水脉络、气象条件等，合理规划空间布局。旧城镇改造注重保护历史文化遗产、民族文化风格和传统风貌，促进功能提升与文化文物保护相结合；新城镇建设注重融入传统文化元素，与原有城镇自然人文特征相协调，扶持地方特色文化发展，保存城镇独有的典型的文化记忆；在保护本土文化的前提下，促进传统文化与现代文化、本土文化与外来文化和谐交融、创新发展。挖掘特色、确定主题，加大支持力度，逐步将特色入口社区打造成具有区域生态文化特色的祁连山国家公园特色小镇，成熟一个推进一个。

（一）门源浩门多民族文化新型城镇

将回族、汉族、藏族、蒙古族、土族、撒拉族等民族典型文化精品产品浓缩汇集，打造各具特色的多民族文化新型城镇。建成民族文化馆、民族商贸街、民族餐饮街、民族风情园、民族民间工艺品制作展销街等民族文化新型城镇，形成全面展示祁连山民族特色文化的"窗口"和民族融合文化名城。

（二）门源珠固华热藏族特色风情小镇

突出华热藏族民族文化特色，展示藏族民俗民风、婚庆习俗、藏族服饰、民间藏戏、藏式工艺品、藏式建筑、藏族传统文艺演艺展演、农牧业生产体验等，着力打造珠固华热藏族特色风情小镇。

（三）门源仙米森林康养小镇

依托仙米国家森林公园秀美生态景观，以生态康养文化为核心，夯实生态文化传承载体，增强森林康养品牌的综合竞争力和生命力，推进森林康养目的地建设，打造集森林避暑、森林运动、森林科普、森林教育、森林颐养、休闲度假于一体的复合型森林康养度假产业综合体。

（四）祁连峨堡丝路驿站风情小镇

依托祁连县峨堡镇地处环青海湖游线通道的独特区位，以及峨堡镇悠久的历史文化、丝路文化、红色文化、游牧文化，以"丝路驿站"为定位，重点打造峨堡镇区以及周边区域，通过祁连山草原景色吸引人，峨堡古镇文化及草原休闲体验留住人。

（五）祁连阿柔文化体验小镇

扩展阿柔大寺的文化传播和体验功能，建设阿柔文化体验中心，依托祁连机场建设提供休闲度假设施的航空服务小镇，打造阿柔文化风格的自驾营地，为远程游客打造视觉与体验丰富的第一印象区。

（六）祁连野牛沟藏族文化风情体验小镇

依托野牛沟乡境内大量优质顶级自然资源资源，开展黑河湿地体验活动，着力打造野生鹿、牦牛、白藏羊养殖产业基地。

（七）祁连央隆草原康养小镇

以河谷、湿地、温泉构建温泉养生为主的休闲度假氛围，打造远程游客的新兴休闲服务区。

二、创建生态文化乡村

（一）保护和建设祁连特色生态文化乡村

祁连山是中国的历史文化名山，历史悠久，文化资源丰富，是自古以来，各民族繁衍生息的好牧场，由回族、藏族、蒙古族等30余个民族组成的大家庭。依托园区各民族独特的文化传统，发展具有历史记忆、文化底蕴、地域风貌、民族特色的生态文化村，打造崇尚"天人合一"之理、倡导中华美德之风、遵循传承创新之道、践行生态文明之路的美丽乡村和各具藏族、蒙古族、回族等特色的发展模式。选取天峻县、祁连县、门源县部分村，建立祁连山国家公园的生态文化村，这些村庄景色优美，同时具有深厚的民族文化内涵，对这些村庄的村容村貌进行提升与改善，设置可供访客参与的民族文化体验项目，开展文化体验活动，规范经营者的经营行为，作为祁连山国家公园开展生态文化体验的重点区域。

（二）发挥生态文化村的辐射带动作用和品牌效应

开发祁连地区汉族、藏族、蒙古族、回族等既具有不同民族特色，又与其他地区不同，同时又具有本地区其他民族印记的生态文化资源财富，传承优秀传统生态文化遗产，以原住民为主体，打造和扶持具有区域民族特色、市场潜力和品牌效益的生态文化旅游、休闲养生、历史文物典籍展示、民间工艺制作、歌舞技艺表演等项目，发展"农家乐""牧家乐""森林人家""草原人家"等生态文化产业和创意产品，特别要以祁连山国家公园为支点，大力开发生态旅游、生态体验，打造祁连生态文化精品，拉动民生改善，提升文化自信和文化自觉。大力推进生态家园、清洁水源、清洁田园建设工程，综合整治农村生产生活环境、恢复自然景观资源，建设民族特色鲜明、生态文化淳厚、生态空间环保、绿色食品安全、百姓生活富足的高原美丽乡村。

三、传承非物质文化遗产

（一）打造"一村一品"

祁连山国家公园内及周边社区的非物质文化遗产种类繁多，主要包括民家文学、传统美术、传统音乐、传统技艺、生产商贸习俗、消费习俗、人生礼俗、岁月节令、民间信仰、民间知识、传统体育、游艺与竞技等。如黑河的由来与传说、牛心山的传说、回族民间刺绣、门源剪纸、丁氏布鞋、牛羊毛织口袋、骨角器、藏族木雕、藏族石刻、藏族酥油花、黑牛毛帐篷、藏族唐卡、镏镥绣等等。有些传统技艺已经失传，令人惋惜。因此，从现在起，必须加大对这些非物质遗产的保护力度，开展"一村一品"的建设活动，在发展农村牧区文化产业的同时，弘扬祁连山国家公园及周边社区传统文化，挖掘其中与生态环境保护关系密切的生态文化，使其源远流长、经久不衰。

公园内全部建制村，公园周边入口社区所在村庄。借助于生态旅游业，通过"一村一品"的建设活动来重拾这些传统技艺；公园管理部门和地方政府要以优惠政策（政府补贴等）重点扶持掌握这些传统技艺的人员，同时安排村内的一些人学习掌握这些传统技艺。要结合新农村建设，统一每一个民俗村的村容村貌，突出各个村独有的文化特色；通过媒体宣传等手段来扩大知名度，一方面可以吸引访客或相关爱好者来此游览、学习、参观、购物，开展生态旅游，另一方面也可以将制作出的手工艺品供应到省、州的各大商场、超市。这样既为本村增加了经济收入，又使得这些非物质遗产得到了有效的保护和传承。

（二）开发艺术产品

充分利用这些非物质文化遗产进行艺术品开发，除其本身所形成的艺术品外，汲取刺绣、唐卡、传说、皮制品等非遗之精华，开发文化创意产品，诸如制作手机吊坠（可利用任何非遗元素）、相框（可利用任何非遗元素）、壁画（可由唐卡、剪纸、刺绣等衍生而成）、各种布艺（将区域少数民族的特色元素印制或蜡染在布匹之上）、居家摆设（如石刻、骨雕、挂毯、皮具等）等。此外，还可由公园管理部门或政府主导编制书籍、录制各种音像制品等。

四、保护和发展乡村建筑

（一）与国家公园生态景观相结合

国家公园所在区域许多地方都可以看到河谷农田林网、山坡牧草牛羊、山间森林覆盖、山峰白雪云绕的四季景色，乡村建筑必须处理好与上述生态景观的关系。由地质、地貌、土壤、水文、大气、生物、气候等生态要素有机构成的生态系统，其地表形态、格局、过程和功能与人类活动的相互关系是景观生态设计的重要内容。生态建筑就要求特别注意建筑与自然生态景观的结合和协调，尽可能地利用自然赋予的优势。就祁连山国家公园而言，弘扬高原山水文化，倡导生态建筑，就要大力促进乡村建筑在以下四个方面与生态景观相结合。

1. 建筑与山体景观的结合

祁连山国家公园青海片区位于青藏高原东北部边缘，该区域以山原和高山峡谷地貌为主，区域内沟壑纵横，地貌独特，景观价值突出。因此，区域建筑设计要体现该地貌所衍生的多民族文化生态景观特色，如将碉楼、毡房、土坯房等的建筑元素融入其中而进行现代生态景观设计。同时，要对建筑高度、体量、色彩等进行严格控制，使其与该地的生态景观自然和谐地融为一体。

2. 建筑与水体景观的结合

公园所在区域属黄河支流和西北内陆河水系，河流、湿地众多，水资源丰富，素有小三江源之称，形成了具有绝对优势的水体景观。而且水是万物生长之本，有助于清新空气、调节气温、活化景物。因此，区域临近水体的建筑设计要注意亲水性，做到依水、露水、护水。

3. 建筑与植物景观的结合

植物景观就是运用花草、乔木、灌木藤本及草本植物来创造景观，充分发挥植物本身形体、线条、色彩等自然美，使公园及周边的建筑及居住、工作和生活环境更近于自然生态环境，具体做法可考虑推行建筑物立体绿化的模式，即建筑屋顶上种植绿色植物，在建筑物周边栽植乡土经济植物。

4. 建筑与森林、草原、农田景观的结合

森林分布区域的建筑要充分利用森林生态资源和乡土特色景观，融森林文化与民俗风情于一体，建筑要远离处于地质灾害或低洼河边的危险地方，要注意森林火灾可能对建筑的危害。

草原分布区域多数处于游牧或人居稀少的状况，建筑方式目前以毡房、土坯房等为主，部分区域有现代风格的建筑。草原上的建筑应充分考虑草原保护的需要，尽量使用土、石、毛毡等材料，使建筑与草原融为一体，建筑拆除后的建筑废弃物便融入周围环境。

农区建筑所占比例较大，采用田园式建筑式样和风格，房屋前有菜园，房屋四周栽植树木，优先选择经济林木，建筑与农田交错或独立分布。

（二）建筑标准

新建筑在设计上要坚持以生态学理论为指导，引用基于可持续发展理念的"生态建筑"设计手段，采用现代生态、环保、节能的建筑材料，充分有效利用太阳能、风能等自然能量，考虑建筑空间的形体与自然空间的联系，采暖、通风、照明、电气等方面的高效与协调等，降低建筑系统对自然生态系统的影响。

1. 节水

地下建沼气净化池，处理粪便和污水，外排水要达到国家规定的二级排放标准，实现就地分散、无害化处理生活污水。

2. 节土

建筑物顶覆土种花、草等绿色植物，墙体实行垂直绿化，不因建筑物占用了土地使绿地面积减少。

3. 节能

在提高电能效率的同时，扩大太阳能开发的利用强度，普及推广太阳能热水器，在设计建筑过程中，同时进行热水管预埋，太阳能热水器位置预留，同时鼓励开发利用新能源和节能新技术。

4. 有利健康

住宅建筑设计要制定建筑结构的日照采光、通风、保温、噪声等具体定量标准，推行使用绿色建筑材料和装饰材料，布局要远离释放有害废弃物或噪声的企业。

5. 环境优美

建筑要注意自然景观与人文景观相结合，建筑生态绿化与环境景观绿化的结合，根据公园的自然生境，选择乡土树种进行生态设计。注意建筑的视廊控制，确定高度控制区，优化生态建筑的景观与环境。

公园内民居和特许经营设施主要使用原始材料，不使用钢筋、水泥、瓷砖等在建筑废弃后无法与自然融为一体的现代产品。公园外民居鼓励少使用现代建筑材料。

五、推进公共基础设施建设

（一）新能源设施

国家公园要实现生态文明的远大目标，节能减排是必由之路，因此对于风能、太阳能、沼气能等新能源的使用势在必行。国家公园所在地区年日照时数在 2500 ~ 3300 小时之间，日照时间长，太阳能资源非常丰富。区域处于青藏高原东北部，北靠河西走廊荒漠区，风能资源十分充足。公园范围内居住人口稀少，应充分利用风能、太阳能资源，这样既可以减少架设输变电线路投入，又可以减少对土地的占用和对景观资源的影响。公园周边区域电力基础设施基本完善，不足部分可以通过发展太阳能、风能解决。

（二）中水回用设施

中水是国际公认的第二水源，将它用于生活的某些方面是完全可以的，如冲厕、绿化、洗车等。实行中水回用既可以有效地利用和节约淡水资源，又可以减少污水、废水排放量，减少水环境污染，是实现节约用水的一项重要举措。

对于今后一定规模的新建、改建和扩建项目（如社区、村、国家公园展馆等的建设），必须同时考虑兴建污水处理及中水回用设施。同时，各地地方政府应对污水处理及中水回用项目予以支持，加大对此类项目的投资力度，以点带面，加快中水回用的步伐。

（三）垃圾回收处理设施

在各个社区、村落以及旅游景区、广场等公共活动场所要安放分类回收的垃圾桶或垃圾箱，建设密度因人口密度不同而不同，引导人们自觉将垃圾进行科学分类，实行可回收物质再利用，对有毒有害物质要妥善处置或贮存。

在每个入口社区建设1个垃圾回收处理站，对垃圾进行无害化处理，并回收利用，坚决杜绝"先分类，再混合"现象的出现。垃圾处理设施的建设应较为隐蔽，且不妨碍自然景观。

（四）环境标识

通过各类文字、图形、记号、符号等视觉要素，重点在各县市主要历史遗迹、红色教育基地、入口社区、文化广场、游览景区、古树名木等处建设视觉识别系统，树立祁连品牌形象。标识类别具体如下：

平面分布指示：生态地图、旅游导向图等。

景点解说牌：有关景区主管单位应与旅游部门密切合作，加强指导，提高各个旅游景区、遗址等地解说牌的设计、制作水平，对景区内各类文化遗迹、典型景观、特色资源、动植物的生态学现象等进行解说，实现寓教于乐。

文化宣传标识：此类标识是公园、社区、商业环境中普遍使用的一种识别形式，以体现当地的地域文化与精神状态。

禁止标识：在一些旅游景区和公共场所设置"禁止大声喧哗""禁止吸烟""请勿践踏""禁止采摘"等。

树木二维码身份证：树木二维码身份证能使许多游客学习和了解植物分类、树木学、应用植物学等自然科学知识，各旅游区、景点等应将植物挂牌作为重要的科普知识推广平台，并要对其进行艺术化设计和维护。

六、建设大众文化设施

（一）创建生态文化培训基地

规划在国家公园管理局所在地设立生态文化培训和生态文学写作基地，引用基于可持续发展理念的"生态建筑"设计手段，采用现代生态、环保、节能的建筑材料，充分有效利用太阳能、风能等自然能量，考虑建筑空间的形体与自然空间的联系，采暖、通风、照明、电气等方面的高效与协调等，降低建筑系统对自然生态系统的影响。同时要建立雨水收集系统和污水处理回收利用系统，从而实现水资源的合理利用。

（二）改、扩建文化广场

文化广场是为当地居民提供休闲娱乐的公共空间与文化活动的场所，是以展现地域文化内涵为主要建筑特色的较大型场地。因此，为展现祁连历史悠久的传统文化，规划分别在国家公园入口社区建设汉族、藏族、回族、蒙古族等多个具有民族特色的文化广场。文化广场要充分使用各地已建广场，发掘各地的文化底蕴及发展历程，使其成为既具民族特色，又展示国家公园生态文化的标志性建筑。

第三节　生态文化建设保障

一、加强组织领导，完善群众参与机制

（一）建立专门规划、管理机构

成立由祁连山国家公园青海片区管理局负责的生态文化建设规划领导小组，单位成员可邀请生态文化研究的相关部门、高校、社会科学院、研究所等单位参加。领导小组下设办公室，可由国家公园管理局的宣传部门负责，办公室负责组织、协调、规划、监督、宣传和实施生态文化发展规划等工作，并将生态文化建设任务纳入国家公园建设的目标责任制之中，实行层层落实的责任制。国家公园和公园所在区域的各级管理部门领导要加强对生态文化发展重大问题的研究，科学制定方针政策，以习近平新时代中国特色社会主义思想为指引，始终把握生态文化建设的正确方向。

（二）建立公众参与机制，搭建有效参与渠道

建立行之有效的生态文化建设公众参与机制，使公众成为生态文化建设

的重要力量；开辟公众参与生态文明建设的有效渠道，为公众参与重大项目决策的监督和咨询提供必要的条件。借助报纸、网络、电视等新闻媒体，发挥宣传和舆论监督作用。

二、健全政策法规，依法开展文化活动

（一）制定文化资源保护、优惠政策

在文化资源保护力量中，政府的力量不可或缺，主要体现在行政管理、法律政策的制定和平台搭建、协调等方面。国家公园管理机构可与政府共同制定和落实具体的文化资源保护、优惠政策，明确社区居民的权利和义务，并在文化资源的保存和活用方面，体现社区居民的话语权和决策权，尤其是对于一些特殊的文化资源，如与民众生活息息相关的无形文化遗产等。

（二）建立健全生态文明的法律法规体系

按照国家相关法律法规，制定祁连山国家公园青海片区生态文化资源保护实施细则，对区域生态文化实行更为细化的、针对性明确、可操作性强的保护规定，内容可涵盖国家公园文化资源分类、保护措施，建立文化资源信息库的统一格式和标准，用以指导国家公园实际建设中对文化资源的具体保护。

（三）开展政策法规研究

按照以国家公园为主体的自然保护地建设相关要求，结合区域内生态文化的具体实际，积极争取国家和青海省政府的支持，研究制定有利于祁连山生态文化保护与建设的规章和政策措施。

三、创新体制机制，加强政策扶持

（一）健全生态文明综合管理体制和运行机制

制订生态文明建设规划的实施行动计划，并将该计划纳入国家公园年度发展计划，将实施工作纳入常规化、制度化轨道，有条不紊地推进生态文明建设工作。

（二）推行政府扶持政策

加大省、县两级对生态文化建设的投入，同时制定一系列鼓励政策，引进市场机制，鼓励企业、个人、民间资金等参与生态文明建设。

（三）实施生态决策

建立健全规划实施评估的数据支撑体系，发展合理的决策规则、规范的决策程序、高效的决策机构和透明的决策过程，如制定国家公园范围内及周边社区相关的《企业清洁生产规范及审核标准》《生态社区及示范村评估标准》《生态校园评估标准》等。在各项生态决策指导下，督促企业进行清洁生产，实现节能环保；督促学校开设生态课程，普及生态教育，督促民众摒弃铺张浪费的生活习惯，实现绿色生活。

（四）完善社会监督机制

建立社会监督平台，建立公告、公示和奖励举报制度，完善生态环境信息发布制度，在网站、媒体开辟专栏，拓宽公众参与、监督渠道，充分发挥新闻媒介以及人民群众的舆论监督和导向作用。

四、拓宽资金渠道，发展生态文化产业

（一）设立生态文化基本建设资金

生态文化事业属于社会公益类范畴，各级政府应成立相应的生态文化建设资金管理部门、管理小组，联合地方生态文化主管部门，社会各界社团等，增加生态文化科技支撑投入。充分利用各个部门、组织的职能，研究制定生态文化建设资金保障机制，主要包含资金使用管理责任分配、资金投入目标落实、资金投入产出收支计划制订、后勤协调工作的责任分配等政策性支撑。确立政府对建设资金的保障机制。

（二）鼓励社会民间资本参与生态文化基础产业建设

出台针对祁连山国家公园区域民间资本投资生态文化产业建设的法律法规和意见建议，鼓励指导社会资本特别是民间资本对本地生态文化宣传、建设的投资。

区域范围内各级政府会同工商联相关部门，广泛听取民营企业意愿，深入了解生态文化发展领域的问题和真实需要，结合本地生态文化特点，优选预期社会经济生态效益回报显著的项目，积极主动对外发布本地区拟需民间资本投资的项目概况。同时切实放宽市场准入，优化投资环境，明确支持民间资本的政策，全面支持民间资本参与。

五、积极引进人才，抓好队伍建设

（一）注重专业人才的引进及培养

生态文化建设要切实加强生态意识和知识教育，普及符合生态文化内涵的生活理念及方式。这种理念及方式的传播早期需要一批先驱者作为桥梁，逐步地宣传和渗透到人们的生活当中，进一步提高人们的生态意识和参与生态文化建设的能力。这批引领生态文化传播和发展的人才需要及时引进以及进行有效的培养，以便壮大生态文化传播者的团队，发挥生态文化发展推动作用。

要把生态文化人才队伍建设纳入公园发展规划，充分发挥县级生态文化协会及其各分会的作用，积极吸纳生态文化研究、策划等专业高端人才参与协会工作，建设专家智库，在相关领域培育一批生态文化的领军人物和学术带头人，引导和带动更多优秀人才投身基层，培育一批致力于生态文化建设，德才兼备、业务精湛、充满活力的高素质、复合型人才队伍。

（二）从社会各个组织细胞内部进行生态文化理念的传播与发扬

发动各单位和广大群众积极参与，大力开展生态建设、生态文明的宣传教育，通过形式多样的宣传活动，提高公众对建设、发展生态文化重要性的认识，使倡导人与自然更加和谐相处的新型生活理念的一些活动能引起全民共识，全民响应和全民行动。

（三）抓好生态文化队伍建设

重点建设好生态文化团体、经营管理队伍、基层骨干队伍三支力量。要注重保护区各级管理人员生态文化知识的教育和培训，制定实施保护区生态文化和宣传教育人才培训规划，针对不同领域和不同岗位人员的具体情况，分期分批进行生态文化和宣传教育专业培训。

（四）强化生态文化基础教育

生态文化教育要从中小学教育开始，全面提高青少年对环境保护和生态文化保护与传承意识。

六、强化科技支撑，开展生态文化研究

（一）开展生态文化建设理论和实践课题研究

积极拓展国家公园生态文化研究领域，深化研究内容，推进生态文化基

本内涵、生态文化传承与创新、生态文化与生态文明的关系与互促效应、国家公园文明发展史解析及其比较等方面的综合研究，增强对国家公园生态文化建设历史性、规律性和适应性的认识，提升生态文化建设理论指导的科学化水平。科研管理部门应设立生态哲学、生态美学、生态伦理、生态制度等生态文化建设专项研究课题，推动生态文化研究、挖掘、修复、传承、发展和创新，不断增强生态文化与时俱进的适应性，努力构建祁连山国家公园生态文化建设的理论体系和应用技术体系。

（二）加大生态文化公共产品研发和创作力度

针对祁连山国家公园及周边实际，选准创作主题，精心组织策划，突出时代强音，制作具有区域民族特色的电视、文学等生态文化公共产品。同时，通过举办生态文化建设成果展览、生态摄影比赛、书画展、生态文化笔会等活动，广泛收集、筛选整理，采取市场运作的方式，出版一批高质量、图文并茂、各具特色的图书作品，弘扬生态文明理念，倡导绿色生活，不断提高全社会的生态文化品位。

（三）加强区域生态文化标准体系建设

根据国家公园生态文化保护需要，制定文化活动、公共基础设施建设、各类文化城镇、文化乡村、大众文化设施等方面的祁连山国家公园地方标准，按统一标准实施，确保生态文化保护规范化、标准化。

七、加强宣传教育，展传播生态文化

（一）加强宣传设施建设

强化和改善国家公园及周边区域生态文化设施建设力度，依托园区现有生态文化宣教场馆，并在此基础上建设具有本地特色的宣教设施，充分利用和借鉴国家乃至世界范围内先进高科技宣传技术手段，建设面向全社会的内容丰富、形式多样、地方特色鲜明、生态特征突出的生态文化宣传场馆，着力打造祁连山国家森林公园青海片区生态文化品牌。

（二）打造生态文化试验示范区

因地制宜建设新时代特色鲜明的生态文化村、生态文化示范社区、生态文化示范企业，举办全民生态文化体验活动，号召党员群众学习、传播生态文化、生态文明精神提高全民参与度。

（三）创新发展生态文化传播体系

青海省级媒体和四个市、县级媒体联手，依托现有媒体技术力量，鼓励广泛学习国内外先进高新媒体技术，充分利用互联网、公益广告、报纸杂志的媒介载体，以融合传统出版业与数字出版业的方式，整合多种文化宣传传播载体，构建现代化大众媒体传播体系。

充分发挥青海省、各个地方级别林业、环保、国土资源、畜牧、住建、教育、文化传媒、社会科学等与生态文化相关的平台作用，结合媒体力量传扬生态文化精神，巩固生态文明总体目标宣传主阵地，运用多种新闻、文化传播手段，持续加大新闻报道和宣传力度，将生态文化、文明新政策出台和基层生态文化保护与传承先进事例作为新闻宣传重点，以生态文化科普知识、生态文化保护与传承手段相关内容为辅，全方位增强媒体宣传的感召力。

不断完善新闻发布机制体系，加强政策对大众引导性，确保发布新闻的时效性、准确性、针对性和社会影响力，注重新闻发布和中央新部署的政策、青海省及地方出台政策制度高度配合，善于利用现代化并广泛使用的文化传播手段，比如手机、短信、高速路标语、公交站点电子显示牌等。

保证生态文化类书刊、报纸、杂志编辑出版水平，针对大众科普级别的宣教类读物要通俗浅显、图文并茂、生动有趣，面向专业人士的生态文化研究类书刊要确保专业性、精确性和时效性。全面统筹建设现代化、高效率、覆盖广的生态文化传播体系。

八、强化监管手段，保护生态文化资源

（一）建立监管机制

为避免短期行为、急功近利等现象对文化资源造成的破坏，导致其丧失原有的真实性、原真性和吸引力，进而影响民族文化的传承，国家公园在保护管理过程中，必须针对文化资源的保护与开发建立一套完善的保护监管和应对机制，监控文化变化速度和影响因素，采取措施加以保存和恢复。

（二）加强生态文化资源的保护

加强保护区内历史文化资源的保护和自然资源的保护，合理开发利用保护区自然资源和历史文化资源，实现资源的可再生利用、生态的良性循环和

经济的可持续发展，从而建立起经济、环境、文化的良性循环。

（三）建立生态环境建设的公众参与机制

通过推行保护区社区共管机制，建立保护区重大建设项目公众听证会制度，培育公众的生态意识和保护生态的行为规范，激励公众保护祁连山生态环境的积极性和自觉性，在全社会形成提倡人与自然和谐相处、爱护生态环境的社会价值观念、生活方式和消费行为。

参考文献

[1] 唐小平，黄桂林，张玉均 . 生态文明建设规划（理论方法与实践）[M]. 北京：科学出版社，2012.

[2] 贾治邦 . 论生态文明 [M]. 2 版 . 北京：中国林业出版社，2015.

[3] 全国干部培训教材编审指导委员会 . 推动社会主义文化繁荣兴盛 [M]. 北京：人民出版社，党建读物出版社，2019.

[4] 国家林业局 . 党政领导干部生态文明建设读本（上、下）[M]. 北京：中国林业出版社，2013.

[5] 江泽慧 . 中国现代林业 [M]. 北京：中国林业出版社，2008.

[6] 江泽慧 . 生态文明时代的主流文化 [M]. 北京：人民出版社，2013.

[7] 跃进 . 德都蒙古民间传说 [M]. 西宁：青海人民出版社，2014.

[8] 索南多杰 . 历史的痕迹：祁连县地名文化释义 [M]. 北京：中国藏学出版社，2007.

[9] 史为乐 . 中国历史地名大辞典 [M]. 北京：中国社会科学出版社，2017.

[10] 祁连县志编纂委员会 . 祁连县志 [M]. 兰州：甘肃人民出版社，1993.

[11] 天峻县县志编纂委员会 . 天峻县志 [M]. 兰州：甘肃文化出版社，1995.

[12] 德令哈市地方志编纂委员会 . 德令哈市志 [M]. 西宁：青海人民出版社，2016.

[13] [意大利] 图齐 . 西藏与蒙古的宗教 [M]. 天津：天津古籍出版社，1989.

[14] [奥地利] 勒内·沃杰科维茨 . 西藏的神灵与鬼怪 [M]. 谢继胜，译 . 拉萨：西藏人民出版社，1993.

[15] 中共中央宣传部 . 习近平总书记系列重要讲话读本 [M]. 北京：人民出版社，2014.

[16] 孙美堂 . 文化价值论 [M]. 昆明：云南人民出版社，2005.

[17] 中共中央文献研究室 . 习近平关于社会主义生态文明建设论述摘编 [M]. 北京：中央文献出版社，2017.

[18] 党的十九大报告学习辅导百问编写组 . 党的十九大报告学习辅导百问 [M].北京：党建读物出版社，学习出版社，2017.

[19] 张岂之 . 中华优秀传统文化的核心理念 [M]. 南京：江苏人民出版社，江苏凤凰美术出版社，2016.

[20] 孙儒泳，李庆芬，牛翠娟，等 . 基础生态学 [M]. 北京：高等教育出版社，2005.

[21] 果洛藏族自治州概况编写组 . 果洛藏族自治区概况 [M]. 北京：民族出版社，2009.

[22] 扎洛 . 海卓仓地区藏人的地域保护神崇拜——对三份焚香祭祀文的释读与研究 [M]. 北京：中国藏学出版社，2005.

[23] 姜春云 . 中国生态演变与治理方略 [M]. 北京：中国农业出版社，2004.

[24] 中共中央文献研究室 . 习近平关于社会主义生态文明建设论述摘编 [M]. 北京：中央文献出版社，2017.

[25] 习近平 . 之江新语 [M]. 杭州：浙江人民出版社，2007.

[26] 路日亮 . 生态文化论 [M]. 北京：清华大学出版社，北京交通大学出版社，2019.

[27] 刘荣昆 . 傣族生态文化研究 [M]. 云南：云南大学出版社，2009.

[28] 王际桐 . 地名学概论 [M]. 北京：中国社会出版社，1993.

[29] 但新球，但维宇 . 森林生态文化 [M]. 北京：中国林业出版社，2012.

[30] 何作庆，张虹 . 红河县哈尼语地名的生态文化内涵 [J]. 中国地名，2016（10）：16-17.

[31] 周和平 . 中国非物质文化遗产保护的实践与探索 [J]. 求是，2010（4）：44-46.

[32] 刘魁立 . 文化生态保护区问题刍议 [J]. 浙江师范大学学报，2007，（3）：9-12.

[33] 张慧平，马超德，郑小贤 . 浅谈少数民族生态文化与森林资源管理 [J]. 北京林业大学学报（社会科学版），2006，5（1）：6-9.

[34] 叶方天 . 习近平"生态文明体系"重要论述的科学内涵与时代意义 [J]. 延边党校学报，2019，35（4）：9-11.

[35] 舒心心 . 蒙古族传统文化的生态智慧及其当代价值 [J]. 中南民族大学学报（人文社会科学版），2019，39（3）：29-33.

[36] 杜娟 . 国家公园自然与文化结合途径研究 [J]. 国土与自然资源研究，2019（5）：93-95.

[37] 魏朝晖，陈继红 . 林业生态文化建设的有关问题探讨 [J]. 现代园艺，2019（17）：106-107.

[38] 常红梅.蒙古族传统生态文化的保护与传承的意义与价值探析 [J]. 内蒙古师范大学学报：哲学社会科学版，2016，45（1）：19–22.

[39] 赖章盛，黄彩霞.文化自信与中国特色生态文化的构建 [J]. 江西理工大学学报，2018，39（4）：1–6.

[40] 宋刚.基于生态文明建设的绿色发展研究 [J]. 中南林业科技大学学报：社会科学版，2015，9（1）：7–10.

[41] 罗文东，张曼.绿色发展：开创社会主义生态文明新时代 [J]. 当代世界与社会主义双月刊，2016（2）：25–30.

[42] 习近平.推动我国生态文明建设迈上新台阶 [J]. 求是，2019（3）：4–19.

[43] 邹巅.论生态文化的培育路径 [J]. 中南林业科技大学学报（社科版），2019（6）：21–28.

[44] 汪玺，师尚礼，张德罡.藏族的草原游牧文化（Ⅳ）——藏族的生态文明、文化教育和历史上的法律 [J]. 草原与草坪，2011，31（5）：73–84.

[45] 张乾元，冯红伟.习近平生态文明思想对优秀传统生态文化的传承与发展 [J]. 西北民族大学学报（哲学社会科学版），2020（6）：1–6.

[46] 冯留建，王雨晴.新时代生态价值观指引下的生态文化体系建设研究 [J]. 华北电力大学学报（社会科学版），2020（6）：9–15.

[47] 卜静，姜英，龚文婷.浅谈祁连山国家公园青海片区少数民族生活领域的生态文化 [J]. 陕西林业科技，2020，48（6）：2–5.

[48] 南文渊.论青藏高原自然与文化生态保护的一体性 [J]. 西藏研究，2013（4）：44–51.

[49] 魏明章.青海各级行政区建制年月及名称由来 [J]. 青海民族学院学报，1986（03）：31–39.

[50] 陈曦.漓江流域地名与民族生态文化探析 [J]. 重庆文理学院学报，2017，36（04）：73–78.

[51] 赵心宪.新世纪初国内期刊文化生态概念的阐释——巴蜀作家群生态研究理论依据的文献整理之一 [J]. 重庆社会科学，2007（5）：55–62.

[52] 余志平.生态概念的存在论诠释 [J]. 江海学刊，2005（6）：5–10.

[53] 赵英.人类历史时期祁连山地区生态环境变迁研究——以祁连山南麓（青海属界）为例 [J]. 丝绸之路，2010（08）：5–8.

[54] 曾晓红.青海省祁连县生态经济发展模式研究 [J]. 北方经贸，2020（09）：135–137.

[55] 卯海娟. 马克思恩格斯生态文化思想探究 [J]. 中共济南市委党校学报，2018（06）：10-14.

[56] 刘臻，陈文，张志雄. 习近平生态文化重要论述的深刻意蕴与当代价值 [J]. 武夷学院学报，2020，39（11）：11-19.

[57] 董德福，桑延海. 新时代生态文化的内涵、建设路径及意义探析——兼论习近平生态文明思想 [J]. 延边大学学报（社会科学版），2020，53（02）：77-84，143.

[58] 王卓君，唐玉青. 生态政治文化论——兼论与美丽中国的关系 [J]. 南京社会科学，2013（10）：54-61.

[59] 南文渊. 藏族生态文化的继承与藏区生态文明建设 [J]. 青海民族学院学报，2000，26（4）：1-7.

[60] 张慧平. 浅谈少数民族生态文化与森林资源管理 [J]. 北京林业大学学报，2006，4（1）：2-3.

[61] 何星亮. 中国少数民族传统文化与生态保护 [J]. 云南民族大学学报（哲学社会科学版），2004，21（1）：48-50.

[62] 李彤宇. 论草原生态文化 [C]. 内蒙古：第四届草原文化研讨会论文集，2007：204-217.

[63] 习近平. 在纪念马克思诞辰 200 周年大会上的讲话 [N]. 人民日报，2018-05-05（2）.

[64] 肖国忠. 中国生态学会理事长王如松：应正确理解"生态"的内涵 [N]. 光明日报，2009-02-23（06）.

[65] 习近平. 统筹推进疫情防控和经济社会发展工作奋力实现今年经济社会发展目标任务 [N]. 人民日报，2020-04-02（1）.

[66] 韩茂莉，从地名看文化 从文化看中国 [N]. 中国社会报，2021-2-1（007）.

[67] 王菡娟. 绿色殡葬，让生命回归自然 [N]. 人民政协报，2019-04-11（006）.

[68] 习近平. 决胜全面建成小康社会夺取新时代中国特色社会主义伟大胜利——在中国共产党第十九次全国代表大会上的报告 [EB/OL].（2017-10-27）.http://www.xinhuanet.com/2017-10/27/c_1121867529.htm.

[69] 习近平. 推动我国生态文明建设迈上新台阶 [EB/OL].(2019-01-31)[2019-03-03].http://www.qstheory.cn/dukan/qs/2019-01/31/c_1124054331.htm.

[70] 中共中央关于坚持和完善中国特色社会主义制度推进国家治理体系和治理能力现代化若干重大问题的决定 [EB/OL].(2019-11-05)[2020-01-07].http://www.gov.cn/xin-wen/2019-11/05/content_5449023.htm.